The Super-Visual Dictionary of Disaster Prevention

by Kentaro Araki

すごすぎる

天《てん》気《き》の図《ず》鑑《かん》

防災《ぼうさい》の超《ちょう》図《ず》鑑《かん》

荒木健太郎

BOUSAI NO CHO-ZUKAN

KADOKAWA

はじめに

「大雨《おおあめ》の災害《さいがい》って増《ふ》えているのかな」「大《おお》きな地震《じしん》がきたら何《なに》をしたらいいんだろう」「災害《さいがい》への備《そな》えってどうしたらいいの？」──。毎年《まいとし》のように各地《かくち》で自然災害《しぜんさいがい》が起《お》こっており、不安《ふあん》を感《かん》じている人《ひと》もいるのではないかと思《おも》います。

これまで『すごすぎる天気《てんき》の図鑑《ずかん》』シリーズとして、『すごすぎる天気《てんき》の図鑑《ずかん》』（本書《ほんしょ》では図鑑《ずかん》1と呼《よ》びます）、『もっとすごすぎる天気《てんき》の図鑑《ずかん》』（図鑑《ずかん》2）、『最高《さいこう》にすごすぎる天気《てんき》の図鑑《ずかん》』（図鑑《ずかん》3）、『雲《くも》の超図鑑《ちょうずかん》』（雲図鑑《くもずかん》）で、雲《くも》や空《そら》、天気《てんき》について疑問《ぎもん》に思《おも》われやすいトピックを紹介《しょうかい》してきました。今回《こんかい》の『防災《ぼうさい》の超図鑑《ちょうずかん》』では、大雨《おおあめ》・台風《たいふう》をはじめとする様々《さまざま》な自然現象《しぜんげんしょう》や災《さい》害《がい》のしくみから、日《ひ》ごろの備《そな》え、避難《ひなん》、復旧《ふっきゅう》や支援《しえん》などについてなるべく詳《くわ》しく紹介《しょうかい》しています。目次《もくじ》を見《み》て、気《き》になった項目《こうもく》から読《よ》んでみてください。

自然災害《しぜんさいがい》は、ときとして私《わたし》たちの生命《せいめい》や財産《ざいさん》を奪《うば》っていきます。そんな自然災害《しぜんさいがい》のしくみや備《そな》え、対策《たいさく》について知《し》っていれば、大事《だいじ》な人《ひと》やものを守《まも》ることができます。自然《しぜん》を知《し》り、正《ただ》しくおそれて向《む》き合《あ》うことが、まさに「**防災《ぼうさい》**」なのです。この本《ほん》が、いざというときの「知《し》っていてよかった」のきっかけとなり、みなさんの安心《あんしん》・安全《あんぜん》につながればいいなと思《おも》います。

※この本《ほん》の内容《ないよう》は、筆者《ひっしゃ》のYouTube《ユーチューブ》チャンネル『荒木健太郎《あらきけんたろう》の雲研究室《くもけんきゅうしつ》』で目次《もくじ》の項目《こうもく》すべてについて動画《どうが》で解説《かいせつ》していますので、本《ほん》とあわせてご覧《らん》ください。

この本《ほん》のキーワードは巻末《かんまつ》に索引《さくいん》をつけているよ。
もしわからない用語《ようご》や言葉《ことば》があったら、
この本《ほん》の説明《せつめい》ページや、
インターネットなどでも調《しら》べてみよう

※この本《ほん》に掲載《けいさい》している情報《じょうほう》は、2025年《ねん》1月《がつ》15日時点《にちじてん》のものです

キャラクター一覧《いちらん》＆紹介《しょうかい》

本書《ほんしょ》には、雲《くも》や空《そら》にまつわるとってもかわいいキャラクターが登場《とうじょう》します！

パーセルくん

空気《くうき》のかたまり（エア・パーセル）。水蒸気《すいじょうき》を飲《の》みすぎてよく雲《くも》をつくる。この本《ほん》では案内人《あんないにん》を務《つと》める。

積乱雲《せきらんうん》

上向《うわむ》きの気持《きも》ちと下向《したむ》きの気持《きも》ちをあわせ持《も》つ、人間的《にんげんてき》な雲《くも》。天気《てんき》を急変《きゅうへん》させるが、体《からだ》を張《は》ってサインを出《だ》している。

ミニパーセルくん

小《ちい》さなパーセルくん。低《ひく》い空《そら》にたくさんいて、押《お》してくる。気圧《きあつ》を教《おし》えてくれる。

パーセルさん

大人体形《おとなたいけい》のパーセルくん。手足《てあし》が人間並《にんげんな》みに長《なが》いので解説《かいせつ》の幅《はば》が広《ひろ》がった。

マチョオ

力持《ちからも》ちなパーセルさん。力《ちから》で物事《ものごと》を解決《かいけつ》しようとするが、世《よ》の中《なか》はそんなに甘《あま》くない。

エルダー

年老《としお》いたパーセルくん。高齢者《こうれいしゃ》の特性《とくせい》を理《り》解《かい》しているので避難《ひなん》がとてもすばやい。

ベビー

赤《あか》ちゃんのパーセルくん。乳幼児目線《にゅうようじめせん》で防災《ぼうさい》を語《かた》る。めっちゃしゃべる。

マイクロ波放射犬《はほうしゃけん》

上空《じょうくう》の水蒸気《すいじょうき》や気温《きおん》を高頻度《こうひんど》に測《はか》る。パーセルくんと防災《ぼうさい》に取《と》り組《く》む。

小柄《こがら》な力士《りきし》

雨《あめ》や雪《ゆき》の重《おも》さがとんでもないことを教《おし》えてくれる。体重《たいじゅう》はちょうど100kg。

温低《おんてい》ちゃんとトラフくん

温帯低気圧《おんたいていきあつ》の温低《おんてい》ちゃんは大好《だいす》きなトラフくん（気圧《きあつ》の谷《たに》）の接近《せっきん》で発達《はったつ》。

台風《たいふう》

積乱雲《せきらんうん》がまとまることで発達《はったつ》した渦《うず》。中心《ちゅうしん》に暖気《だんき》を伴《ともな》う眼《め》を持《も》つ。

火山《かざん》

ときおり噴火《ふんか》する。気《き》象庁《しょうちょう》から常《つね》に監視《かんし》されている。

ここにいるキャラたちが次《つぎ》のページから手描《てが》きも含《ふく》めて全部《ぜんぶ》で何匹《なんびき》いるか数《かぞ》えてみよう！

（答《こた》えはP171へ）

※かなとこ雲《くも》や雨《あめ》を伴《ともな》っているのが積乱雲《せきらんうん》だよ！

contents

第《だい》1章《しょう》 すごすぎる大雨《おおあめ》・台風《たいふう》への備《そな》え

第《だい》2章《しょう》 すごすぎる自然災害《しぜんさいがい》への備《そな》え

第《だい》3章《しょう》

すごすぎる 日《ひ》ごろの備《そな》え

第《だい》4章《しょう》

すごすぎる避難《ひなん》と復旧《ふっきゅう》、支援《しえん》

ブックデザイン　阿部早紀子
イラスト　うてのての、こやまもえ、辰見育太（オフィスシバチャン）
DTP　山本秀一・山本深雪（G-clef）
校正　株式会社オフィスバンズ
編集協力　佐々木恭子、太田絢子（ウェザーマップ）、津田紗矢佳、斉田有紗
協力　あんどうりす、藤島新也、小松雅人、佐野ありさ
防災アクションガイドチーム
佐々木晶二、明城徹也、木村充慶、伊藤裕平、神之田裕貴、
砂田肇、上村昌、浜田智子、大嶋美月、德岡淳司、六笠詩音、石田陽公
編集　川田央恵（KADOKAWA）、石井有紀（KADOKAWA）

第《だい》1章《しょう》

すごすぎる 大雨《おおあめ》・台風《たいふう》への備《そな》え

災害《さいがい》とは、異常《いじょう》な自然現象《しぜんげんしょう》などによる被害《ひがい》のことです。梅雨《つゆ》や台風《たいふう》などに伴《ともな》う大雨《おおあめ》による災害《さいがい》は水害《すいがい》といい、日本《にほん》では毎年多《まいとしおお》く発《はっ》生《せい》しています。大雨《おおあめ》や台風《たいふう》はどんなしくみで起《お》こり、どのようにして備《そな》えたらいいのでしょうか。ここでは、大雨《おおあめ》と台風《たいふう》、それらに伴《ともな》う災害《さいがい》に迫《せま》ります。

01 災害《さいがい》は日本全国《にほんぜんこく》どこでも起《お》こる

「いままで災害《さいがい》にあったことはないから、まぁ大丈夫《だいじょうぶ》だろう」——そんな風《ふう》に思《おも》われる人《ひと》もいるかもしれません。でも、じつは**災害《さいがい》は日本全国《にほんぜんこく》どこでも起《お》こる**のです。

まず、**ここ10年間《ねんかん》でじつに約《やく》98%の市区《しく》町村《ちょうそん》で大雨《おおあめ》による水害《すいがい》が発生《はっせい》**しています。これは日本《にほん》には梅雨《つゆ》があること、台風《たいふう》の通《とお》り道《みち》であることも関係《かんけい》します。さらに、1919年《ねん》からの最大震度《さいだいしんど》5弱《じゃく》以上《いじょう》の震源《しんげん》分布《ぶんぷ》を見《み》ると、**日本全国《にほんぜんこく》あちこちで大《おお》きな地震《じしん》が発生《はっせい》**していることがわかります。

このほかにも日本《にほん》では、雷《かみなり》や竜巻《たつまき》、雹《ひょう》、猛暑《もうしょ》、大雪《おおゆき》、津波《つなみ》や火山噴火《かざんふんか》などによる自《し》然災害《ぜんさいがい》がたびたび発生《はっせい》します。ひとつだけでも大災害《だいさいがい》になることがありますが、地震《じしん》で被害《ひがい》を受《う》けた地域《ちいき》を台風《たいふう》や豪雨《ごうう》が襲《おそ》うなど、いくつかが組《く》み合《あ》わさる**複合災害《ふくごうさいがい》**が起《お》こると甚大《じんだい》な被害《ひがい》につながります。

過去《かこ》に起《お》こった災害《さいがい》は、未来《みらい》にも起《お》こる可能性《かのうせい》があります。主《おも》な災害《さいがい》の用語《ようご》と過去《かこ》の災害《さいがい》をまとめました（P12〜15）。災害《さいがい》の種類《しゅるい》や過去《かこ》の災害《さいがい》を確認《かくにん》してみましょう。

防災《ぼうさい》の豆知識《まめちしき》

人《ひと》は異常《いじょう》が起《お》こると「自分《じぶん》は大丈夫《だいじょうぶ》」と思《おも》う正常性《せいじょうせい》バイアスや、「みんな逃《に》げてないから大丈夫《だいじょうぶ》」と周囲《しゅうい》の行動《こうどう》に合《あ》わせる多数派同調《たすうはどうちょう》バイアスが働《はたら》きがち。異常《いじょう》を感《かん》じたら率先《そっせん》して避難《ひなん》し、周囲《しゅうい》の人《ひと》にも呼《よ》びかけてあげることが大切《たいせつ》。

市区町村《しくちょうそん》ごとの水害発生件数《すいがいはっせいけんすう》（2012〜2021年《ねん》）

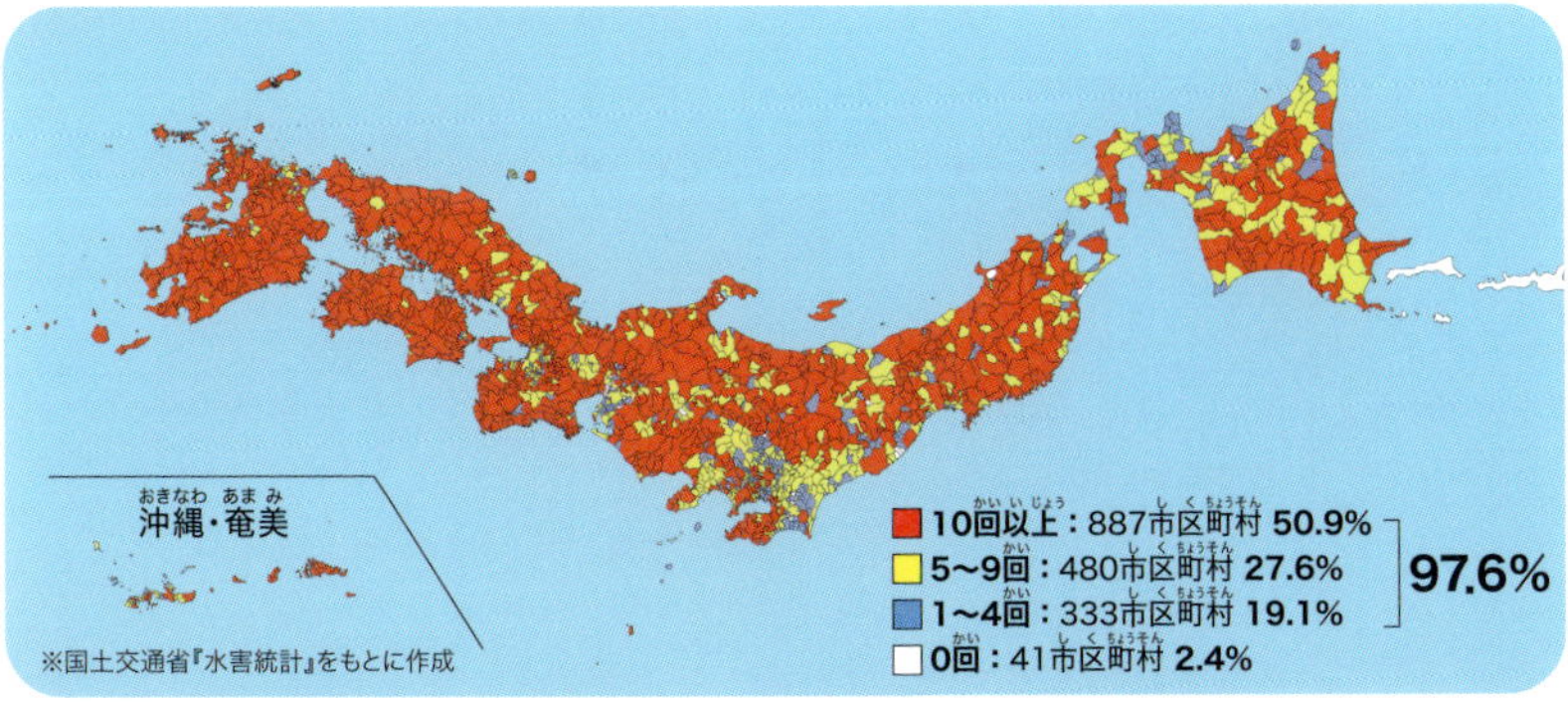

※国土交通省『水害統計』をもとに作成

最大震度《さいだいしんど》5弱以上《じゃくいじょう》の震源分布《しんげんぶんぷ》（1919年《ねん》1月《がつ》〜2024年《ねん》11月《がつ》）

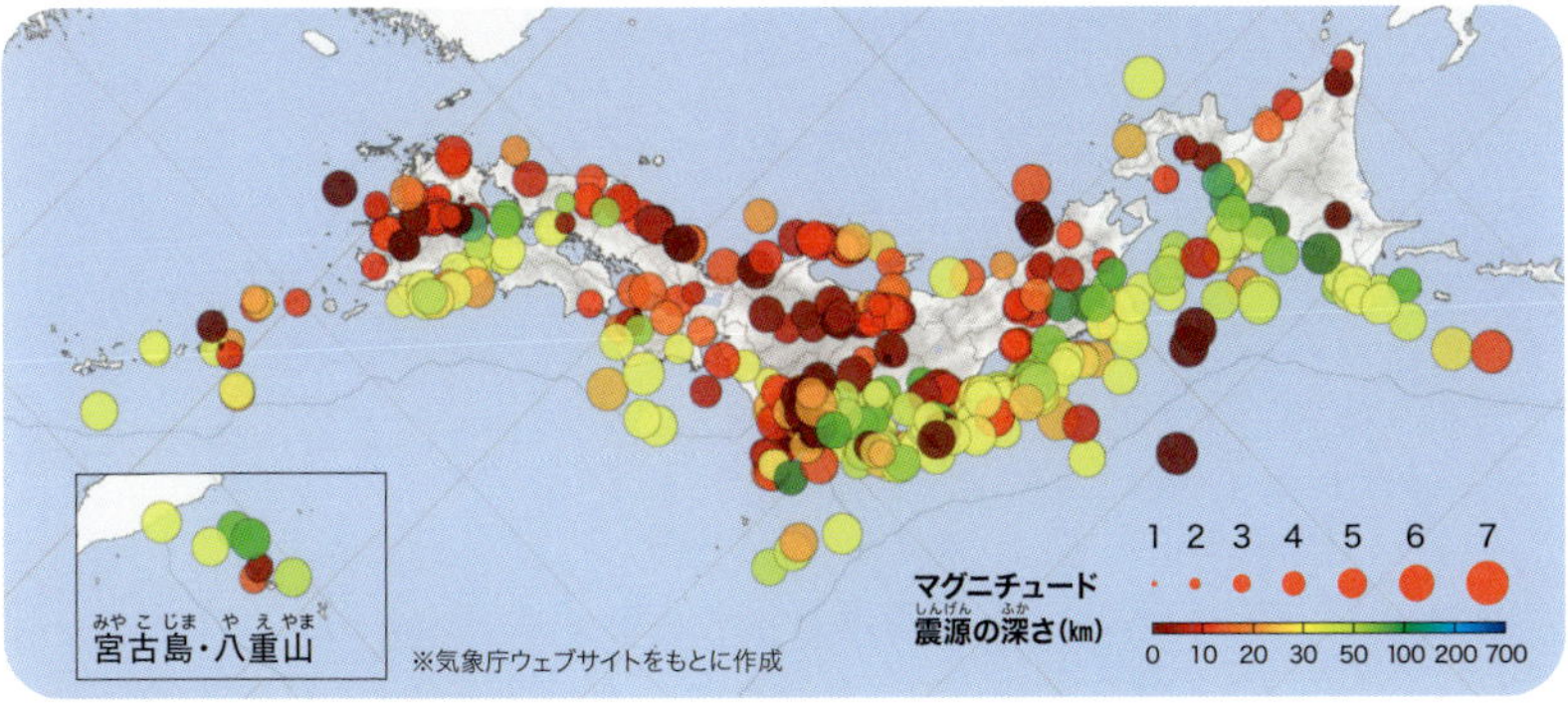

※気象庁ウェブサイトをもとに作成

災害《さいがい》をもたらす現象《げんしょう》

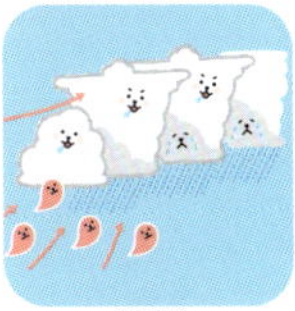
大雨《おおあめ》

雷《かみなり》

雹《ひょう》

大雪《おおゆき》・暴風雪《ぼうふうせつ》

津波《つなみ》

台風《たいふう》 暴風《ぼうふう》・高波《たかなみ》・高潮《たかしお》

竜巻《たつまき》

猛暑《もうしょ》

地震《じしん》

火山噴火《かざんふんか》

災害用語集《さいがいようごしゅう》

用語《ようご》	説明《せつめい》
防災《ぼうさい》	災害《さいがい》の未然《みぜん》の防止《ぼうし》、発生時《はっせいじ》の被害拡大《ひがいかくだい》の防止《ぼうし》、復旧《ふっきゅう》を図《はか》ること。
減災《げんさい》	災害《さいがい》による被害《ひがい》を最小限《さいしょうげん》に抑《おさ》えるための、事前《じぜん》の対策《たいさく》や取《と》り組《く》みのこと。
災害《さいがい》	異常《いじょう》な自然現象《しぜんげんしょう》や大規模《だいきぼ》な火事《かじ》などの原因《げんいん》により生《しょう》じる被害《ひがい》。自然現象《しぜんげんしょう》が原因《げんいん》なら自《し》然災害《ぜんさいがい》、気象《きしょう》が原因《げんいん》なら気象災害《きしょうさいがい》、火事《かじ》や事故《じこ》などなら人為災害《じんいさいがい》。
異常気象《いじょうきしょう》	過去《かこ》に経験《けいけん》した現象《げんしょう》から大《おお》きく外《はず》れた現象《げんしょう》や状態《じょうたい》のこと。
二次災害《にじさいがい》	大規模《だいきぼ》な災害《さいがい》の後《あと》に、ある時間間隔《じかんかんかく》をおいて副次的《ふくじてき》に発生《はっせい》する災害《さいがい》。
複合災害《ふくごうさいがい》	複数《ふくすう》の災害《さいがい》がほぼ同時《どうじ》に発生《はっせい》するか、ある災害《さいがい》からの復旧中《ふっきゅうちゅう》に別《べつ》の災害《さいがい》が発生《はっせい》すること。
復旧《ふっきゅう》	被害《ひがい》などを修復《しゅうふく》して、災害以前《さいがいいぜん》の状態《じょうたい》や機能《きのう》を回復《かいふく》すること。
復興《ふっこう》	市街地《しがいち》や住宅《じゅうたく》、社会経済《しゃかいけいざい》など地域《ちいき》の構造《こうぞう》を見直《みなお》し、新《あたら》しい地域《ちいき》の創出《そうしゅつ》を目指《めざ》すこと。
水害《すいがい》	多量《たりょう》の降雨《こうう》や融雪水《ゆうせつすい》による災害《さいがい》の総称《そうしょう》。
風害《ふうがい》	暴風《ぼうふう》や突風《とっぷう》など、風《かぜ》による災害《さいがい》の総称《そうしょう》。
風水害《ふうすいがい》	暴風《ぼうふう》と大雨《おおあめ》、高潮《たかしお》、波浪《はろう》などによる災害《さいがい》の総称《そうしょう》。
洪水《こうずい》（洪水害《こうずいがい》）	河川《かせん》の水位《すいい》や流量《りゅうりょう》が異常《いじょう》に増大《ぞうだい》すること。河川《かせん》が氾濫《はんらん》すること。これによる災害《さいがい》。
氾濫《はんらん》	河川《かせん》の水《みず》がいっぱいになってあふれ出《で》ること。
浸水《しんすい》（浸水害《しんすいがい》）	住宅《じゅうたく》などの建物《たてもの》が水《みず》に浸《つ》かること（床上浸水《ゆかうえしんすい》・床下浸水《ゆかしたしんすい》など）。これによる災害《さいがい》。
冠水《かんすい》	道路《どうろ》や田畑《たはた》などが水《みず》に覆《おお》われること。
土砂災害《どしゃさいがい》	降雨《こうう》、地震《じしん》、火山噴火《かざんふんか》などによる土砂《どしゃ》の移動《いどう》が原因《げんいん》となる災害《さいがい》。 P44
豪雨《ごうう》	著《いちじる》しい災害《さいがい》が発生《はっせい》した顕著《けんちょ》な大雨現象《おおあめげんしょう》。気象庁《きしょうちょう》が命名《めいめい》するときに用《もち》いる。
大雨《おおあめ》	災害《さいがい》が発生《はっせい》するおそれのある雨《あめ》。
暴風《ぼうふう》／強風《きょうふう》	重大《じゅうだい》な災害《さいがい》／災害《さいがい》が発生《はっせい》するおそれのある強《つよ》い風《かぜ》。
突風《とっぷう》	急《きゅう》に吹《ふ》く強《つよ》い風《かぜ》で継続時間《けいぞくじかん》の短《みじか》いもの。竜巻《たつまき》などを含《ふく》む。 P20
高波《たかなみ》	風《かぜ》によって発生《はっせい》する波《なみ》（波浪《はろう》）のうち災害《さいがい》が発生《はっせい》するおそれのある高《たか》い波《なみ》。
高潮《たかしお》	海面《かいめん》が異常《いじょう》に上昇《じょうしょう》する現象《げんしょう》。 P42
猛暑《もうしょ》	平常《へいじょう》と比《くら》べて著《いちじる》しく暑《あつ》いこと。最高気温《さいこうきおん》35℃以上《いじょう》の日《ひ》は猛暑日《もうしょび》。
雪害《せつがい》	多量《たりょう》の降雪《こうせつ》・積雪《せきせつ》による災害《さいがい》の総称《そうしょう》。屋根《やね》の雪《ゆき》おろし中《ちゅう》の転落《てんらく》などを含《ふく》む。
雪氷災害《せっぴょうさいがい》	雪《ゆき》や氷《こおり》が関係《かんけい》して発生《はっせい》する災害《さいがい》の総称《そうしょう》。
豪雪《ごうせつ》	著《いちじる》しい災害《さいがい》が発生《はっせい》した顕著《けんちょ》な大雪現象《おおゆきげんしょう》。気象庁《きしょうちょう》が命名《めいめい》するときに用《もち》いる。
大雪《おおゆき》	災害《さいがい》が発生《はっせい》するおそれのある雪《ゆき》。
暴風雪《ぼうふうせつ》／風雪《ふうせつ》	暴風《ぼうふう》／強風《きょうふう》に雪《ゆき》を伴《ともな》うもの。
猛吹雪《もうふぶき》／吹雪《ふぶき》	強《つよ》い風以上《かぜいじょう》／やや強《つよ》い風程度以上《かぜていどいじょう》の風《かぜ》が雪《ゆき》を伴《ともな》って吹《ふ》くこと。 P41
震災《しんさい》	地震《じしん》による災害《さいがい》。地震《じしん》に伴《ともな》う火災《かさい》や津波《つなみ》による被害《ひがい》を含《ふく》む。
地震《じしん》	地下《ちか》の岩盤《がんばん》の破壊現象《はかいげんしょう》。また、これによって地面《じめん》が揺《ゆ》れる現象《げんしょう》。
津波《つなみ》	地震《じしん》や海底火山噴火《かいていかざんふんか》に伴《ともな》って海水全体《かいすいぜんたい》が動《うご》き、上下《じょうげ》に変化《へんか》する海面《かいめん》が波《なみ》として広《ひろ》がる現象《げんしょう》。
火山災害《かざんさいがい》	火山《かざん》の噴火《ふんか》により発生《はっせい》する火山現象《かざんげんしょう》による災害《さいがい》。 P86
噴火《ふんか》	地下《ちか》のマグマなどが地表《ちひょう》に噴《ふ》き出《で》る現象《げんしょう》。

※各用語《かくようご》の詳細《しょうさい》やこのほかの用語《ようご》については
気象庁《きしょうちょう》ウェブサイトなどを参照《さんしょう》。

天気予報等《てんきよほうとう》で用《もち》いる用語《ようご》 検索《けんさく》

過去《かこ》の主《おも》な災害一覧《さいがいいちらん》

※名称《めいしょう》は気象庁命名以外《きしょうちょうめいめいいがい》は通称《つうしょう》。1999年《ねん》以降《いこう》の死者数《ししゃすう》は消防庁《しょうぼうちょう》『災害情報《さいがいじょうほう》』による(2025年《ねん》1月《がつ》15日時点《にちじてん》)。災害関連死《さいがいかんれんし》を含《ふく》む場合《ばあい》は「+」を併記《へいき》。それ以《い》前《ぜん》の死者数《ししゃすう》は資料《しりょう》によって異《こと》なる場合《ばあい》がある。

種類《しゅるい》	名称《めいしょう》(*:気象庁命名《きしょうちょうめいめい》)	時期《じき》	説明《せつめい》
大雨《おおあめ》	令和《れいわ》6年《ねん》9月《がつ》能登半島豪雨《のとはんとうごうう》	2024.9.20~22	線状降水帯《せんじょうこうすいたい》による大雨《おおあめ》。地震《じしん》の影響《えいきょう》で土砂災害多発《どしゃさいがいたはつ》。
	令和《れいわ》2年《ねん》7月豪雨《がつごうう》*	2020.7.3~31	西日本《にしにほん》を中心《ちゅうしん》に大雨《おおあめ》。大規模《だいきぼ》な洪水害《こうずいがい》。死者《ししゃ》86名《めい》+。
	平成《へいせい》30年《ねん》7月豪雨《がつごうう》*	2018.6.28~7.8	西日本《にしにほん》を中心《ちゅうしん》に大雨《おおあめ》。死者《ししゃ》263名《めい》+。
	平成《へいせい》29年《ねん》7月九州北部豪雨《がつきゅうしゅうほくぶごうう》*	2017.7.5~6	大規模《だいきぼ》な洪水害《こうずいがい》や土砂災害《どしゃさいがい》。死者《ししゃ》42名《めい》+。
	平成《へいせい》27年《ねん》9月関東《がつかんとう》・東北豪雨《とうほくごうう》*	2015.9.9~11	鬼怒川《きぬがわ》の氾濫《はんらん》による大規模《だいきぼ》な洪水害《こうずいがい》。死者《ししゃ》20名《めい》+。
	平成《へいせい》26年《ねん》8月豪雨《がつごうう》*	2014.7.30~8.20	台風《たいふう》や広島《ひろしま》の線状降水帯《せんじょうこうすいたい》による大雨《おおあめ》。死者《ししゃ》91名《めい》+。
	平成《へいせい》24年《ねん》7月九州北部豪雨《がつきゅうしゅうほくぶごうう》*	2012.7.11~14	大規模《だいきぼ》な洪水害《こうずいがい》や土砂災害《どしゃさいがい》。死者《ししゃ》30名《めい》。
	平成《へいせい》16年《ねん》7月新潟《がつにいがた》・福島豪雨《ふくしまごうう》*	2004.7.12~14	洪水《こうずい》が相次《あいつ》ぎ多数《たすう》の浸水害《しんすいがい》。死者《ししゃ》16名《めい》。
	東海豪雨《とうかいごうう》	2000.9.11~12	東海《とうかい》で記録的《きろくてき》な大雨《おおあめ》。死者《ししゃ》10名《めい》。
	平成《へいせい》5年《ねん》8月豪雨《がつごうう》*	1993.7.31~8.7	九州南部《きゅうしゅうなんぶ》を中心《ちゅうしん》に土砂災害《どしゃさいがい》など。死者《ししゃ》・不明者《ふめいしゃ》79名《めい》。
	昭和《しょうわ》57年《ねん》7月豪雨《がつごうう》*	1982.7.23~25	長崎県《ながさきけん》を中心《ちゅうしん》に土砂災害《どしゃさいがい》など。死者《ししゃ》・不明者《ふめいしゃ》299名《めい》。
	羽越豪雨《うえつごうう》	1967.8.26~29	新潟県《にいがたけん》、山形県《やまがたけん》で土砂災害多発《どしゃさいがいたはつ》。死者《ししゃ》83名《めい》。
	昭和《しょうわ》42年《ねん》7月豪雨《がつごうう》*	1967.7.7~10	長崎県《ながさきけん》、広島県《ひろしまけん》、兵庫県《ひょうごけん》などで死者《ししゃ》351名《めい》。
	諫早豪雨《いさはやごうう》	1957.7.25~28	長崎県《ながさきけん》で日降水量《にちこうすいりょう》1109㎜。死者《ししゃ》586名《めい》。
	南紀豪雨《なんきごうう》	1953.7.16~25	和歌山県有田川《わかやまけんありたがわ》などの氾濫《はんらん》による洪水害《こうずいがい》。死者《ししゃ》713名《めい》。
雷《かみなり》	多摩川落雷災害《たまがわらくらいさいがい》	2017.8.19	花火大会《はなびたいかい》の客《きゃく》9名《めい》が落雷《らくらい》で病院《びょういん》に搬送《はんそう》。
	西穂高岳落雷遭難事故《にしほたかだけらくらいそうなんじこ》	1967.8.1	登山中《とざんちゅう》の高校生《こうこうせい》11名《めい》が死亡《しぼう》。
	天保《てんぽう》2年落雷《ねんらくらい》	1831.7.28	江戸《えど》で1時間《じかん》あまりで十数名死亡《じゅうすうめいしぼう》。
竜巻等《たつまきとう》の突風《とっぷう》	野田《のだ》・越谷竜巻災害《こしがやたつまきさいがい》	2013.9.2	千葉県野田市《ちばけんのだし》、埼玉県越谷市《さいたまけんこしがやし》など。F2。負傷者《ふしょうしゃ》67名《めい》。
	つくば竜巻災害《たつまきさいがい》	2012.5.6	茨城県《いばらきけん》つくば市《し》。F3。 死者《ししゃ》1名《めい》。
	佐呂間竜巻災害《さろまたつまきさいがい》	2006.11.7	北海道佐呂間町《ほっかいどうさろまちょう》。F3。死者《ししゃ》9名《めい》。
	延岡市竜巻災害《のべおかしたつまきさいがい》	2006.9.17	宮崎県延岡市《みやざきけんのべおかし》。F2。死者《ししゃ》3名《めい》。
	ＪＲ《ジェイアール》羽越本線脱線事故《うえつほんせんだっせんじこ》	2005.12.25	山形県《やまがたけん》。突風《とっぷう》で列車《れっしゃ》3両《りょう》が横転《おうてん》。乗客《じょうきゃく》5名死亡《めいしぼう》。
	豊橋市竜巻災害《とよはししたつまきさいがい》	1999.9.24	愛知県豊橋市《あいちけんとよはしし》など。F3。負傷者《ふしょうしゃ》415名《めい》。
	茂原市竜巻災害《もばらしたつまきさいがい》	1990.12.11	千葉県茂原市《ちばけんもばらし》。F3。死者《ししゃ》1名《めい》。
雹《ひょう》	三鷹市降雹災害《みたかしこうひょうさいがい》	2014.6.24	東京都三鷹市《とうきょうとみたかし》。直径《ちょっけい》3㎝程度《ていど》。30㎝以上積《いじょうつ》もったところも。
	兵庫県降雹災害《ひょうごけんこうひょうさいがい》	1933.6.14	兵庫県中部《ひょうごけんちゅうぶ》。死者《ししゃ》10名《めい》、負傷者《ふしょうしゃ》164名《めい》。
	巨大《きょだい》な雹《ひょう》	1917.6.29	埼玉県北部《さいたまけんほくぶ》。直径《ちょっけい》29.5㎝と重《おも》さ約《やく》3.4kgの雹《ひょう》の記録《きろく》。
台風《たいふう》	令和元年東日本台風《れいわがんねんひがしにほんたいふう》*(T1919)	2019.10.10~13	東日本《ひがしにほん》の広範囲《こうはんい》で大雨《おおあめ》。洪水害《こうずいがい》が多発《たはつ》。死者《ししゃ》118名《めい》+。
	令和元年房総半島台風《れいわがんねんぼうそうはんとうたいふう》*(T1915)	2019.9.8~9	房総半島《ぼうそうはんとう》を中心《ちゅうしん》に記録的《きろくてき》な暴風《ぼうふう》。死者《ししゃ》9名《めい》+。
	平成《へいせい》30年台風第《ねんたいふうだい》21号《ごう》	2018.9.3~9.5	関西《かんさい》で暴風《ぼうふう》・高潮《たかしお》。関西国際空港《かんさいこくさいくうこう》が浸水《しんすい》。
	平成《へいせい》23年台風第《ねんたいふうだい》12号《ごう》	2011.8.30~9.5	紀伊半島《きいはんとう》を中心《ちゅうしん》に大雨《おおあめ》。死者《ししゃ》83名《めい》+。
	リンゴ台風《たいふう》(T9119)	1991.9.25~28	リンゴなど農林水産被害《のうりんすいさんひがい》5735億円《おくえん》。死者《ししゃ》62名《めい》。

※竜巻《たつまき》の説明《せつめい》のF《エフ》は、竜巻《たつまき》の風速《ふうそく》の目安《めやす》とする藤田《ふじた》スケール。F0~5。

種類《しゅるい》	名称《めいしょう》(*:気象庁命名《きしょうちょうめいめい》)	時期《じき》	説明《せつめい》
台風《たいふう》	沖永良部台風《おきのえらぶたいふう》* (T7709)	1977.9.8〜10	沖永良部島《おきのえらぶじま》の半数《はんすう》の住家《じゅうか》が全半壊等《ぜんはんかいとう》。
	第《だい》3宮古島台風《みやこじまたいふう》*(T6816)	1968.9.22〜27	宮古島《みやこじま》で最大瞬間風速《さいだいしゅんかんふうそく》79.8m毎秒《まいびょう》。死者《ししゃ》11名《めい》。
	昭和《しょうわ》41年台風第《ねんたいふうだい》24・26号《ごう》	1966.9.23〜25	同日《どうじつ》に2つの台風上陸《たいふうじょうりく》。死者《ししゃ》238名《めい》。
	第《だい》2宮古島台風《みやこじまたいふう》*(T6618)	1966.9.4〜6	宮古島《みやこじま》の7割《わり》の住家《じゅうか》が損壊等《そんかいとう》。
	第《だい》2室戸台風《むろとたいふう》*(T6118)	1961.9.15〜17	暴風《ぼうふう》と高潮《たかしお》による被害《ひがい》。死者《ししゃ》194名《めい》。
	伊勢湾台風《いせわんたいふう》*(T5915)	1959.9.26〜27	紀伊半島《きいはんとう》〜伊勢湾沿岸《いせわんえんがん》で高潮《たかしお》。死者《ししゃ》4697名《めい》。
	宮古島台風《みやこじまたいふう》*(T5914)	1959.9.15〜18	宮古島《みやこじま》の7割《わり》の住家《じゅうか》が損壊《そんかい》。死者《ししゃ》47名《めい》。
	狩野川台風《かのがわたいふう》*(T5822)	1958.9.26〜28	狩野川《かのがわ》が氾濫《はんらん》。首都圏《しゅとけん》も大《おお》きな被害《ひがい》。死者《ししゃ》888名《めい》。
	洞爺丸台風《とうやまるたいふう》*(T5415)	1954.9.24〜27	洞爺丸《とうやまる》ほか5隻《せき》の青函連絡船《せいかんれんらくせん》が遭難《そうなん》。死者《ししゃ》1361名《めい》。
	カスリーン台風《たいふう》(第《だい》9号《ごう》)	1947.9.14〜15	利根川《とねがわ》・荒川《あらかわ》の氾濫《はんらん》による大規模《だいきぼ》な洪水害《こうずいがい》。死者《ししゃ》1077名《めい》。
	枕崎台風《まくらざきたいふう》(第《だい》16号《ごう》)	1945.9.17〜18	終戦直後《しゅうせんちょくご》に916.1hPaで上陸《じょうりく》。死者《ししゃ》2473名《めい》。
	室戸台風《むろとたいふう》	1934.9.21	上陸時《じょうりくじ》の中心気圧《ちゅうしんきあつ》が911.6hPa。死者《ししゃ》2702名《めい》。
	大正《たいしょう》6年《ねん》の大津波《おおつなみ》	1917.9.30〜10.1	東京湾《とうきょうわん》で甚大《じんだい》な高潮被害《たかしおひがい》。死者《ししゃ》・不明者《ふめいしゃ》1324名《めい》。
猛暑《もうしょ》	2024年猛暑《ねんもうしょ》	2024	救急搬送者《きゅうきゅうはんそうしゃ》が5〜9月《がつ》で過去最多《かこさいた》の97578名《めい》。
	2022年猛暑《ねんもうしょ》	2022	熱中症《ねっちゅうしょう》による死者《ししゃ》1477名《めい》。
	2020年猛暑《ねんもうしょ》	2020	熱中症《ねっちゅうしょう》による死者《ししゃ》1528名《めい》。
	2019年猛暑《ねんもうしょ》	2019	熱中症《ねっちゅうしょう》による死者《ししゃ》1224名《めい》。
	2018年猛暑《ねんもうしょ》	2018	熱中症《ねっちゅうしょう》による死者《ししゃ》1581名《めい》。
	2013年猛暑《ねんもうしょ》	2013	熱中症《ねっちゅうしょう》による死者《ししゃ》1077名《めい》。
	2011年猛暑《ねんもうしょ》	2011	熱中症《ねっちゅうしょう》による死者《ししゃ》948名《めい》。
	2010年猛暑《ねんもうしょ》	2010	熱中症《ねっちゅうしょう》による死者《ししゃ》1731名《めい》。
	1994年猛暑《ねんもうしょ》	1994	全国的《ぜんこくてき》に高温《こうおん》・少雨《しょうう》。熱中症《ねっちゅうしょう》による死者《ししゃ》589名《めい》。
水難事故《すいなんじこ》	福岡県犬鳴川水難事故《ふくおかけんいぬなきがわすいなんじこ》	2023.7.21	川遊《かわあそ》び中《ちゅう》の小学《しょうがく》6年生《ねんせい》の女児《じょじ》3名死亡《めいしぼう》。
	兵庫県都賀川水難事故《ひょうごけんとがかわすいなんじこ》	2008.7.28	急《きゅう》な増水《ぞうすい》で児童《じどう》3名《めい》を含《ふく》む5名《めい》が死亡《しぼう》。
	神奈川県玄倉川水難事故《かながわけんくろくらがわすいなんじこ》	1999.8.14	中州《なかす》でキャンプ中《ちゅう》に増水《ぞうすい》。死者《ししゃ》13名《めい》。
	三重県橋北中学校水難事件《みえけんきょうほくちゅうがっこうすいなんじけん》	1955.7.28	海《うみ》で水泳訓練中《すいえいくんれんちゅう》に中学生《ちゅうがくせい》が溺死《できし》。死者《ししゃ》36名《めい》。
山岳事故《さんがくじこ》	白馬岳大量遭難事故《しろうまだけたいりょうそうなんじこ》	2012.5.4	晴天《せいてん》から吹雪《ふぶき》へ急変《きゅうへん》。医師《いし》ら6名《めい》が低体温症《ていたいおんしょう》で死亡《しぼう》。
	トムラウシ山遭難事故《やまそうなんじこ》	2009.7.16	ツアーガイドや登山者《とざんしゃ》8名《めい》が低体温症《ていたいおんしょう》で死亡《しぼう》。
	富士山大量遭難事故《ふじさんたいりょうそうなんじこ》	1972.3.20	暴風雨《ぼうふうう》や雪崩《なだれ》。死者《ししゃ》・不明者《ふめいしゃ》24名《めい》。
	愛知大学山岳部薬師岳遭難事故《あいちだいがくさんがくぶやくしだけそうなんじこ》	1963.1.6	40時間《じかん》にわたる猛吹雪《もうふぶき》。死者《ししゃ》13名《めい》。
	木曽駒ヶ岳大量遭難事故《きそこまがたけたいりょうそうなんじこ》	1913.8.26	台風《たいふう》による悪天候《あくてんこう》。教員《きょういん》・生徒《せいと》ら11名死亡《めいしぼう》。
大雪《おおゆき》	強《つよ》い冬型《ふゆがた》の気圧配置《きあつはいち》による大雪《おおゆき》	2020.12.14〜21	関越自動車道《かんえつじどうしゃどう》で大規模《だいきぼ》な立《た》ち往生《おうじょう》。
	関東甲信広域雪氷災害《かんとうこうしんこういきせっぴょうさいがい》	2014.2.14〜16	最深積雪《さいしんせきせつ》が甲府《こうふ》114㎝、東京《とうきょう》で27㎝など。死者《ししゃ》26名《めい》。
	平成《へいせい》18年豪雪《ねんごうせつ》*	2005〜2006冬《ふゆ》	日本海側《にほんかいがわ》を中心《ちゅうしん》に記録的《きろくてき》な大雪《おおゆき》。死者《ししゃ》152名《めい》。

※1951年以降《ねんいこう》の台風《たいふう》で気象庁命名《きしょうちょうめいめい》や通称《つうしょう》のあるものには西暦《せいれき》の下《しも》2桁《けた》と番号《ばんごう》でT(年)《ティーねん》(番号《ばんごう》)と記載《きさい》。

種類《しゅるい》	名称《めいしょう》(*:気象庁命名《きしょうちょうめいめい》)	時期《じき》	説明《せつめい》
大雪《おおゆき》	昭和《しょうわ》59年《ねん》豪雪《ごうせつ》*	1983～1984冬《ふゆ》	五九豪雪《ごうきゅうごうせつ》。太平洋側《たいへいようがわ》を含《ふく》む広範囲《こうはんい》で大雪《おおゆき》。死者《ししゃ》131名《めい》。
	昭和《しょうわ》38年《ねん》1月豪雪《がつごうせつ》*	1962～1963冬《ふゆ》	三八豪雪《さんぱちごうせつ》。日本海側《にほんかいがわ》を中心《ちゅうしん》に大雪《おおゆき》。死者《ししゃ》228名《めい》。
暴風雪《ぼうふうせつ》	北海道暴風雪災害《ほっかいどうぼうふうせつさいがい》	2013.3.2～3	4人家族《にんかぞく》が車内《しゃない》で死亡《しぼう》。道内《どうない》で計《けい》9名死亡《めいしぼう》。
	新潟大停電《にいがただいていでん》	2005.12.22	最大《さいだい》65万軒《まんけん》の大規模《だいきぼ》な停電《ていでん》。
	昭和《しょうわ》45年《ねん》1月低気圧《がつていきあつ》*	1970.1.31～2.2	爆弾低気圧《ばくだんていきあつ》による暴風雪《ぼうふうせつ》。死者《ししゃ》・不明者《ふめいしゃ》25名《めい》。
雪崩《なだれ》	栃木県那須岳雪崩災害《とちぎけんなすだけなだれさいがい》	2017.3.27	登山研修中《とざんけんしゅうちゅう》に表層雪崩《ひょうそうなだれ》。高校生《こうこうせい》7名《めい》、教員《きょういん》1名死亡《めいしぼう》。
	富士山雪崩災害《ふじさんなだれさいがい》	1960.11.19	表層雪崩《ひょうそうなだれ》に巻《ま》き込《こ》まれた55名中《めいちゅう》11名死亡《めいしぼう》。
	新潟県三俣《にいがたけんみつまた》の大雪崩《おおなだれ》	1918.1.9	小学校《しょうがっこう》や集落《しゅうらく》の半数《はんすう》が倒壊《とうかい》。死者《ししゃ》158名《めい》。
地震《じしん》・津波《つなみ》	令和《れいわ》6年能登半島地震《ねんのとはんとうじしん》*	2024.1.1	M7.6・震度《しんど》7、津波《つなみ》80㎝、死者《ししゃ》515名《めい》$^{+}$。
	平成《へいせい》30年北海道胆振東部地震《ねんほっかいどういぶりとうぶじしん》*	2018.9.6	M6.7・震度《しんど》7、死者《ししゃ》43名《めい》$^{+}$。
	平成《へいせい》28年熊本地震《ねんくまもとじしん》*	2016.4.14・16	M7.3・震度《しんど》7、死者《ししゃ》273名《めい》$^{+}$。
	平成《へいせい》23年東北地方《ねんとうほくちほう》 太平洋沖地震《たいへいようおきじしん》*	2011.3.11	東日本大震災《ひがしにほんだいしんさい》。Mw9.0・震度《しんど》7、津波《つなみ》9.3m以上《いじょう》、死者《ししゃ》19775名$^{+}$。
	平成《へいせい》20年岩手《ねんいわて》・宮城内陸地震《みやぎないりくじしん》*	2008.6.14	M7.2・震度《しんど》6強《きょう》、死者《ししゃ》17名《めい》、不明者《ふめいしゃ》6名《めい》。
	平成《へいせい》19年新潟県中越沖地震《ねんにいがたけんちゅうえつおきじしん》*	2007.7.16	M6.8・震度《しんど》6強《きょう》、死者《ししゃ》15名《めい》。
	平成《へいせい》16年新潟県中越地震《ねんにいがたけんちゅうえつじしん》*	2004.10.23	M6.8・震度《しんど》7、死者《ししゃ》68名《めい》$^{+}$。
	平成《へいせい》7年兵庫県南部地震《ねんひょうごけんなんぶじしん》*	1995.1.17	阪神《はんしん》・淡路大震災《あわじだいしんさい》。M7.3・震度《しんど》7、死者《ししゃ》6434名《めい》$^{+}$。
	平成《へいせい》5年北海道南西沖地震《ねんほっかいどうなんせいおきじしん》*	1993.7.12	M7.8・震度《しんど》5、津波《つなみ》1.75m以上《いじょう》、死者《ししゃ》202名《めい》。
	昭和《しょうわ》58年日本海中部地震《ねんにほんかいちゅうぶじしん》*	1983.5.26	M7.7・震度《しんど》5、津波《つなみ》5～6m。死者《ししゃ》104名《めい》。
	1978年宮城県沖地震《ねんみやぎけんおきじしん》*	1978.6.12	M7.4・震度《しんど》5。ブロック塀倒壊《べいとうかい》などで児童《じどう》含《ふく》む死者多数《ししゃたすう》。
	十勝沖地震《とかちおきじしん》*	1968.5.16	M7.9・震度《しんど》5、津波《つなみ》5m(三陸海岸《さんりくかいがん》)。死者《ししゃ》52名《めい》。
	チリ地震津波《じしんつなみ》*	1960.5.23	Mw9.5・震度《しんど》1以上《いじょう》なし。日本《にほん》で死者《ししゃ》・不明者《ふめいしゃ》142名《めい》。
	1948年福井地震《ねんふくいじしん》	1948.6.28	M7.1・震度《しんど》6、死者《ししゃ》3769名《めい》。火災《かさい》で被害拡大《ひがいかくだい》。
	関東大震災《かんとうだいしんさい》	1923.9.1	M7.9・震度《しんど》6、津波《つなみ》12m、死者《ししゃ》・不明者《ふめいしゃ》10万名超《まんめいちょう》。
	宝永地震《ほうえいじしん》	1707.10.28	M8.6程度《ていど》・震度《しんど》7(推定《すいてい》)、死者《ししゃ》2万名超《まんめいちょう》。
	元禄地震《げんろくじしん》	1703 .12 .31	M7.9～8.2、震度《しんど》7(推定《すいてい》)、死者《ししゃ》1万名超《まんめいちょう》。
火山噴火《かざんふんか》	平成《へいせい》26年御嶽山噴火《ねんおんたけさんふんか》*	2014.9.27	戦後最大《せんごさいだい》の火山災害《かざんさいがい》。死者《ししゃ》・不明者《ふめいしゃ》63名《めい》。
	平成《へいせい》12年三宅島噴火《ねんみやけじまふんか》*	2000.6～9	火砕流《かさいりゅう》や火山《かざん》ガスなどで4年半以上《ねんはんいじょう》の全島避難《ぜんとうひなん》。
	平成《へいせい》3年雲仙岳噴火《ねんうんぜんだけふんか》*	1991.6.3	火砕流《かさいりゅう》や火山泥流《かざんでいりゅう》などで死者《ししゃ》・不明者《ふめいしゃ》43名《めい》。
	昭和《しょうわ》61年伊豆大島噴火《ねんいずおおしまふんか》*	1986.11.15～23	溶岩流《ようがんりゅう》で島民約《とうみんやく》1万名《まんめい》が1か月以上《げついじょう》の全島避難《ぜんとうひなん》。
	十勝岳噴火《とかちだけふんか》	1926.5.24	火山泥流《かざんでいりゅう》などによる被害《ひがい》。死者《ししゃ》・不明者《ふめいしゃ》144名《めい》。
	伊豆鳥島大噴火《いずとりしまだいふんか》	1902.8.7～9	全島民《ぜんとうみん》125名《めい》が死亡《しぼう》。
	島原大変肥後迷惑《しまばらたいへんひごめいわく》	1792.5.21	山体崩壊《さんたいほうかい》で津波発生《つなみはっせい》。対岸《たいがん》で死者《ししゃ》・不明者約《ふめいしゃやく》1万《まん》5千名《せんめい》。
	天明《てんめい》の浅間山噴火《あさまやまふんか》	1783.8.5	火砕流《かさいりゅう》などで死者《ししゃ》1443名《めい》。利根川《とねがわ》の水害激化《すいがいげきか》の原因《げんいん》にも。
	富士山《ふじさん》・宝永大噴火《ほうえいだいふんか》	1707.12.16～1708.1.1	江戸市中《えどしちゅう》まで火山灰《かざんばい》が降下《こうか》。

※地震《じしん》の説明《せつめい》のM《エム》はマグニチュード、Mw《エムダブリュー》はモーメントマグニチュード、震度《しんど》は最大震度《さいだいしんど》を表《あらわ》す。

02

災害《さいがい》をもたらす典型的《てんけいてき》な雲《くも》は「積乱雲《せきらんうん》」

青空《あおぞら》が突然暗《とつぜんくら》くなり、土砂降《どしゃぶ》りの雷雨《らいう》に！　これは、**積乱雲《せきらんうん》**が原因《げんいん》です。

積乱雲《せきらんうん》は災害《さいがい》をもたらす典型的《てんけいてき》な雲《くも》です。雷《かみなり》を伴《ともな》うため雷雲《かみなりぐも》ともいい、竜巻《たつまき》などの突風《とっぷう》や、雹《ひょう》を生《う》み出《だ》します。積乱雲《せきらんうん》が連《つら》なることで集中豪雨《しゅうちゅうごうう》をもたらす線状降水帯《せんじょうこうすいたい》を形成《けいせい》したり、南《みなみ》の海《うみ》で集《あつ》まることで台風《たいふう》に発達《はったつ》したりすることもあります。

積乱雲《せきらんうん》は雲《くも》のなかで最《もっと》も背《せ》が高《たか》く、夏《なつ》には高度《こうど》15km以上《いじょう》になることも。それに対《たい》して横方向《よこほうこう》の広《ひろ》がりは数《すう》km〜十数《じゅうすう》kmと狭《せま》く、寿命《じゅみょう》も30分《ぷん》〜1時間《じかん》と短《みじか》いため、積乱雲《せきらんうん》がやってくると天気《てんき》が急変《きゅうへん》するのです。積乱雲《せきらんうん》の上部《じょうぶ》が平《たい》らになっているのは、雲《くも》が発達《はったつ》できる限界《げんかい》の高《たか》さに達《たっ》しているため。それより高《たか》く昇《のぼ》れなくなって雲《くも》が横《よこ》に広《ひろ》がった構造《こうぞう》は、**かなとこ雲《ぐも》**といいます。

積乱雲《せきらんうん》の正確《せいかく》な予測《よそく》はまだ難《むずか》しいですが、発生《はっせい》しそうかは天気予報《てんきよほう》で伝《つた》えられます。**大気《たいき》の状態《じょうたい》が不安定《ふあんてい》、ところにより雷《かみなり》、竜巻《たつまき》などの激《はげ》しい突風《とっぷう》**というキーワードを見聞《みき》きしたら、天気《てんき》の急変《きゅうへん》に注意《ちゅうい》を。

防災《ぼうさい》の豆知識《まめちしき》

雲《くも》は大《おお》きく分《わ》けて10種類《しゅるい》あります（十種雲形《じっしゅうんけい》）。雨《あめ》や雪《ゆき》を降《ふ》らせる雲《くも》には、積乱雲《せきらんうん》のほかに乱層雲《らんそううん》があります。乱層雲《らんそううん》は広範囲《こうはんい》にしとしと雨《あめ》を降《ふ》らせますが、山《やま》の斜面《しゃめん》などでは強《つよ》まって大雨《おおあめ》や大雪《おおゆき》が発生《はっせい》することも。

▲ 青空《あおぞら》にそびえたつ積乱雲《せきらんうん》。真下《ました》では雷雨《らいう》になっている。

積乱雲《せきらんうん》のしくみ

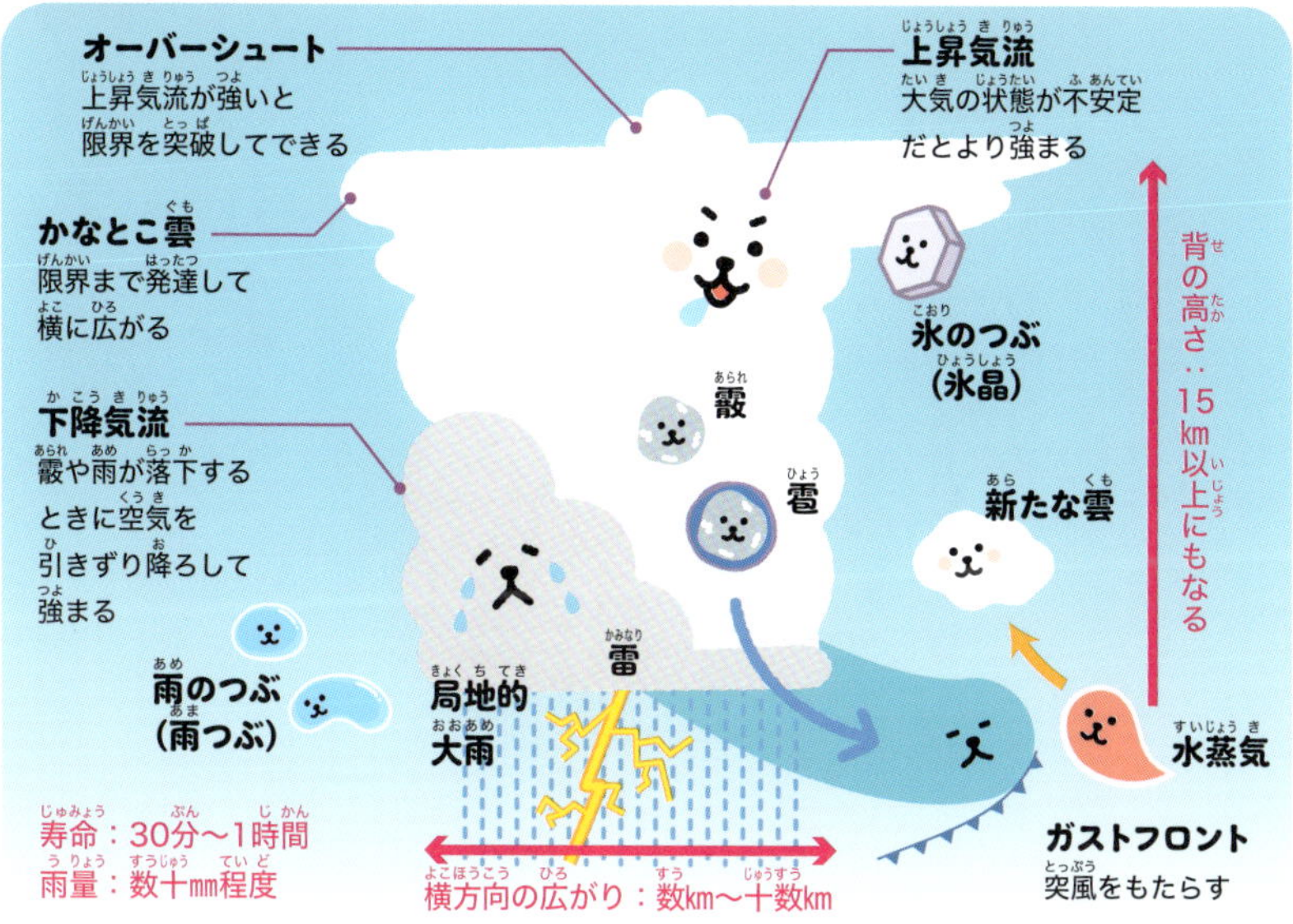

積乱雲発生《せきらんうんはっせい》のキーワード

- □ 大気《たいき》の状態《じょうたい》が（非常《ひじょう》に）不安定《ふあんてい》
- □ ところにより雷《かみなり》
- □ 竜巻《たつまき》などの激《はげ》しい突風《とっぷう》

03

雷《かみなり》の音《おと》が聞《き》こえたら落雷《らくらい》の可能性《かのうせい》がある

暗《くら》い空《そら》からゴロゴロと雷《かみなり》の音《おと》が聞《き》こえてくると、雷雲《かみなりぐも》はまだ遠《とお》くにあるのかなと思《おも》う人《ひと》もいるかもしれません。しかし、**雷《かみなり》の音《おと》が聞《き》こえたらすでにいつ落雷《らくらい》してもおかしくない状況《じょうきょう》**なのです。

雷《かみなり》は、積乱雲《せきらんうん》のなかで氷《こおり》のつぶ同士《どうし》がぶつかるなどして、電気《でんき》の偏《かたよ》りが生《う》まれて発《はっ》生《せい》します。この偏《かたよ》りを解消《かいしょう》するために、雲《くも》のなかや雲《くも》と地面《じめん》の間《あいだ》で放電《ほうでん》が起《お》こります。雲《くも》と地面《じめん》の間《あいだ》の放電《ほうでん》がいわゆる**落雷《らくらい》**で、これは積乱雲《せきらんうん》の真下《ました》だけで起《お》こるものではなく、少《すこ》し離《はな》れたところでも起《お》こります。そのため、雷《かみなり》の音《おと》（**雷鳴《らいめい》**）が聞《き》こえる場《ば》所《しょ》ではどこでも落雷《らくらい》の可能性《かのうせい》があるのです。

屋外《おくがい》で雷鳴《らいめい》が聞《き》こえたら、すぐに建物《たてもの》か自動車《じどうしゃ》のなかに避難《ひなん》しましょう。高《たか》い木《き》に落雷《らくらい》すると、雷《かみなり》が幹《みき》や枝《えだ》から周囲《しゅうい》の人《ひと》や物《もの》に飛《と》び移《うつ》る**側撃雷《そくげきらい》**が発生《はっせい》するので、**木《き》の下《した》での雨宿《あまやど》りは極《きわ》めて危険《きけん》**。誰《だれ》でも無料《むりょう》で使《つか》える気象《きしょう》レーダーで積乱雲《せきらんうん》の位置《いち》や動《うご》きを確認《かくにん》して、雷雨《らいう》に巻《ま》き込《こ》まれる前《まえ》に安全《あんぜん》を確保《かくほ》するようにしましょう。

防災《ぼうさい》の豆知識《まめちしき》

6月《がつ》26日《にち》は雷《かみなり》記念日《きねんび》で、930年《ねん》のこの日《ひ》に平安京《へいあんきょう》での落雷《らくらい》で藤原清貫《ふじわらのきよつら》などが死傷《ししょう》したことに由来《ゆらい》します。この雷《かみなり》は無実《むじつ》の罪《つみ》を着《き》せられて左遷《させん》された菅原道真《すがわらのみちざね》のたたりと噂《うわさ》され、彼《かれ》の領地《りょうち》には落雷《らくらい》が一度《いちど》もなかったのだとか。

▲晴《は》れた空《そら》に突然起《とつぜんお》こる雷《かみなり》は「青天《せいてん》の霹靂《へきれき》」といい、思《おも》いがけず突然起《とつぜんお》こる出来事《できごと》という意味《いみ》がある。

音《おと》の速《はや》さは約《やく》340m毎秒《まいびょう》だから、雷《かみなり》の光《ひかり》が見《み》えてから音《おと》が聞《き》こえるまでの秒数《びょうすう》に340をかけると、雷《かみなり》までの距離《きょり》（m）がわかるよ

屋外《おくがい》で雷鳴《らいめい》が聞《き》こえたら……

▲屋内《おくない》では壁《かべ》や窓《まど》、家電《かでん》から離《はな》れると安全《あんぜん》。

木《き》の下《した》で雨宿《あまやど》りは極《きわ》めて危険《きけん》

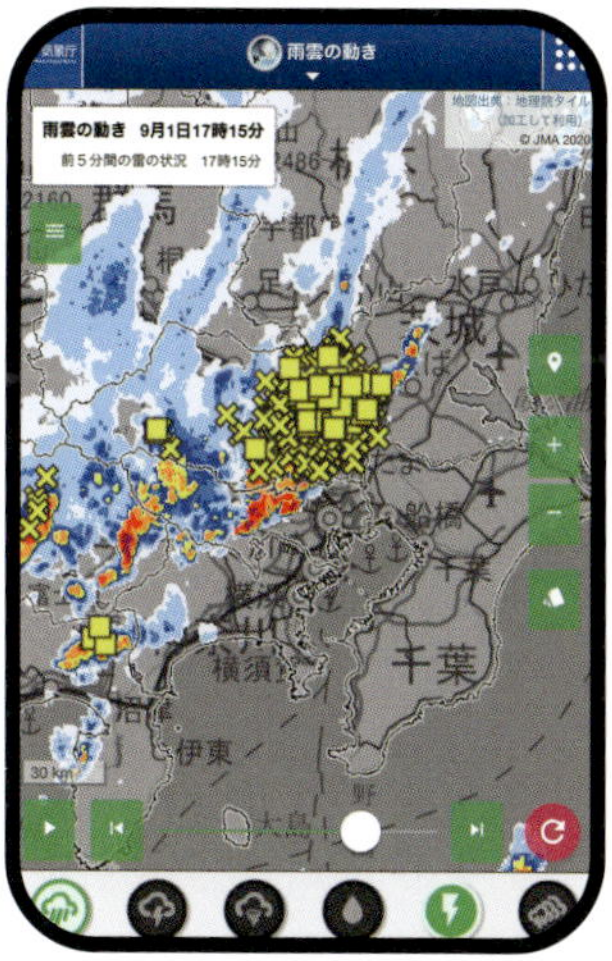

ナウキャスト　検索《けんさく》

※ナウキャスト＝雨雲《あまぐも》の動《うご》き

04

積乱雲《せきらんうん》が急激《きゅうげき》に風《かぜ》を強《つよ》める！ 突風《とっぷう》への備《そな》えと対策《たいさく》

突然《とつぜん》吹《ふ》く強風《きょうふう》、それが**突風《とっぷう》**です。積乱雲《せきらんうん》は、3種類《しゅるい》の突風《とっぷう》の原因《げんいん》になります。

ひとつは、**竜巻《たつまき》**。積乱雲《せきらんうん》に伴《ともな》う強《つよ》い上昇《じょうしょう》気流《きりゅう》（上向《うわむ》きの空気《くうき》の流《なが》れ）で発生《はっせい》する激《はげ》しい渦巻《うずま》きです。また、積乱雲《せきらんうん》から吹《ふ》き降《お》ろす下降気流《かこうきりゅう》（下向《したむ》きの空気《くうき》の流《なが》れ）が地面《じめん》にぶつかり、横方向《よこほうこう》に吹《ふ》き出《だ》すのが**ダウンバースト**。この下降気流《かこうきりゅう》をつくる冷気《れいき》が積《せき》乱雲《らんうん》の周囲《しゅうい》に広《ひろ》がると、その先端部分《せんたんぶぶん》は**ガストフロント**と呼《よ》ばれ、積乱雲《せきらんうん》から離《はな》れた位置《いち》に突風《とっぷう》を引《ひ》き起《お》こします。

日本《にほん》では竜巻《たつまき》は海岸付近《かいがんふきん》、ダウンバーストやガストフロントは内陸《ないりく》で発生《はっせい》する傾向《けいこう》があります。関東平野《かんとうへいや》では地形的《ちけいてき》にすべての種類《しゅるい》の突風《とっぷう》が起《お》こりやすく、多《おお》くは暖《あたた》かい季節《きせつ》の現象《げんしょう》です。一方《いっぽう》、日本海側《にほんかいがわ》の竜巻《たつまき》は冬《ふゆ》に多《おお》く発生《はっせい》しています。

突風発生《とっぷうはっせい》の可能性《かのうせい》が高《たか》まると発表《はっぴょう》される**竜巻注意情報《たつまきちゅういじょうほう》**や、危険《きけん》な場所《ばしょ》がわかる**竜巻《たつまき》発生確度《はっせいかくど》**を気象庁《きしょうちょう》ウェブサイト「雨雲《あまぐも》の動《うご》き」で確認《かくにん》して備《そな》えましょう。もし危険《きけん》が迫《せま》ってきていたらすぐに頑丈《がんじょう》な建物《たてもの》へ避難《ひなん》！

防災《ぼうさい》の豆知識《まめちしき》

竜巻《たつまき》は積乱雲《せきらんうん》の真下《ました》で発生《はっせい》しますが、晴《は》れた日《ひ》の日中《にっちゅう》に地表付近《ちひょうふきん》で温《あたた》められた空気《くうき》が上昇《じょうしょう》し、見《み》た目《め》は竜巻《たつまき》にも似《に》た**塵旋風《じんせんぷう》**という突風《とっぷう》が起《お》こることも。たまに学校《がっこう》のグラウンドでテントが飛《と》ばされてニュースになります。

突風《とっぷう》の種類《しゅるい》

竜巻《たつまき》

積乱雲《せきらんうん》の真下《ました》で起《お》こる激《はげ》しい渦巻《うずま》き

ダウンバースト

積乱雲《せきらんうん》の真下《ました》で爆発的《ばくはつてき》に吹《ふ》き降《お》ろす突風《とっぷう》

ガストフロント

積乱雲《せきらんうん》から離《はな》れた場所《ばしょ》で起《お》こる突風《とっぷう》

突風分布図《とっぷうぶんぷず》（1961～2024年《ねん》）

※気象庁ウェブサイトをもとに作成

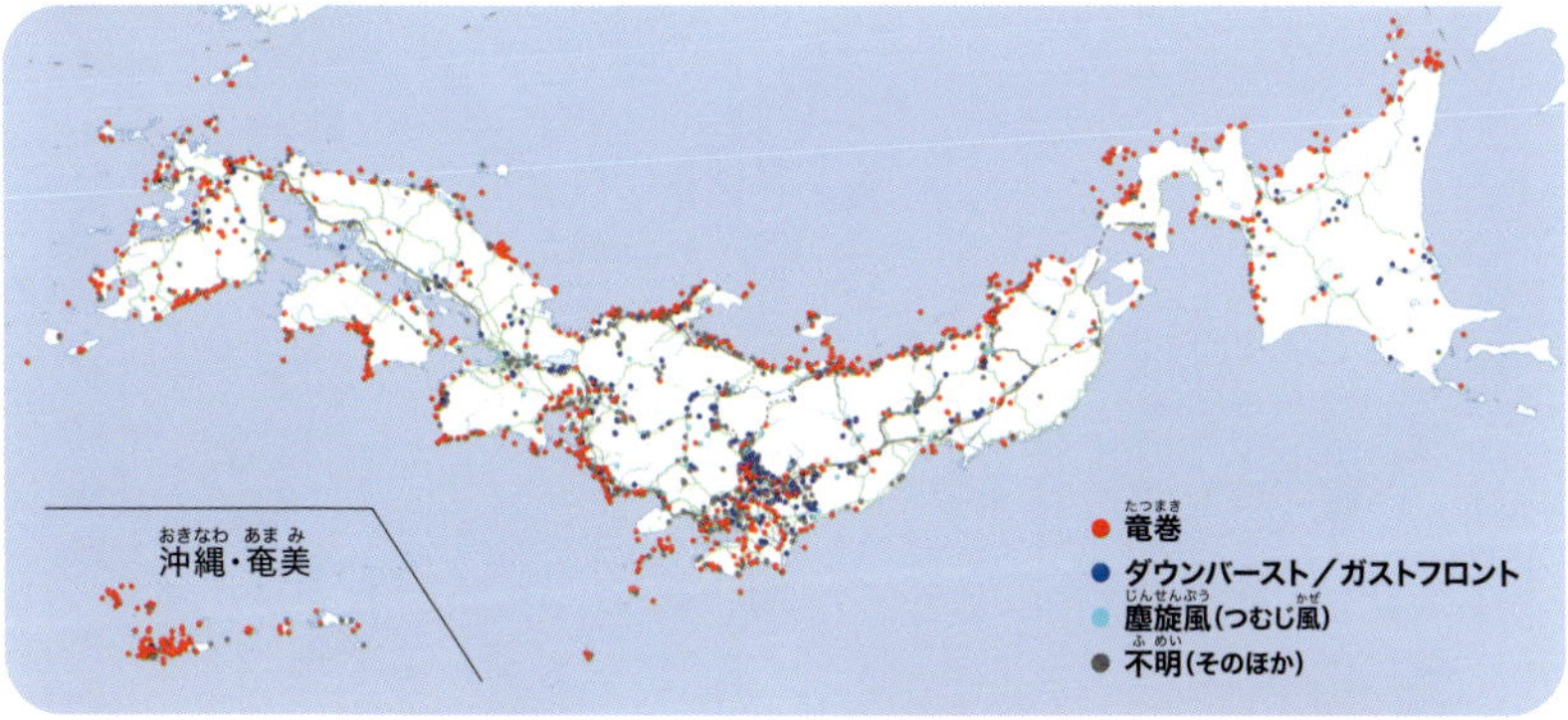

気象情報《きしょうじょうほう》を要《よう》チェック

- □ 雷《かみなり》 注意報《ちゅういほう》
- □ 竜巻注意情報《たつまきちゅういじょうほう》
- □ 気象《きしょう》レーダー
（竜巻発生確度《たつまきはっせいかくど》）

危険《きけん》な状況《じょうきょう》になる前《まえ》に頑丈《がんじょう》な建物《たてもの》に避難《ひなん》しよう

もし竜巻《たつまき》がきたら……

すぐに頑丈《がんじょう》な建物《たてもの》に避難《ひなん》！

屋内《おくない》ではカーテンを閉《し》めて窓《まど》から離《はな》れる

05

時速《じそく》100㎞以上《いじょう》で降《ふ》ってくる！ 巨大《きょだい》な氷《こおり》のかたまり「雹《ひょう》」

積乱雲《せきらんうん》から、巨大《きょだい》な氷《こおり》のかたまりである**雹**《ひょう》が降《ふ》ることがあります。その速度《そくど》は時速《じそく》100㎞以上《いじょう》！　農作物《のうさくぶつ》や建物《たてもの》を傷《きず》つけるだけでなく、人《ひと》にあたると非常《ひじょう》に危険《きけん》です。

積乱雲《せきらんうん》のなかでは高《たか》い空《そら》で氷《こおり》のつぶ（氷晶《ひょうしょう》）が雪《ゆき》に成長《せいちょう》して落下《らっか》します。雪《ゆき》が0℃以下《いか》でも液体《えきたい》の雲《くも》のつぶ（雲粒《うんりゅう》）を取《と》り込《こ》むと、**霰**《あられ》になります。霰《あられ》がそのまま落下《らっか》すれば途中《とちゅう》で融《と》けて地上《ちじょう》では雨《あめ》が降《ふ》りますが、積乱雲《せきらんうん》の上昇気流《じょうしょうきりゅう》で表面《ひょうめん》の融《と》けた霰《あられ》が再《ふたた》び上昇《じょうしょう》し、0℃以下《いか》の気温《きおん》の空《そら》で凍結《とうけつ》、また落下《らっか》して雲粒《うんりゅう》を捕《つか》まえて成長《せいちょう》――この上下運動《じょうげうんどう》を繰《く》り返《かえ》すと、大《おお》きな雹《ひょう》になるのです。霰《あられ》は直径《ちょっけい》5㎜未満《みまん》、雹《ひょう》は直径《ちょっけい》5㎜以上《いじょう》と大《おお》きさで区別《くべつ》されています。

雹《ひょう》はグレープフルーツくらいの大《おお》きさになることもあり、大《おお》きな雹《ひょう》を輪切《わぎ》りにすると、落下《らっか》・上昇時《じょうしょうじ》のしくみの違《ちが》いから年輪《ねんりん》のような構造《こうぞう》が見《み》られます。神秘的《しんぴてき》ですが危険《きけん》な現象《げんしょう》です。雹《ひょう》の可能性《かのうせい》は**雷注意報**《かみなりちゅういほう》のなかで伝《つた》えられるので、**降雹**《こうひょう》という言葉《ことば》を天気予報《てんきよほう》で見聞《みき》きしたら注意《ちゅうい》しましょう。

防災《ぼうさい》の豆知識《まめちしき》

晴《は》れでも降《ふ》る巨大氷塊《きょだいひょうかい》(megacryometeor《メガクライオメテオ》)が世界《せかい》では観測《かんそく》されています。大《おお》きなものではブラジルで50kg超《ちょう》の記録《きろく》も。そのしくみは未解明《みかいめい》ですが、雹《ひょう》とは異《こと》なり、上空《じょうくう》のジェット気流《きりゅう》のなかで大《おお》きく成長《せいちょう》したものだとか。

▲樹木《じゅもく》の年輪《ねんりん》のような構造《こうぞう》を持《も》つ大《おお》きな雹《ひょう》。2012年《ねん》5月《がつ》6日《か》に茨城県《いばらきけん》で撮影《さつえい》。

積乱雲《せきらんうん》のなかで雹《ひょう》ができるしくみ

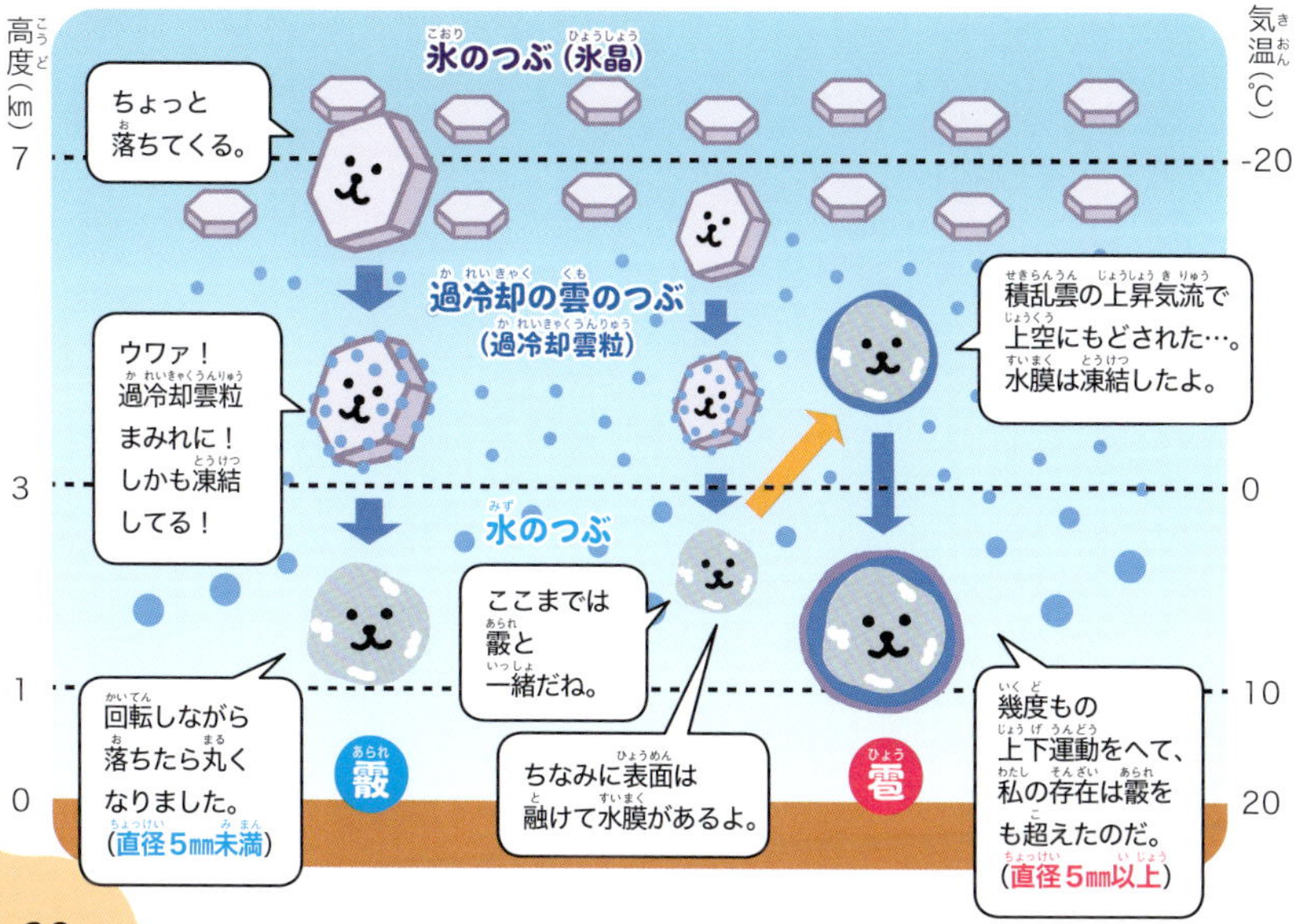

06

雲《くも》や空《そら》を見《み》て天気《てんき》の急変《きゅうへん》を察知《さっち》する「観天望気《かんてんぼうき》」

　雲《くも》や空《そら》を見《み》て、これから天気《てんき》がどう変《か》わるのかを予想《よそう》することを**観天望気《かんてんぼうき》**といいます。ここでは、積乱雲《せきらんうん》による天気《てんき》の急変《きゅうへん》を察知《さっち》するための観天望気《かんてんぼうき》をご紹介《しょうかい》します。

　まず、天気《てんき》が急変《きゅうへん》する可能性《かのうせい》を少《すこ》し前《まえ》から教《おし》えてくれる雲《くも》として、積乱雲《せきらんうん》になる前《まえ》の雄大積雲《ゆうだいせきうん》の上部《じょうぶ》にできる**頭巾雲《ずきんぐも》**があります。さらに、限界《げんかい》まで発達《はったつ》した積乱雲《せきらんうん》の上部《じょうぶ》に現《あらわ》れる**かなとこ雲《ぐも》**、かなとこ雲《ぐも》が上空《じょうくう》の風《かぜ》に流《なが》された**濃密巻雲《のうみつけんうん》**、かなとこ雲《ぐも》や濃密巻雲《のうみつけんうん》の底《そこ》に現《あらわ》れる**乳房雲《ちぶさぐも》**などがあります。

　これらの雲《くも》を見《み》かけたら、気象《きしょう》レーダーで積乱雲《せきらんうん》の位置《いち》や動《うご》きをチェックしましょう。

　天気《てんき》の急変《きゅうへん》の直前《ちょくぜん》に現《あらわ》れる雲《くも》もあります。ロールケーキのような形《かたち》の**アーククラウド**、これが積乱雲本体《せきらんうんほんたい》とつながっている**棚雲《たなぐも》**、竜巻発生《たつまきはっせい》の直前《ちょくぜん》に現《あらわ》れる**漏斗雲《ろうとぐも》**、土砂降《どしゃぶ》りの雨《あめ》そのものが見《み》えている**雨柱《あめばしら》**、**雷鳴《らいめい》**などは、すぐ近《ちか》くに積乱雲《せきらんうん》があって、今《いま》まさに天気《てんき》が急変《きゅうへん》しそうなことを知《し》らせてくれています。このような雲《くも》や現象《げんしょう》に出会《であ》ったら安全《あんぜん》な建物内《たてものない》などに避難《ひなん》しましょう。

防災《ぼうさい》の豆知識《まめちしき》

雲《くも》や空《そら》の観天望気《かんてんぼうき》は、科学的根拠《かがくてきこんきょ》があって信頼《しんらい》できるものが多《おお》いです。一方《いっぽう》、生物《せいぶつ》の行動《こうどう》などをもとにする観天望気《かんてんぼうき》は、原因《げんいん》と結果《けっか》が逆《ぎゃく》だったり、論理的《ろんりてき》に飛躍《ひやく》した考《かんが》え方《かた》になっていたりするため、ほぼ信頼《しんらい》できません。

天気《てんき》の急変《きゅうへん》の可能性《かのうせい》を少《すこ》し前《まえ》から教《おし》えてくれる雲《くも》

頭巾雲《ずきんぐも》

▶積乱雲《せきらんうん》へと発達中《はったつちゅう》の雄大積《ゆうだいせき》雲《うん》の上部《じょうぶ》にできる雲《くも》。

このあと頭巾《ずきん》を
突《つ》き破《やぶ》って
成長《せいちょう》するよ！

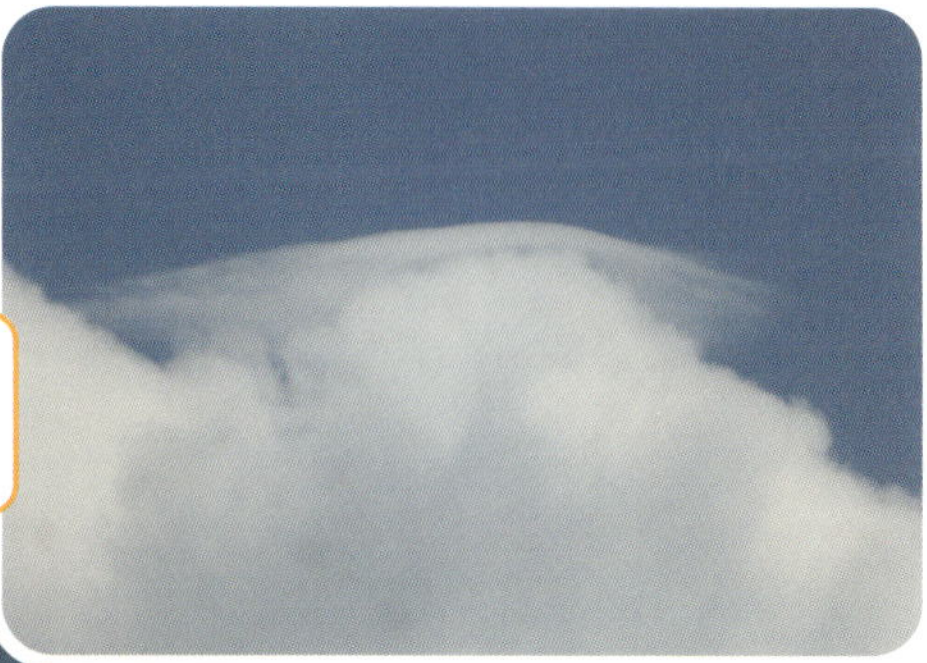

かなとこ雲《ぐも》

◀限界《げんかい》まで発達《はったつ》した積乱雲《せきらんうん》の上部《じょうぶ》が横《よこ》に広《ひろ》がった雲《くも》。

濃密巻雲《のうみつけんうん》

▶濃《こ》い巻雲《けんうん》。積乱雲《せきらんうん》のかなとこ雲《ぐも》が上空《じょうくう》の風《かぜ》に流《なが》されて広《ひろ》がったものだと、その先《さき》に積《せき》乱雲《らんうん》がある。

乳房雲《ちぶさぐも》

◀かなとこ雲《ぐも》や濃密巻雲《のうみつけんうん》の底《そこ》にできるコブ状《じょう》の雲《くも》。積乱雲《せきらんうん》の進行方向《しんこうほうこう》に現《あらわ》れることがある。

この雲《くも》たちを見《み》たら、
レーダーで積乱雲《せきらんうん》の
位置《いち》や動《うご》きをチェック！

天気《てんき》の急変《きゅうへん》の直前《ちょくぜん》に現《あらわ》れる雲《くも》

アーククラウド

▶ ロール状《じょう》の雲《くも》で、積乱《せきらん》雲本体《うんほんたい》から離《はな》れている。アーチ雲《ぐも》のひとつ。ガストフロント上《じょう》にでき、この雲《くも》が通過《つうか》すると突《とっ》風《ぷう》が起《お》こる。

棚雲《たなぐも》

◀ アーククラウドが積乱《せきらん》雲本体《うんほんたい》にくっついたもの。アーチ雲《ぐも》のひとつ。すぐ背後《はいご》に積乱雲《せきらんうん》がある。

急《きゅう》に青空《あおぞら》が暗《くら》くなったり、
冷《つめ》たい風《かぜ》が吹《ふ》いたり
するのも天気《てんき》の急変《きゅうへん》の
可能性《かのうせい》があるよ

漏斗雲《ろうとぐも》

▶ 積乱雲《せきらんうん》の雲《くも》の底《そこ》から垂《た》れ下《さ》がるような見《み》た目《め》の雲《くも》。漏斗雲《ろうとぐも》が地面《じめん》に達《たっ》すると竜巻《たつまき》になる。

雨柱《あめばしら》

▲積乱雲《せきらんうん》の下《した》の狭《せま》い範囲《はんい》に降《ふ》っている強《つよ》い雨《あめ》が見《み》えているもの。

雷《かみなり》はゴム製《せい》の長靴《ながぐつ》やレインコートを身《み》に着《つ》けていれば安全《あんぜん》と思《おも》われることがあるけど、関係《かんけい》なく危険《きけん》だよ！　建物《たてもの》か自動車内《じどうしゃない》に逃《に》げよう

雷鳴《らいめい》

◀雷鳴《らいめい》が聞《き》こえる場所《ばしょ》では落雷《らくらい》の危険性《きけんせい》がある。P18

山《やま》での天気《てんき》の急変《きゅうへん》を教《おし》えてくれる雲《くも》

天気《てんき》くずれそう

レンズ雲《ぐも》・吊《つ》るし雲《ぐも》

上空《じょうくう》が湿《しめ》っていて強《つよ》い風《かぜ》が吹《ふ》いているときに現《あらわ》れる。とくに登山中《とざんちゅう》には天気《てんき》の急変《きゅうへん》の目安《めやす》になる。平地《へいち》でも、西《にし》から天気《てんき》がくずれるときなどに見《み》られる。

07 集中豪雨《しゅうちゅうごうう》をもたらす「線状降水帯《せんじょうこうすいたい》」とは

大雨《おおあめ》のニュースで、とくに最近《さいきん》は**線状降水帯《せんじょうこうすいたい》**という言葉《ことば》をよく耳《みみ》にします。どのような現象《げんしょう》なのでしょうか。

ふつう、ひとつの積乱雲《せきらんうん》は数十《すうじゅう》㎜程度《ていど》の雨量《うりょう》の雨《あめ》を降《ふ》らせます。積乱雲《せきらんうん》による短時《たんじ》間《かん》の大雨《おおあめ》は「**ゲリラ豪雨《ごうう》**」と呼《よ》ばれることも。一方《いっぽう》、積乱雲《せきらんうん》が連《つら》なると狭《せま》い範囲《はんい》に長《ちょう》時間強《じかんつよ》い雨《あめ》が続《つづ》き、雨量《うりょう》が百《ひゃく》~数百《すうひゃく》㎜にもなる**集中豪雨《しゅうちゅうごうう》**が起《お》こることがあります。このとき線状《せんじょう》に連《つら》なった積乱雲《せきらんうん》のまとまりや雨域《ういき》のことを線状降水帯《せんじょうこうすいたい》と呼《よ》んでいます。

線状降水帯《せんじょうこうすいたい》は西日本《にしにほん》の太平洋側《たいへいようがわ》や九州《きゅうしゅう》で多《おお》く発生《はっせい》していますが、全国《ぜんこく》どこでも起《お》こりえます。気象《きしょう》レーダー観測《かんそく》などで線状降《せんじょうこう》水帯《すいたい》の発生《はっせい》がわかると、気象庁《きしょうちょう》から「**顕著《けんちょ》な大雨《おおあめ》に関《かん》する気象情報《きしょうじょうほう》**」が発表《はっぴょう》されます。このようなときは、水害《すいがい》の発生《はっせい》する危《き》険度《けんど》が急激《きゅうげき》に高《たか》まっています。気象庁《きしょうちょう》ウェブサイトの「雨雲《あまぐも》の動《うご》き」「今後《こんご》の雨《あめ》」で線《せん》状降水帯《じょうこうすいたい》の位置《いち》がわかるので、要《よう》チェック。

梅雨《つゆ》は水害《すいがい》の発生《はっせい》しやすい季節《きせつ》です。気《き》象情報《しょうじょうほう》にはより一層耳《いっそうみみ》を傾《かたむ》けましょう。

防災《ぼうさい》の豆知識《まめちしき》

線状降水帯《せんじょうこうすいたい》の予測《よそく》はまだ難《むずか》しく、気象庁《きしょうちょう》が半日前《はんにちまえ》から発表《はっぴょう》する線状降水帯《せんじょうこうすいたい》の発生予測《はっせいよそく》も、当《あ》たるのは4回《かい》に1回程度《かいていど》と見込《みこ》まれています。線状降水帯《せんじょうこうすいたい》の予測《よそく》の有無《うむ》にかかわらず、大雨予報《おおあめよほう》のときは備《そな》えを確認《かくにん》しましょう（第3章《だいしょう》）。

線状降水帯《せんじょうこうすいたい》のしくみ

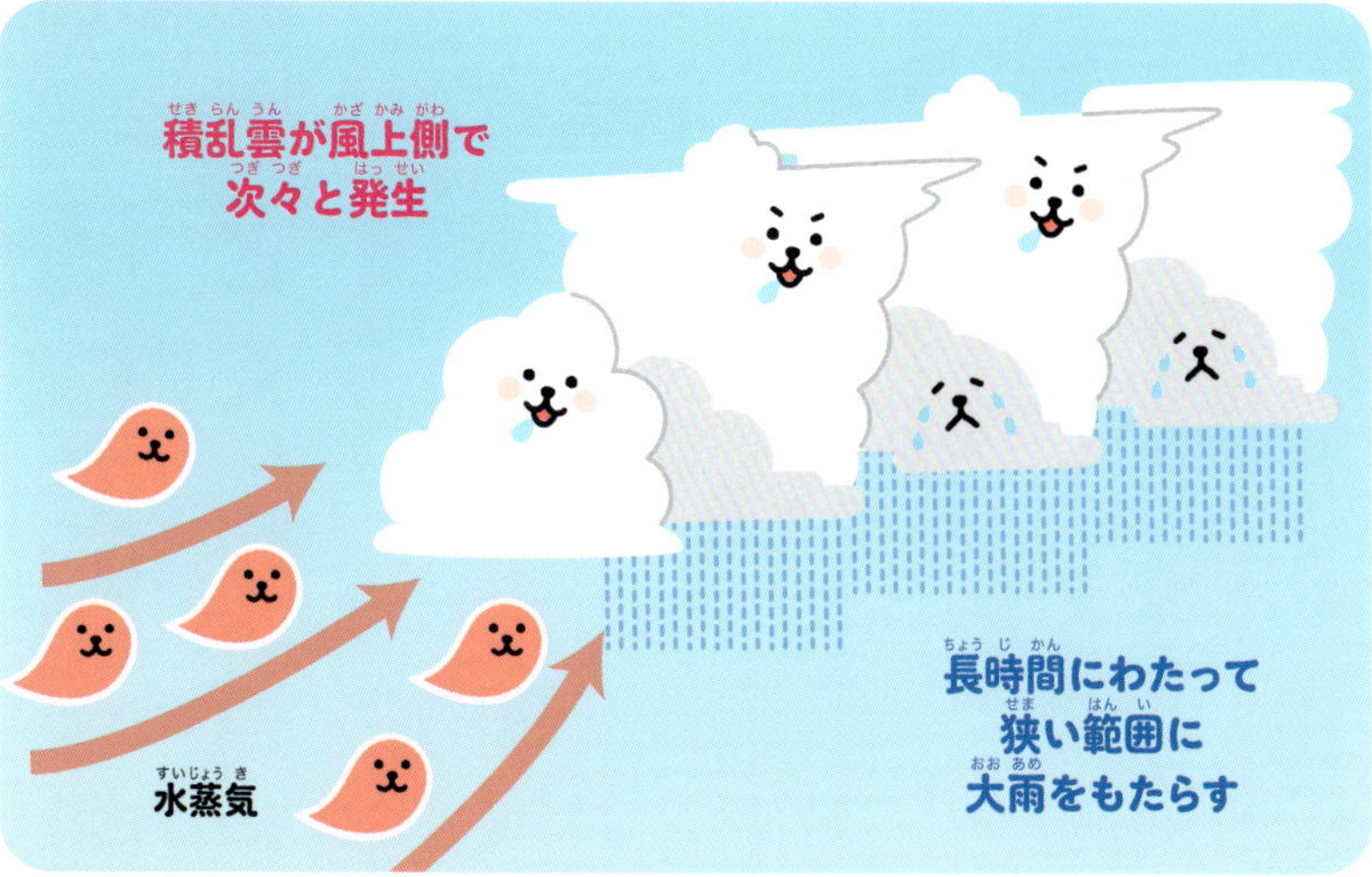

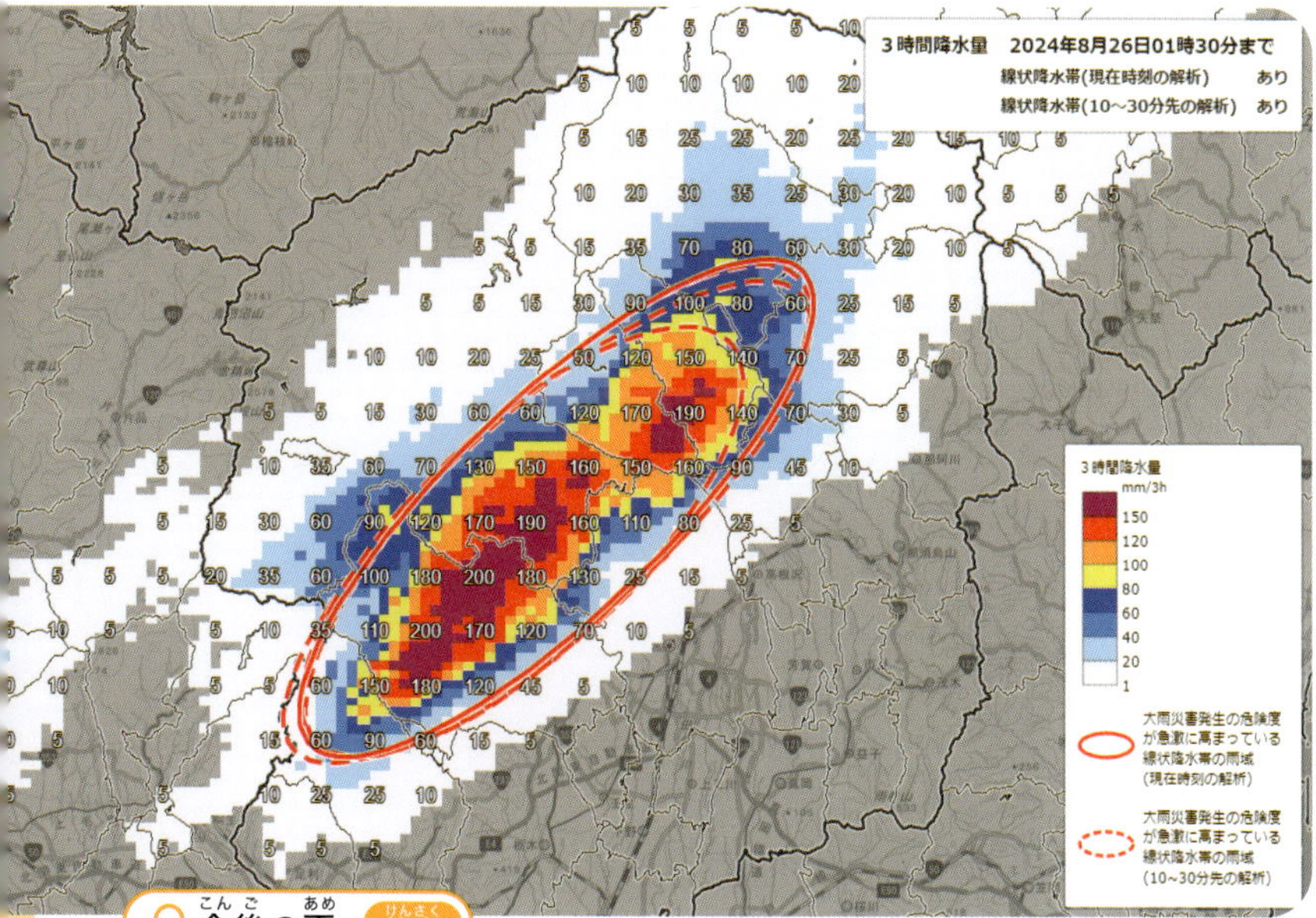

今後《こんご》の雨《あめ》 検索《けんさく》

▲気象庁《きしょうちょう》ウェブサイト「今後《こんご》の雨《あめ》」では、15時間先《じかんさき》までの降《こう》水量《すいりょう》予測《よそく》が見《み》られる。30分後《ぶんご》までに線状降水帯《せんじょうこうすいたい》の発生《はっせい》が予測《よそく》されている場所《ばしょ》もわかる。

08

明《あ》け方《がた》から朝《あさ》に豪雨《ごうう》が多《おお》い!? とくに注意《ちゅうい》したい朝《あさ》の水害《すいがい》

大雨《おおあめ》や台風《たいふう》などによる災害《さいがい》は、昼夜《ちゅうや》問《と》わず襲《おそ》ってきます。そのなかでも、**梅雨《つゆ》の九《きゅう》州《しゅう》では明《あ》け方《がた》から朝《あさ》に集中豪雨《しゅうちゅうごうう》が発生《はっせい》しやすい**ことがわかっています。

集中豪雨《しゅうちゅうごうう》が明《あ》け方《がた》から朝《あさ》に起《お》こりやすいということは、寝《ね》ている人《ひと》の多《おお》い暗《くら》いうちから状況《じょうきょう》が悪化《あっか》しやすいということです。とくに夜間《やかん》は周囲《しゅうい》の状況《じょうきょう》を確認《かくにん》しにくく、避難所《ひなんじょ》などへの移動《いどう》にも危険《きけん》が伴《ともな》います。2階以上《かいいじょう》の崖《がけ》から離《はな》れた部屋《へや》にいて助《たす》かった人《ひと》もいますが、土砂災害《どしゃさいがい》では家《いえ》ごと潰《つぶ》れることもあります。大雨《おおあめ》が予想《よそう》されるときには、高齢者《こうれいしゃ》や乳幼児《にゅうようじ》が家族《かぞく》にいて、避難《ひなん》に時間《じかん》がかかる人《ひと》は前日《ぜんじつ》の明《あか》るいうちから避難《ひなん》するのがベストです。

最近《さいきん》の研究《けんきゅう》により、梅雨《つゆ》の九州《きゅうしゅう》での明《あ》け方《がた》から朝《あさ》の集中豪雨《しゅうちゅうごうう》の発生頻度《はっせいひんど》は、過去《かこ》47年間《ねんかん》で7・5倍《ばい》にもなっていることがわかりました。全国《ぜんこく》でも非常《ひじょう》に激《はげ》しい雨《あめ》や猛烈《もうれつ》な雨《あめ》が増《ふ》えており、**地球温暖化《ちきゅうおんだんか》**が原因《げんいん》と考《かんが》えられています。これからの時代《じだい》、ますます激《はげ》しくなる災害《さいがい》への備《そな》えが大切《たいせつ》です。

防災《ぼうさい》の豆知識《まめちしき》

梅雨《つゆ》の九州《きゅうしゅう》で明《あ》け方《がた》から朝《あさ》に集中豪雨《しゅうちゅうごうう》が起《お》こりやすいことは観測結果《かんそくけっか》から明《あき》らかにされているのですが、その原因《げんいん》はまだよくわかっていません。これと同《おな》じく気象学《きしょうがく》には未解明《みかいめい》な点《てん》が多《おお》くあり、研究《けんきゅう》が進《すす》められています。

梅雨期《ばいうき》における3時間降水量《じかんこうすいりょう》130㎜以上《いじょう》の発生数《はっせいすう》の日変化《にちへんか》（1976〜2022年《ねん》）

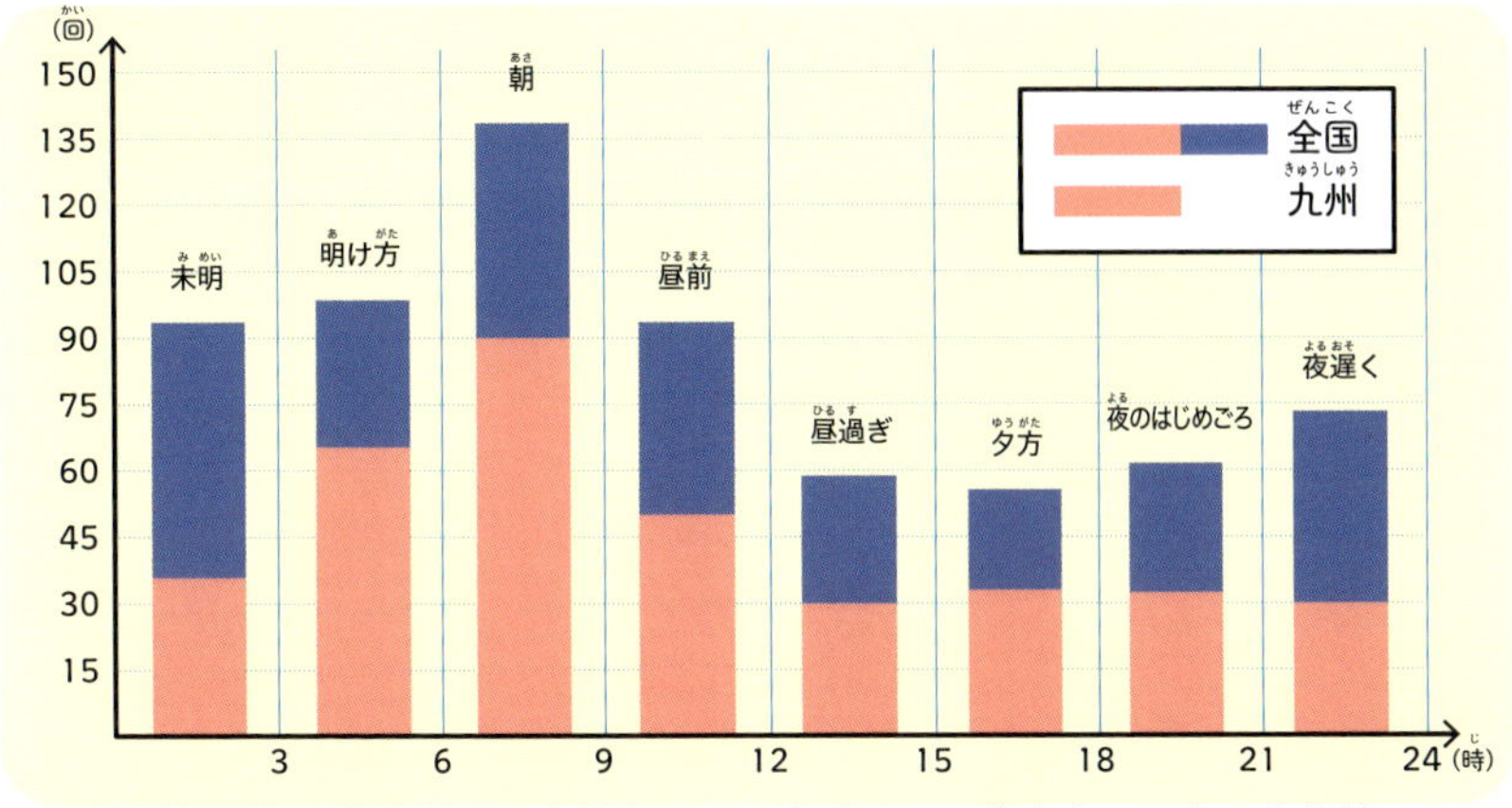

▲ 赤《あか》と青《あお》の合計《ごうけい》が全国《ぜんこく》、赤《あか》だけが九州《きゅうしゅう》で、1300地点《ちてん》あたりの梅雨期《ばいうき》（6〜7月《がつ》）の発生数《はっせいすう》。

梅雨期《ばいうき》における3時間降水量《じかんこうすいりょう》130㎜以上《いじょう》の年間発生数《ねんかんはっせいすう》（1976〜2022年《ねん》）

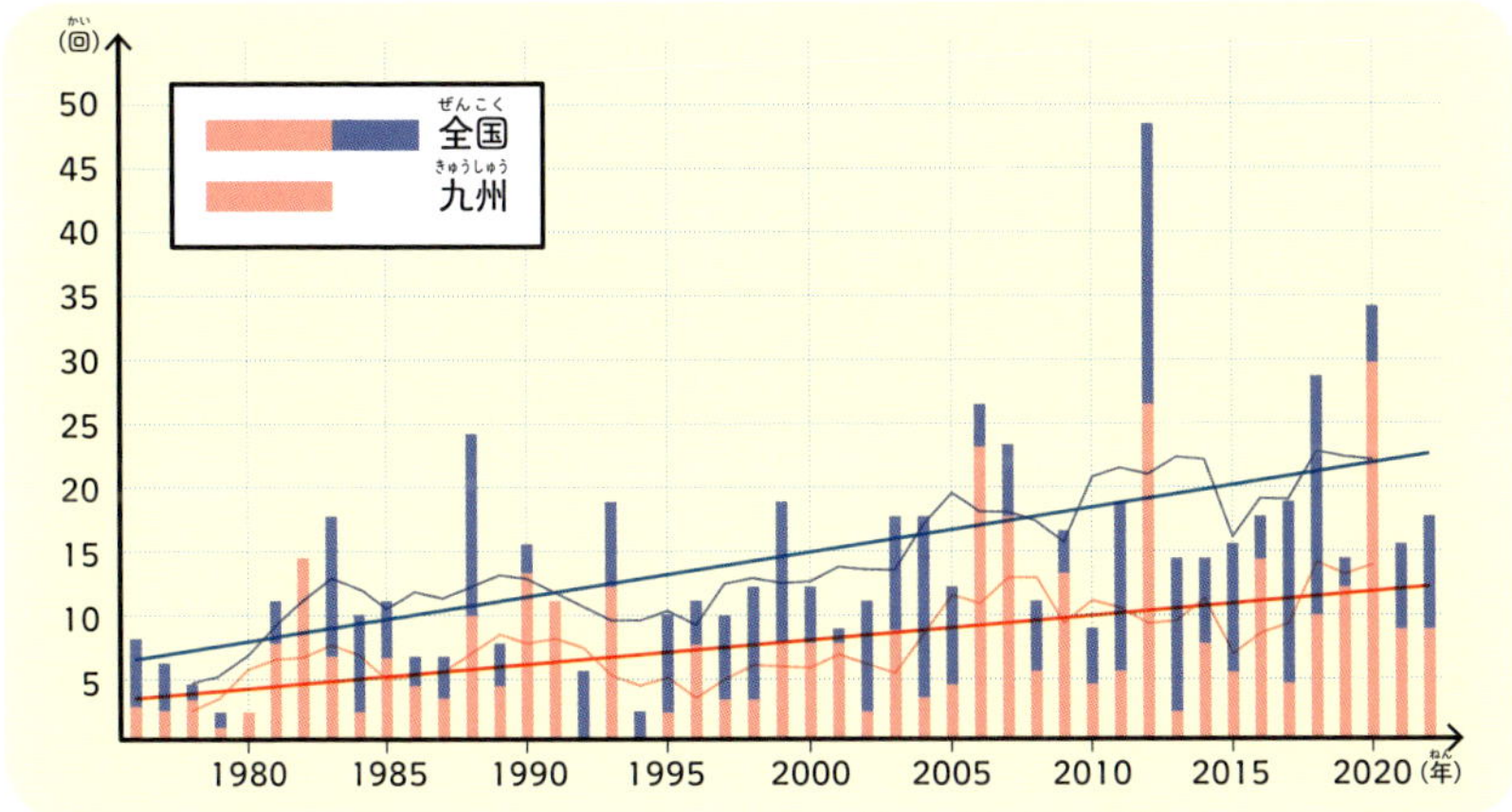

▲ 細線《ほそせん》は5年間《ねんかん》で平均《へいきん》した値《あたい》、太線《ふとせん》は1976〜2022年《ねん》の平均的《へいきんてき》な変化傾向《へんかけいこう》。

※Kato(2024)をもとに作成

夜中《よなか》に急《きゅう》に避難指示《ひなんしじ》が出《で》ても、そんなすぐには逃《に》げられないんじゃ……明《あか》るいうち、荒《あ》れる前《まえ》に避難《ひなん》するかのう P144

住《す》まいの地域《ちいき》の水害《すいがい》の危険性《きけんせい》を調《しら》べておくと、備《そな》えや対策《たいさく》をしやすいね P114

09

1時間《じかん》に100㎜の雨《あめ》ってどんな雨《あめ》？

天気予報《てんきよほう》などで、雨量《うりょう》の数値《すうち》を聞《き》くことは多《おお》いと思《おも》います。ただ、その雨量《うりょう》がどんな雨《あめ》の降《ふ》り方《かた》でどのような影響《えいきょう》があるのか、イメージしにくいかもしれません。

雨量《うりょう》（**降水量《こうすいりょう》**）は、降《ふ》ってきた雨《あめ》がそのまま流《なが》れ去《さ》らずにたまった場合《ばあい》の水《みず》の深《ふか》さのことで、単位《たんい》は㎜です。1時間《じかん》に100㎜の雨《あめ》が降《ふ》ると、10㎝の深《ふか》さの水《みず》がたまるということです。1平方《へいほう》mの広《ひろ》さで10㎝の水《みず》の重《おも》さは100kgです。つまり、1時間《じかん》に100㎜の雨《あめ》は、**体重《たいじゅう》100kgの小柄《こがら》な力士《りきし》が1平方《へいほう》mあたり1時間《じかん》に1人《り》降《ふ》ってくるのと同《おな》じ重《おも》さなのです**。実際《じっさい》にはこの重《おも》さの雨《あめ》が一気《いっき》に降《ふ》ってくるわけではないですが、雨《あめ》の水《みず》は低地《ていち》や川《かわ》に集《あつ》まったり地面《じめん》に浸《し》みたりして、浸水害《しんすいがい》や洪水害《こうずいがい》、土《ど》砂災害《しゃさいがい》を引《ひ》き起《お》こします。

天気予報《てんきよほう》で伝《つた》えられる雨量《うりょう》の数値《すうち》も、そのまま重《おも》さ（kg）に置《お》きかえられます。また、1時間雨量《じかんうりょう》によって決《き》まった雨《あめ》の呼《よ》び方《かた》があり、80㎜以上《いじょう》なら猛烈《もうれつ》な雨《あめ》です。雨《あめ》の呼《よ》び方《かた》とその影響《えいきょう》を要《よう》チェック！

防災《ぼうさい》の豆知識《まめちしき》

1時間降水量《じかんこうすいりょう》の日本《にほん》の歴代《れきだい》1位《い》は、千葉県香取《ちばけんかとり》（1999年《ねん》10月《がつ》27日《にち》）と長《なが》崎県長浦岳《さきけんながうらだけ》（1982年《ねん》7月《がつ》23日《にち》）で153㎜です。世界《せかい》1位《い》は、アメリカのミズーリ州《しゅう》で1947年《ねん》6月《がつ》22日《にち》に観測《かんそく》された305㎜！　ものすごい雨《あめ》です。

1時間《じかん》に100㎜の大雨《おおあめ》のイメージ

▲ 1時間《じかん》に100㎜の大雨《おおあめ》のとき、空一面《そらいちめん》から小柄《こがら》な力士《りきし》が……！

雨《あめ》の強《つよ》さと降《ふ》り方《かた》

1時間雨量《じかんうりょう》が1㎜でも、傘《かさ》をささないとけっこうしっかりぬれる雨《あめ》

<table>
<tr><th>予報用語《よほうようご》</th><th>1時間雨量《じかんうりょう》</th><th>イメージ</th><th>影響《えいきょう》</th><th>屋外《おくがい》の様子《ようす》</th></tr>
<tr><td>やや強《つよ》い雨《あめ》</td><td>10㎜以上《いじょう》～
20㎜未満《みまん》</td><td>ザーザーと降《ふ》る</td><td>足元《あしもと》がぬれる</td><td rowspan="2">地面一面《じめんいちめん》に水《みず》たまりができる</td></tr>
<tr><td>強《つよ》い雨《あめ》</td><td>20㎜以上《いじょう》～
30㎜未満《みまん》</td><td>土砂降《どしゃぶ》り</td><td rowspan="2">傘《かさ》をさしてもぬれる</td></tr>
<tr><td>激《はげ》しい雨《あめ》</td><td>30㎜以上《いじょう》～
50㎜未満《みまん》</td><td>バケツをひっくり返《かえ》したように降《ふ》る</td><td>道路《どうろ》が川《かわ》のようになる</td></tr>
<tr><td>非常《ひじょう》に激《はげ》しい雨《あめ》</td><td>50㎜以上《いじょう》～
80㎜未満《みまん》</td><td>滝《たき》のように降《ふ》る
（ゴーゴーと降《ふ》り続《つづ》く）</td><td rowspan="2">傘《かさ》はまったく役《やく》に立《た》たなくなる</td><td rowspan="2">水《みず》しぶきであたりが白《しろ》っぽくなり、視界《しかい》が悪《わる》くなる</td></tr>
<tr><td>猛烈《もうれつ》な雨《あめ》</td><td>80㎜以上《いじょう》～</td><td>息苦《いきぐる》しくなるような圧迫感《あっぱくかん》、恐怖《きょうふ》を感《かん》じる</td></tr>
</table>

10 「スーパー台風《たいふう》」って何《なに》？ 台風《たいふう》による風水害《ふうすいがい》に備《そな》えよう

台風《たいふう》による大雨《おおあめ》や暴風《ぼうふう》で、日本《にほん》では毎年《まいとし》のように被害《ひがい》が起《お》こっています。**スーパー台風《たいふう》**という言葉《ことば》も聞《き》きますが、これは何《なん》なのでしょうか。

台風《たいふう》は、温《あたた》かい海上《かいじょう》で発達《はったつ》した積乱雲《せきらんうん》が集《あつ》まった熱帯低気圧《ねったいていきあつ》で、最大風速《さいだいふうそく》が17・2m毎秒《まいびょう》以上《いじょう》になったものです。強《つよ》さにも階級《かいきゅう》があり、気象庁《きしょうちょう》の定義《ていぎ》では最大風速《さいだいふうそく》が54m毎秒《まいびょう》以上《いじょう》だと猛烈《もうれつ》な台風《たいふう》です。スーパー台《たい》風《ふう》は米軍合同台風警報《べいぐんごうどうたいふうけいほう》センターが決《き》めた台《たい》風《ふう》の階級《かいきゅう》のいちばん強《つよ》いレベルで、※最大風《さいだいふう》速《そく》67m毎秒《まいびょう》以上《いじょう》のものを指《さ》しています。

日本《にほん》は台風《たいふう》の通《とお》り道《みち》で、夏《なつ》には太平洋高《たいへいようこう》気圧《きあつ》の風《かぜ》の流《なが》れに乗《の》って台風《たいふう》が北上《ほくじょう》し、日《に》本付近《ほんふきん》の上空《じょうくう》を吹《ふ》く西風《にしかぜ》（偏西風《へんせいふう》）に乗《の》って日本列島《にほんれっとう》の真上《まうえ》を進《すす》みやすくなります。**地《ち》球温暖化《きゅうおんだんか》**が進《すす》むと、日本《にほん》の南《みなみ》の海上《かいじょう》で猛烈《もうれつ》な台風《たいふう》の発生《はっせい》する割合《わりあい》が増《ふ》え、さらに日本《にほん》付近《ふきん》を通《とお》る台風《たいふう》の移動《いどう》が遅《おそ》くなるという研《けん》究結果《きゅうけっか》があります。つまり、**より強《つよ》い台風《たいふう》の影響《えいきょう》が長期化《ちょうきか》する可能性《かのうせい》がある**のです。台風《たいふう》により一層《いっそう》、備《そな》えていきましょう。

※1分間《ぶんかん》の平均風速《へいきんふうそく》の最大値《さいだいち》

防災《ぼうさい》の豆知識《まめちしき》

台風《たいふう》は北西太平洋《ほくせいたいへいよう》などで発達《はったつ》した熱帯低気圧《ねったいていきあつ》のことで、北大西洋《きたたいせいよう》などではハリケーン、北《きた》インド洋《よう》ではサイクロンと呼《よ》ばれています。台風《たいふう》とハリケーンの境目《さかいめ》は東経《とうけい》180度《ど》で、ハリケーンが西《にし》にやってきて台風《たいふう》になることも。

▲2024年《ねん》台風《たいふう》第《だい》10号《ごう》の気象衛星画像《きしょうえいせいがぞう》(8月《がつ》27日《にち》)。鹿児島県《かごしまけん》に台風接近《たいふうせっきん》による暴風《ぼうふう》・高波《たかなみ》・高《たか》潮《しお》特別警報発表《とくべつけいほうはっぴょう》。東海《とうかい》や九州南部《きゅうしゅうなんぶ》で総降水量《そうこうすいりょう》900㎜超《ちょう》の記録的《きろくてき》な大雨《おおあめ》も発生《はっせい》。

月《つき》ごとの代表的《だいひょうてき》な台風《たいふう》の進路《しんろ》(日本付近《にほんふきん》)

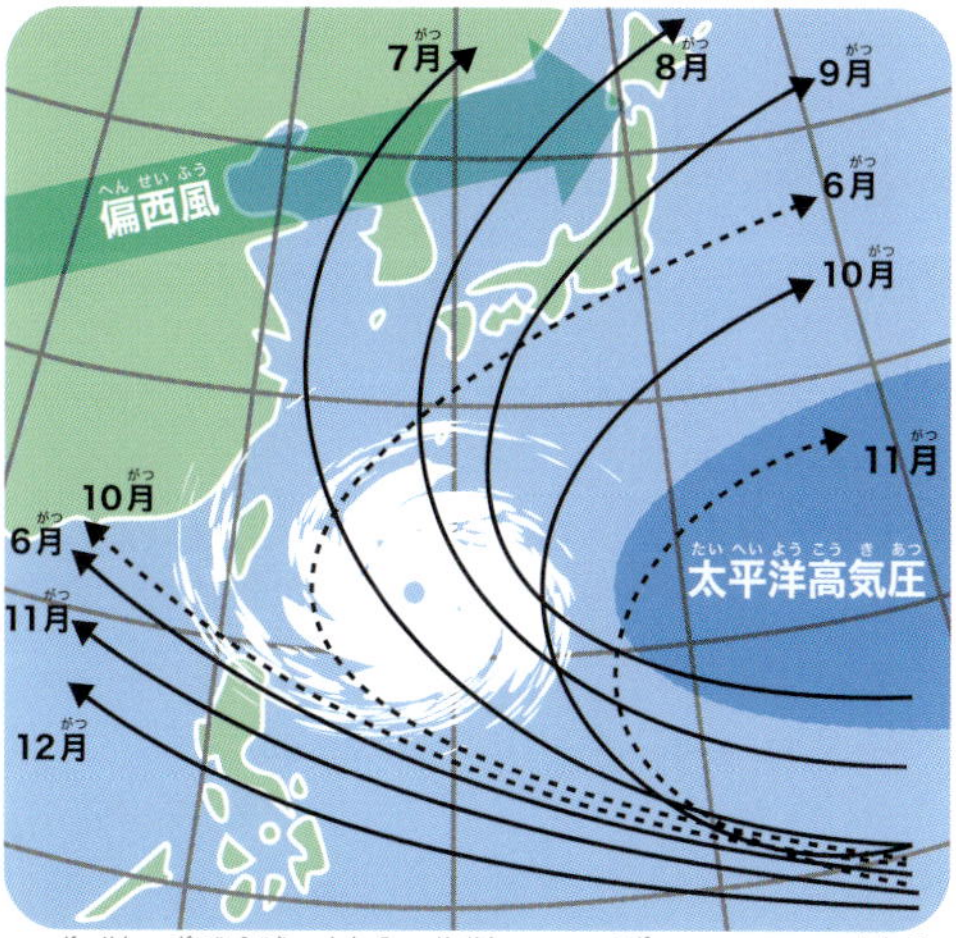

▲実線《じっせん》は代表的《だいひょうてき》な進路《しんろ》、破線《はせん》はその次《つぎ》にとりやすい進路《しんろ》。まったく違《ちが》う進路《しんろ》になることも。

台風《たいふう》の強《つよ》さ

用語《ようご》	最大風速《さいだいふうそく》(m毎秒《まいびょう》)
(表現《ひょうげん》しない)	33未満《みまん》
強《つよ》い	33以上《いじょう》44未満《みまん》
非常《ひじょう》に強《つよ》い	44以上《いじょう》54未満《みまん》
猛烈《もうれつ》な	54以上《いじょう》

台風《たいふう》の大《おお》きさ

用語《ようご》	風速《ふうそく》15m毎秒《まいびょう》以上《いじょう》(強風域《きょうふういき》)の半径《はんけい》(㎞)
(表現《ひょうげん》しない)	500未満《みまん》
大型《おおがた》	500以上《いじょう》800未満《みまん》
超大型《ちょうおおがた》	800以上《いじょう》

11 台風《たいふう》の進路《しんろ》のどこで何《なに》が危《あぶ》ない？

台風《たいふう》の接近《せっきん》が予想《よそう》されているとき、いつ・何《なに》に気《き》をつけたらいいでしょうか。台風《たいふう》の進路《しんろ》と起《お》こりやすい災害《さいがい》について考《かんが》えます。

まず、台風《たいふう》が遠《とお》く離《はな》れていても影響《えいきょう》があるのが**高波《たかなみ》**です。また、前線《ぜんせん》などの影響《えいきょう》で台風《たいふう》が接近《せっきん》する前《まえ》から**大雨《おおあめ》**になることがあります（詳《くわ》しくはP38）。だんだん台風《たいふう》が近《ちか》づいてきて、台風《たいふう》に伴《ともな》う雨雲《あまぐも》がかかるようになってくると、台風《たいふう》の進路《しんろ》の右前方《みぎぜんぽう》で**竜巻《たつまき》**が発生《はっせい》しやすくなります。台風《たいふう》は中心《ちゅうしん》に近《ちか》いほど風《かぜ》も雨《あめ》も強《つよ》く、**暴風《ぼうふう》**に警戒《けいかい》が必要《ひつよう》です。とくに台風《たいふう》の進路《しんろ》のすぐ右側《みぎがわ》では、台風《たいふう》自身《じしん》の反時計回《はんとけいまわ》りの流《なが》れに台風《たいふう》の移動《いどう》速度《そくど》が重《かさ》なるので、最《もっと》も風《かぜ》が強《つよ》まります。ここでは**高潮《たかしお》**も発生《はっせい》しやすく、とくに沿岸《えんがん》部《ぶ》では警戒《けいかい》が必要《ひつよう》です。

台風《たいふう》の進路《しんろ》は**台風進路予報《たいふうしんろよほう》**で伝《つた》えられ、誰《だれ》でも気象庁《きしょうちょう》ウェブサイトなどで確認《かくにん》することができます（P130）。台風《たいふう》の接近《せっきん》が予想《よそう》されるとき、自分《じぶん》の住《す》まいの地域《ちいき》が進路《しんろ》のどこにあたりそうか、いつどんな影響《えいきょう》がありそうかなどを確認《かくにん》して備《そな》えましょう。

防災《ぼうさい》の豆知識《まめちしき》

「台風《たいふう》が温帯低気圧化《おんたいていきあつか》したから安心《あんしん》」と思《おも》われがちですが、台風《たいふう》と温帯低《おんたいてい》気圧《きあつ》は構造《こうぞう》が違《ちが》うだけで、温帯低気圧《おんたいていきあつ》になってから再《ふたた》び発達《はったつ》することも。温帯低気圧《おんたいていきあつ》でも大雨《おおあめ》、暴風《ぼうふう》、竜巻《たつまき》などが起《お》こるので気《き》を抜《ぬ》かないよう注意《ちゅうい》。

台風《たいふう》の進路《しんろ》と起《お》こりやすい災害《さいがい》

大雨《おおあめ》

▲台風《たいふう》の中心《ちゅうしん》から離《はな》れていても発生《はっせい》する。

高波《たかなみ》

▲うねりが遠《とお》くから伝《つた》わる。

竜巻《たつまき》

▲進路《しんろ》の右前方《みぎぜんぽう》で発《はっ》生《せい》しやすい。

暴風《ぼうふう》・高潮《たかしお》

◀進路《しんろ》のすぐ右側《みぎがわ》では、厳重《げんじゅう》な警戒《けいかい》が必要《ひつよう》。とくに満潮《まんちょう》と重《かさ》なると危険《きけん》な高潮《たかしお》となるおそれ。

台風《たいふう》と温帯低気圧《おんたいていきあつ》の違《ちが》い

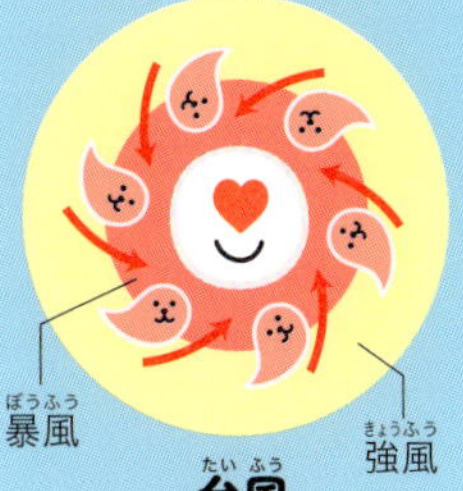

台風《たいふう》

- 中心付近《ちゅうしんふきん》で風《かぜ》が強《つよ》い
- 移動《いどう》が遅《おそ》い
- まわりはだいたい暖《あたた》かい

温帯低気圧《おんたいていきあつ》

- 広《ひろ》い範囲《はんい》で風《かぜ》が強《つよ》い
- 移動《いどう》が速《はや》い
- 寒気《かんき》と暖気《だんき》の間《あいだ》にいる

台風情報《たいふうじょうほう》とあわせて
自分《じぶん》の地域《ちいき》が
どうなりそうかを
チェックしよう P130

12 台風《たいふう》から離《はな》れた場所《ばしょ》で起《お》こる「遠隔豪雨《えんかくごうう》」

台風《たいふう》がやってくると、台風本体《たいふうほんたい》に伴《ともな》う発《はっ》達《たつ》した雨雲《あまぐも》によって大雨《おおあめ》がもたらされます。しかし、**台風《たいふう》から離《はな》れた場所《ばしょ》でも大雨《おおあめ》が起《お》こる**ことがあります。

台風《たいふう》は非常《ひじょう》に多《おお》くの水蒸気《すいじょうき》を伴《ともな》っており、台風本体《たいふうほんたい》の雨雲《あまぐも》がかかっていない地域《ちいき》でも、南《みなみ》から多量《たりょう》の水蒸気《すいじょうき》が流入《りゅうにゅう》して**山地《さんち》の斜面《しゃめん》**で持《も》ち上《あ》げられ、雨雲《あまぐも》が発達《はったつ》して大《おお》雨《あめ》になることがあります。さらに、台風《たいふう》の中心《ちゅうしん》から1000km以上離《いじょうはな》れた場所《ばしょ》でも、梅雨前線《ばいうぜんせん》や秋雨前線《あきさめぜんせん》などの**停滞前線《ていたいぜんせん》**があると、大雨《おおあめ》が発生《はっせい》することがあります。これは**遠隔豪雨《えんかくごうう》**（遠隔降水《えんかくこうすい》）といい、「前線《ぜんせん》が台《たい》風《ふう》に刺激《しげき》されて活動《かつどう》が活発化《かっぱつか》」と表現《ひょうげん》されることがありますが、正確《せいかく》には台風由来《たいふうゆらい》の多量《たりょう》の水蒸気《すいじょうき》が流入《りゅうにゅう》して前線《ぜんせん》の近《ちか》くで雨雲《あまぐも》が発達《はったつ》するのが主《おも》な要因《よういん》です。

遠隔豪雨《えんかくごうう》のあとに台風《たいふう》の本体《ほんたい》がやってくると、さらに雨量《うりょう》が増《ふ》えて大規模《だいきぼ》な水害《すいがい》が発生《はっせい》することも。台風《たいふう》が日本付近《にほんふきん》にあるときは、中心《ちゅうしん》から離《はな》れていても気象情報《きしょうじょうほう》を確《かく》認《にん》して天気《てんき》の変化《へんか》に気《き》をつけましょう。

防災《ぼうさい》の豆知識《まめちしき》

台風《たいふう》に伴《ともな》う大雨《おおあめ》は、水資源《みずしげん》の確保《かくほ》にも重要《じゅうよう》です。2024年台風第《ねんたいふうだい》10号《ごう》の雨《あめ》で高知県早明浦《こうちけんさめうら》ダムの貯水量《ちょすいりょう》が100%に回復《かいふく》し、水不足《みずぶそく》による香川用水《かがわようすい》の取《しゅ》水制限《すいせいげん》20%が解除《かいじょ》。恵《めぐ》みの雨《あめ》ともいえますが災害《さいがい》は抑《おさ》えてほしいものです。

遠隔豪雨《えんかくごうう》のしくみ

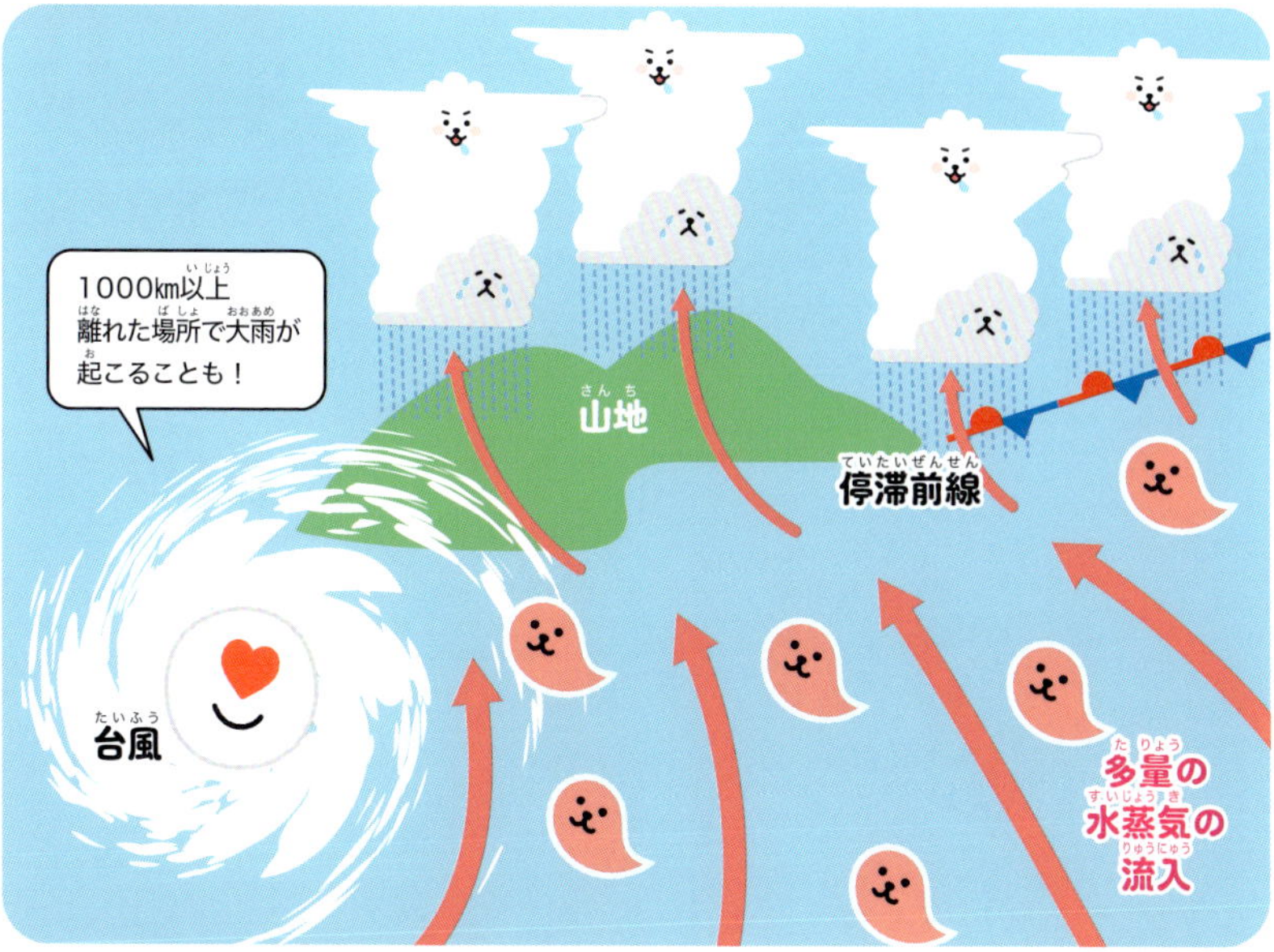

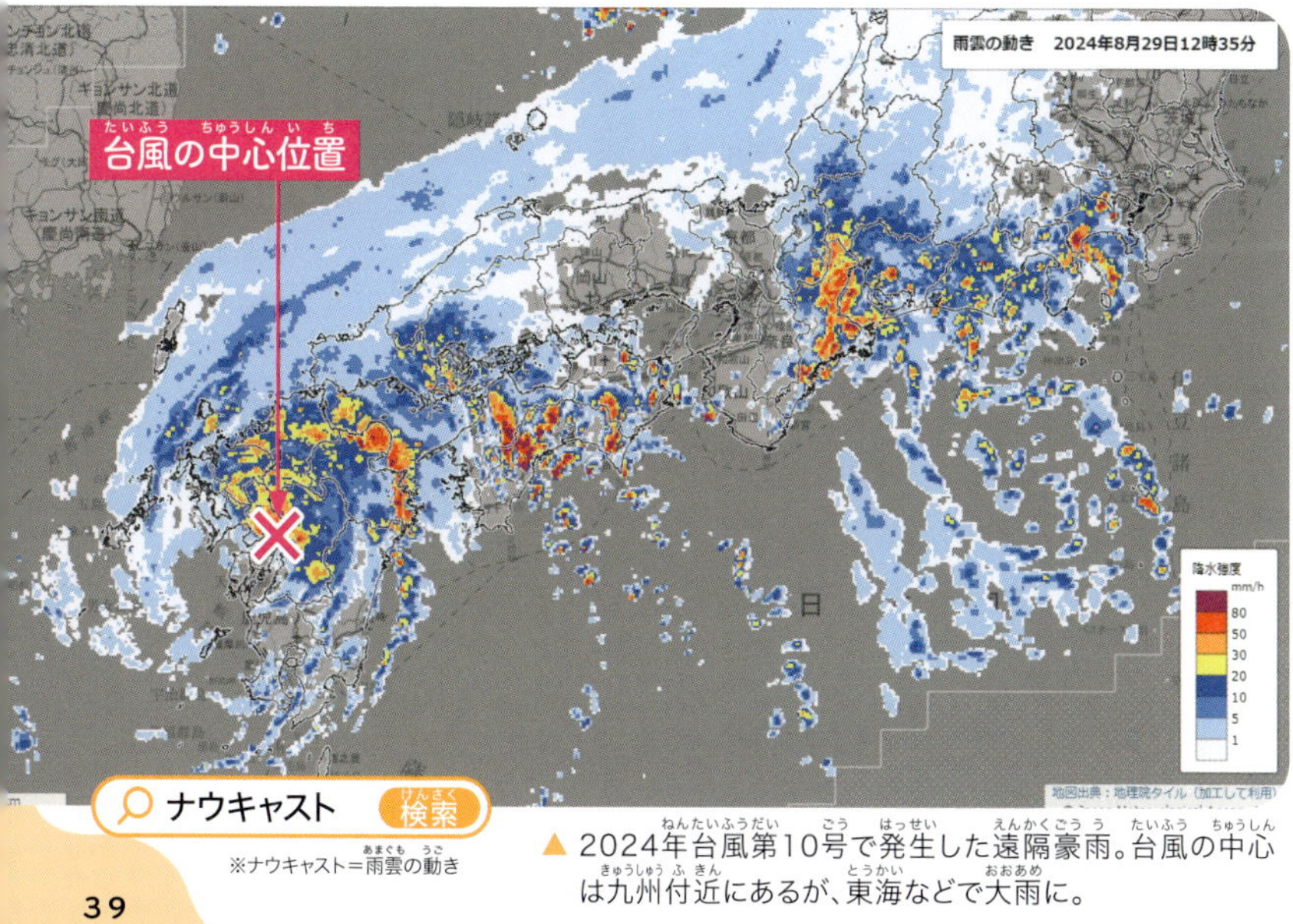

ナウキャスト　検索《けんさく》

※ナウキャスト＝雨雲《あまぐも》の動《うご》き

▲2024年《ねん》台風第《たいふうだい》10号《ごう》で発生《はっせい》した遠隔豪雨《えんかくごうう》。台風《たいふう》の中心《ちゅうしん》は九州付近《きゅうしゅうふきん》にあるが、東海《とうかい》などで大雨《おおあめ》に。

13 暴風《ぼうふう》のときの屋外《おくがい》は超危険《ちょうきけん》！

ひと口《くち》に風《かぜ》が強《つよ》いといっても、どのくらいの強《つよ》さの風《かぜ》で何《なに》が起《お》こるのでしょうか。風《かぜ》の強《つよ》さは、**風速**《ふうそく》で表《あらわ》されます。日本《にほん》では10分間平均《ぶんかんへいきん》の風速《ふうそく》が用《もち》いられており、風速《ふうそく》20m毎秒以上《まいびょういじょう》の風《かぜ》は予報用語《よほうようご》では**非常**《ひじょう》**に強**《つよ》**い風**《かぜ》と呼《よ》ばれ、人《ひと》は歩《ある》けず何《なに》かにつかまらないと立《た》てなくなります。風速《ふうそく》が30m毎秒以上《まいびょういじょう》では**猛烈**《もうれつ》**な風**《かぜ》と呼《よ》ばれ、トラックが横転《おうてん》するようになり、40m毎秒以上《まいびょういじょう》では家屋《かおく》が倒壊《とうかい》することも。猛烈《もうれつ》な台風《たいふう》では中心《ちゅうしん》付近《ふきん》の最大瞬間風速《さいだいしゅんかんふうそく》（3秒間平均風速《びょうかんへいきんふうそく》の最大値《さいだいち》）が85m毎秒《まいびょう》に達《たっ》することがあり、これを時速《じそく》にするとなんと時速《じそく》３０６㎞！　新幹線《しんかんせん》の最高速度《さいこうそくど》と同《おな》じくらいで、電柱《でんちゅう》や街灯《がいとう》も倒《たお》れるような危険《きけん》な暴風《ぼうふう》です。

台風《たいふう》に伴《ともな》う暴風《ぼうふう》でとくに気《き》をつけたいのは、飛散物《ひさんぶつ》です。暴風《ぼうふう》に乗《の》って重《おも》い看板《かんばん》や植木鉢《うえきばち》などが飛《と》んでくるので、屋外《おくがい》は極《きわ》めて危険《きけん》です。台風《たいふう》の接近前《せっきんまえ》に外《そと》にある飛《と》びやすいものを家《いえ》のなかにしまうのは、なくなることを防《ふせ》ぐだけでなく、誰《だれ》かを傷《きず》つけないためでもあるのです。

防災《ぼうさい》の豆知識《まめちしき》

風《かぜ》が強《つよ》いときは、ドアの開《あ》け閉《し》めにも本当《ほんとう》に気《き》をつけてください。過去《かこ》には強風《きょうふう》で閉《し》まったドアに指《ゆび》を挟《はさ》まれ、指《ゆび》が切断《せつだん》されてしまうという事故《じこ》が何度《なんど》も起《お》こっています。強風時《きょうふうじ》にはドアの扱《あつか》いは慎重《しんちょう》に、確実《かくじつ》に開《あ》け閉《し》めを。

風《かぜ》の強《つよ》さと吹《ふ》き方《かた》

予報用語《よほうようご》	平均風速《へいきんふうそく》	おおよその最大瞬間風速《さいだいしゅんかんふうそく》	屋外《おくがい》の様子《ようす》
やや強《つよ》い風《かぜ》	10m毎秒以上《まいびょういじょう》～15m毎秒《まいびょう》未満《みまん》(時速《じそく》36～54km)	15～20m毎秒《まいびょう》(時速《じそく》54～72km)	風《かぜ》に向《む》かって歩《ある》きにくくなり、傘《かさ》がさせない
強《つよ》い風《かぜ》	15m毎秒以上《まいびょういじょう》～20m毎秒《まいびょう》未満《みまん》(時速《じそく》54～72km)	20～30m毎秒《まいびょう》(時速《じそく》72～108km)	転倒《てんとう》の危険《きけん》があり、看板《かんばん》やトタン板《いた》が外《はず》れはじめる
非常《ひじょう》に強《つよ》い風《かぜ》	20m毎秒以上《まいびょういじょう》～30m毎秒《まいびょう》未満《みまん》(時速《じそく》72～108km)	30～45m毎秒《まいびょう》(時速《じそく》108～162km)	何《なに》かにつかまらないと立《た》てず、走行中《そうこうちゅう》のトラックが横転《おうてん》
猛烈《もうれつ》な風《かぜ》	30m毎秒以上《まいびょういじょう》～(時速《じそく》108km～)	45m毎秒《まいびょう》～(時速《じそく》162km～)	屋外《おくがい》は極《きわ》めて危険《きけん》
	40m毎秒以上《まいびょういじょう》～(時速《じそく》144km～)	60m毎秒《まいびょう》～(時速《じそく》216km～)	電柱《でんちゅう》や街灯《がいとう》が倒《たお》れたり、家《いえ》が倒壊《とうかい》したりすることも

風《かぜ》の強《つよ》さの目安《めやす》

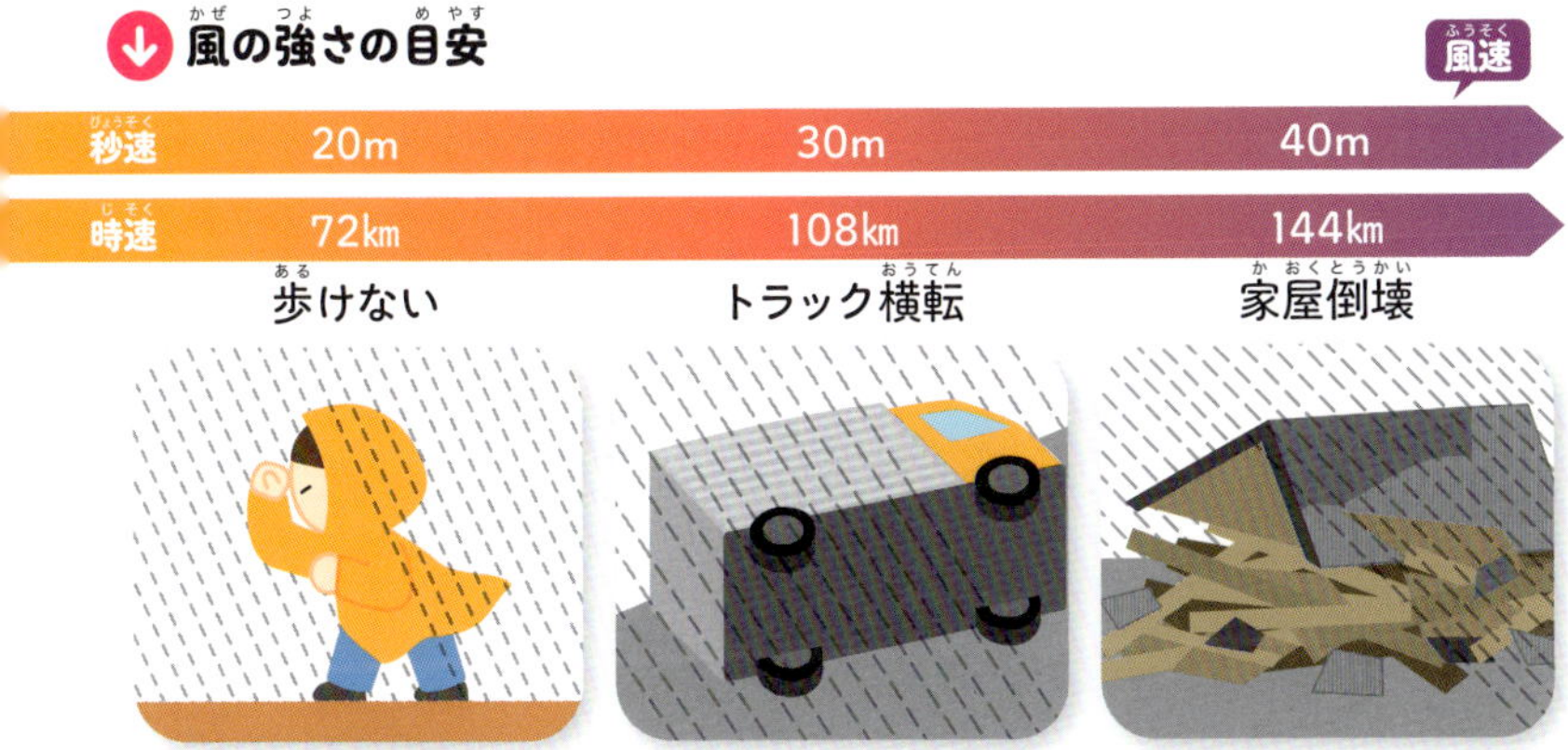

暴風時《ぼうふうじ》の屋外活動《おくがいかつどう》は本当《ほんとう》に危険《きけん》

歩行者《ほこうしゃ》の転倒《てんとう》、車《くるま》の横転《おうてん》、そして飛散物《ひさんぶつ》が極《きわ》めて危険《きけん》。看板《かんばん》や植木鉢《うえきばち》、テレビのアンテナなどが暴風《ぼうふう》に乗《の》って飛《と》んでくる。直撃《ちょくげき》すると命《いのち》を落《お》とすことも。

14 高潮《たかしお》と高波《たかなみ》が重《かさ》なると深刻《しんこく》な浸水《しんすい》の可能性《かのうせい》がある

発達《はったつ》した台風《たいふう》や低気圧《ていきあつ》の接近時《せっきんじ》は海面《かいめん》の水位《すいい》（潮位《ちょうい》）が高《たか》まる**高潮《たかしお》**や、海《うみ》の波《なみ》が高《たか》まる**高波《たかなみ》**が起《お》こります。そのしくみに迫《せま》ります。

高潮《たかしお》は、台風《たいふう》の接近《せっきん》などで気圧《きあつ》が低下《ていか》して海面《かいめん》が上昇《じょうしょう》する**吸《す》い上《あ》げ効果《こうか》**と、強《つよ》い風《かぜ》で海水《かいすい》が吹《ふ》き寄《よ》せられて海岸《かいがん》の海面《かいめん》が上昇《じょうしょう》する**吹《ふ》き寄《よ》せ効果《こうか》**によって生《う》まれます。台《たい》風《ふう》の中心《ちゅうしん》の進路右側《しんろみぎがわ》では両方《りょうほう》の効果《こうか》があるため、危険《きけん》な高潮《たかしお》が起《お》こりやすいです。

一方《いっぽう》、波《なみ》にはその場《ば》で吹《ふ》く風《かぜ》でできる**風《ふう》浪《ろう》**と、離《はな》れた場所《ばしょ》でできた風浪《ふうろう》が伝《つた》わってきた**うねり**があり、まとめて**波浪《はろう》**といいます。台風《たいふう》のように風《かぜ》が強《つよ》く規模《きぼ》の大《おお》きい現《げん》象《しょう》では、うねりを伴《ともな》う高波《たかなみ》が起《お》こります。

ということは、**台風《たいふう》の中心《ちゅうしん》の進路右側《しんろみぎがわ》**では、高潮《たかしお》も高波《たかなみ》もより高《たか》まりやすく、これらが重《かさ》なって深刻《しんこく》な浸水害《しんすいがい》が起《お》こることがあるのです。とくに太平洋側《たいへいようがわ》など南側《みなみがわ》に開《ひら》いている海《うみ》の湾《わん》やその沿岸地域《えんがんちいき》のすぐ西側《にしがわ》を台風《たいふう》が北上《ほくじょう》する場合《ばあい》は、極《きわ》めて危険《きけん》。最《さい》新《しん》の台風情報《たいふうじょうほう》で台風《たいふう》の進路《しんろ》を確認《かくにん》し、沿岸《えんがん》地域《ちいき》では早《はや》めに避難《ひなん》するのがベストです。

防災《ぼうさい》の豆知識《まめちしき》

潮位《ちょうい》の高《たか》い満潮《まんちょう》と低《ひく》い干潮《かんちょう》は1日《にち》2回《かい》ずつあり、地球《ちきゅう》と月《つき》、太陽《たいよう》が直線《ちょくせん》上《じょう》に並《なら》ぶ満月《まんげつ》と新月《しんげつ》のころには月《つき》と太陽《たいよう》の引力《いんりょく》の影響《えいきょう》で潮位変化《ちょういへんか》の大《おお》きい大潮《おおしお》になります。大潮《おおしお》のときの満潮時刻《まんちょうじこく》の高潮《たかしお》が最《もっと》も危険《きけん》。

高潮《たかしお》のしくみ

吸《す》い上《あ》げ効果《こうか》

気圧低下《きあつていか》で海面《かいめん》が上昇《じょうしょう》。気圧《きあつ》が1hPa低下《ていか》すると潮位《ちょうい》が約《やく》1㎝上昇《じょうしょう》する。

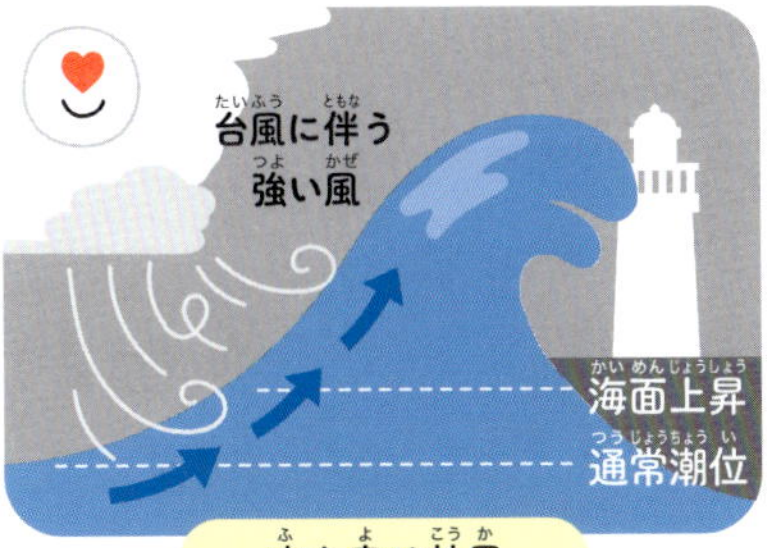

吹《ふ》き寄《よ》せ効果《こうか》

強《つよ》い風《かぜ》で海水《かいすい》が吹《ふ》き寄《よ》せられ海岸《かいがん》の海面《かいめん》が上昇《じょうしょう》。風速《ふうそく》2倍《ばい》で海面上昇《かいめんじょうしょう》4倍《ばい》。

高波《たかなみ》のしくみ

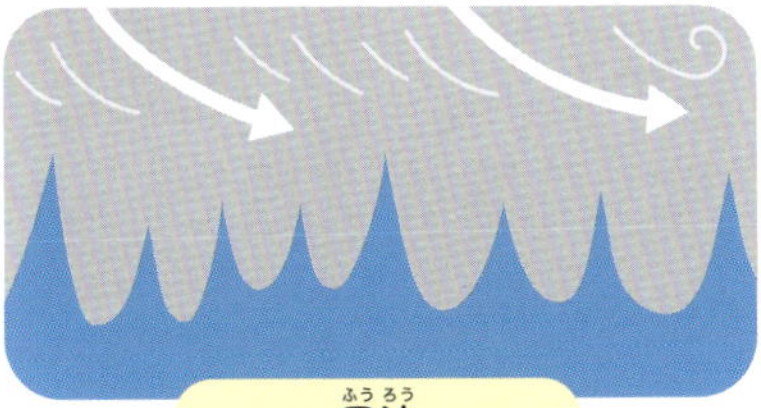

風浪《ふうろう》

その場《ば》で吹《ふ》く風《かぜ》によってできる波《なみ》。波《は》長《ちょう》が短《みじか》い。

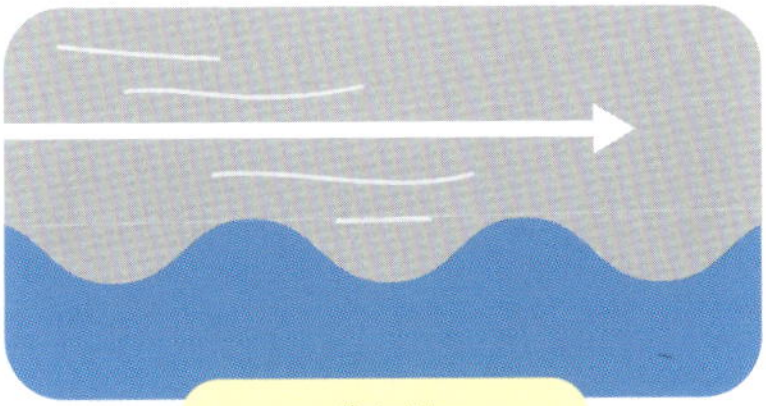

うねり

離《はな》れた場所《ばしょ》でできた風浪《ふうろう》が伝《つた》わってきたもの。波長《はちょう》が長《なが》い。

高潮《たかしお》と高波《たかなみ》が重《かさ》なると……

15

土砂災害《どしゃさいがい》のいわゆる「前兆現象《ぜんちょうげんしょう》」は災害《さいがい》とほぼ同時《どうじ》に起《お》こる

大雨《おおあめ》は、**土砂災害《どしゃさいがい》**の原因《げんいん》になります。この土砂災害《どしゃさいがい》にも、いくつか種類《しゅるい》があります。

ひとつは、**がけ崩《くず》れ**。斜面《しゃめん》の地表《ちひょう》に近《ちか》い部分《ぶぶん》が、雨水《あまみず》の浸透《しんとう》や地震《じしん》などで緩《ゆる》み、突《とつ》然《ぜん》くずれ落《お》ちる現象《げんしょう》です。くずれ落《お》ちるまでの時間《じかん》がとても短《みじか》いため、人家《じんか》の近《ちか》くでは逃《に》げ遅《おく》れも発生《はっせい》します。また、**地《じ》すべり**は、斜面《しゃめん》の一部《いちぶ》や全部《ぜんぶ》が地下水《ちかすい》の影響《えいきょう》と重《じゅう》力《りょく》によってすべり落《お》ちる現象《げんしょう》です。土砂《どしゃ》の量《りょう》が多《おお》く、甚大《じんだい》な被害《ひがい》が発生《はっせい》します。さらに**土石流《どせきりゅう》**は、山腹《さんぷく》や川底《かわぞこ》の石《いし》、土砂《どしゃ》が長雨《ながあめ》や集中豪雨《しゅうちゅうごうう》などによって一気《いっき》に下流《かりゅう》へと押《お》し流《なが》される現象《げんしょう》です。時速《じそく》20～40㎞の速《はや》さで、人家《じんか》や畑《はたけ》などを飲《の》み込《こ》みます。

これらの前兆現象《ぜんちょうげんしょう》として、がけ崩《くず》れと地《じ》すべりでは地鳴《じな》りや崖《がけ》・地面《じめん》のひび割《わ》れ、水《みず》の噴《ふ》き出《だ》し、土石流《どせきりゅう》では山鳴《やまな》りや雨《あめ》の最《さい》中《ちゅう》に川《かわ》の水位《すいい》が下《さ》がることなどがあります。ただしこれらは災害発生直前《さいがいはっせいちょくぜん》に見《み》られるもので、**前兆現象《ぜんちょうげんしょう》を見聞《みき》きしてからでは避難《ひなん》が間《ま》に合《あ》わない**ことも。気象情報《きしょうじょうほう》や避《ひ》難情報《なんじょうほう》を確認《かくにん》して事前《じぜん》に避難《ひなん》しましょう。

防災《ぼうさい》の豆知識《まめちしき》

大《おお》きな揺《ゆ》れを伴《ともな》う地震《じしん》が発生《はっせい》すると、地盤《じばん》が緩《ゆる》んで少《すこ》しの雨《あめ》でも土砂災《どしゃさい》害《がい》が発生《はっせい》しやすくなることがあります。そのため、地震《じしん》の後《あと》に大雨警報《おおあめけいほう》の基《き》準《じゅん》が暫定的《ざんていてき》に引《ひ》き下《さ》げられることがあります。複合災害《ふくごうさいがい》に要注意《ようちゅうい》です。

土砂災害《どしゃさいがい》の種類《しゅるい》ごとの前兆現象《ぜんちょうげんしょう》

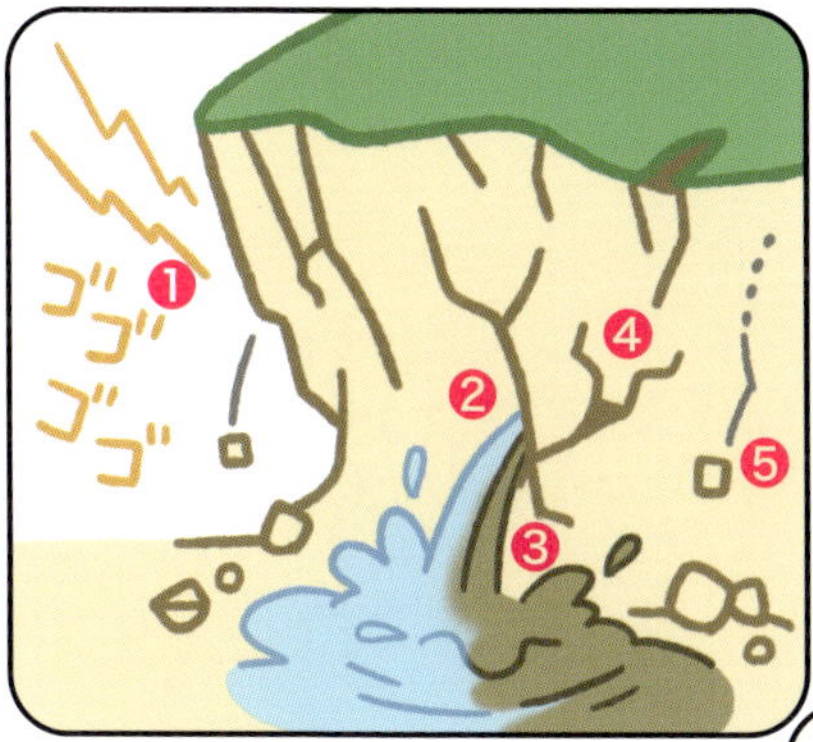

がけ崩《くず》れ

❶ 地鳴《じな》りがする
❷ 崖《がけ》から水《みず》が湧《わ》き出《で》る
❸ 湧《わ》き水《みず》が止《と》まる・濁《にご》る
❹ 崖《がけ》にひび割《わ》れができる
❺ 小石《こいし》がパラパラと落《お》ちてくる

地《じ》すべり

❶ 地鳴《じな》り・山鳴《やまな》りがする
❷ 井戸《いど》や河川《かせん》の水《みず》が濁《にご》る
❸ 亀裂《きれつ》や段差《だんさ》が発生《はっせい》する
❹ 地面《じめん》にひび割《わ》れ・陥没《かんぼつ》が起《お》こる
❺ 樹木《じゅもく》が傾《かたむ》く
❻ 崖《がけ》や斜面《しゃめん》から水《みず》が噴《ふ》き出《だ》す

土石流《どせきりゅう》

❶ 山鳴《やまな》りがする
❷ 立木《たちき》が裂《さ》ける音《おと》や石《いし》が
ぶつかり合《あ》う音《おと》が聞《き》こえる
❸ 急《きゅう》に川《かわ》の水《みず》が濁《にご》り、
流木《りゅうぼく》が混《ま》ざりはじめる
❹ 腐《くさ》った土《つち》の匂《にお》いがする
❺ 雨《あめ》が降《ふ》り続《つづ》くのに
川《かわ》の水位《すいい》が下《さ》がる

前兆現象《ぜんちょうげんしょう》が起《お》こったら
もうヤバいワン！！

そうなる前《まえ》にキキクル P128 や
土砂災害警戒情報《どしゃさいがいけいかいじょうほう》を確認《かくにん》して、
早《はや》めに避難《ひなん》しよう！

※福岡県『大雨・台風時の行動例』をもとに作成

16 雨《あめ》がやんでから川《かわ》が氾濫《はんらん》することがある

大雨《おおあめ》では土砂災害《どしゃさいがい》や浸水害《しんすいがい》に加《くわ》えて、雨《あめ》がやんでからでも川《かわ》の水《みず》があふれる**氾濫《はんらん》**による洪水害《こうずいがい》が起《お》こることがあります。

氾濫《はんらん》には種類《しゅるい》があり、市街地《しがいち》での大雨《おおあめ》などで下水道《げすいどう》や排水路《はいすいろ》から水《みず》を排出《はいしゅつ》できなくなり、排水溝《はいすいこう》やマンホールから水《みず》があふれるのが**内水氾濫《ないすいはんらん》**です。これに対《たい》して川《かわ》の水《みず》が増《ふ》えて堤防《ていぼう》を越《こ》える越水《えっすい》や、水圧《すいあつ》で堤防《ていぼう》が壊《こわ》れて水《みず》があふれる決壊《けっかい》による氾濫《はんらん》は、**外水氾濫《がいすいはんらん》**といいます。大《おお》きな川《かわ》では、川《かわ》の上流域《じょうりゅういき》で降《ふ》った雨《あめ》が集《あつ》まって流《なが》れてくることで、下流《かりゅう》の水位《すいい》が上昇《じょうしょう》して外水氾濫《がいすいはらん》が発生《はっせい》します。このため、その場《ば》で雨《あめ》が降《ふ》りやんでもしばらくしてから川《かわ》の水位《すいい》が上昇《じょうしょう》し、氾濫《はんらん》が発生《はっせい》することがあるのです。

気《き》をつけたいのは、大雨特別警報《おおあめとくべつけいほう》は土砂《どしゃ》災害《さいがい》と浸水害《しんすいがい》が対象《たいしょう》で、洪水害《こうずいがい》には特別警報《とくべつけいほう》がないということ（P124）。これに相当《そうとう》する危険度《きけんど》のときには**氾濫発生情報《はんらんはっせいじょうほう》**が発表《はっぴょう》されます。自治体《じちたい》による**避難指示《ひなんしじ》**発令《はつれい》の目安《めやす》である**氾濫危険情報《はんらんきけんじょうほう》**が発表《はっぴょう》されたら、早《はや》めに逃《に》げましょう。

防災《ぼうさい》の豆知識《まめちしき》

台風接近《たいふうせっきん》に伴《ともな》って高潮《たかしお》が起《お》こると、海水《かいすい》が河川《かせん》を逆流《ぎゃくりゅう》し、洪水《こうずい》が発生《はっせい》することがあります。台風《たいふう》は大雨《おおあめ》も伴《ともな》うため、河川《かせん》の水位《すいい》が上昇《じょうしょう》しやすく危《き》険《けん》です。海水《かいすい》が陸地《りくち》にあふれると、塩分《えんぶん》が農地《のうち》に影響《えいきょう》をおよぼすことも。

川《かわ》の氾濫《はんらん》の種類《しゅるい》

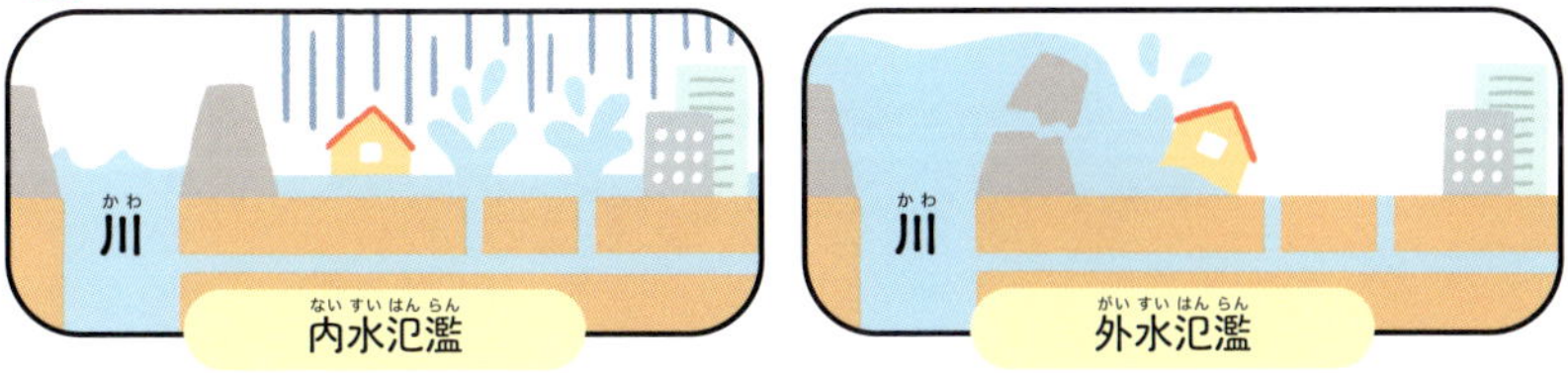

雨《あめ》がやんでから川《かわ》の水位《すいい》が上《あ》がるしくみ

洪水《こうずい》の特別警報《とくべつけいほう》がない理由《りゆう》

洪水《こうずい》はダムなどの流水《りゅうすい》の制御《せいぎょ》や堤防《ていぼう》の整備状況《せいびじょうきょう》なども関係《かんけい》するので、特別警報《とくべつけいほう》ではなく気象庁《きしょうちょう》と国土交通省《こくどこうつうしょう》や自治体《じちたい》が共同《きょうどう》で**指定河川洪水予報《していかせんこうずいよほう》**を発表《はっぴょう》している。

情報《じょうほう》	警戒《けいかい》レベル	とるべき行動《こうどう》
氾濫《はんらん》発生《はっせい》情報《じょうほう》	5相当《そうとう》	災害《さいがい》がすでに発生《はっせい》している状況《じょうきょう》で、命《いのち》の危険《きけん》が迫《せま》っているため、すぐに身《み》の安全《あんぜん》を確保《かくほ》！
氾濫《はんらん》危険《きけん》情報《じょうほう》	4相当《そうとう》	自治体《じちたい》から避難指示《ひなんしじ》が発令《はつれい》されるか気《き》にかけ、発令《はつれい》されていなくても自分《じぶん》の判断《はんだん》で避難《ひなん》を。
氾濫《はんらん》警戒《けいかい》情報《じょうほう》	3相当《そうとう》	自治体《じちたい》から高齢者等《こうれいしゃとう》避難《ひなん》が発令《はつれい》されるか気《き》にかけ、高《こう》齢者《れいしゃ》など避難《ひなん》に時間《じかん》がかかる人以外《ひといがい》も避難《ひなん》の準備《じゅんび》や自《みずか》ら避難判断《ひなんはんだん》を。
氾濫《はんらん》注意《ちゅうい》情報《じょうほう》	2相当《そうとう》	ハザードマップなどで災害《さいがい》が想定《そうてい》されている区域《くいき》や避難《ひなん》先《さき》、避難経路《ひなんけいろ》を確認《かくにん》。

※気象庁ウェブサイトをもとに作成

Column 1

ダムの「緊急放流《きんきゅうほうりゅう》」って何《なに》？

大雨《おおあめ》のニュースでダムの「**緊急放流《きんきゅうほうりゅう》**」という言葉《ことば》を耳《みみ》にすることがあります。これはダムが満水《まんすい》に近《ちか》づいたときに行《おこな》われる操作《そうさ》で、上流《じょうりゅう》からダムに入《はい》る水《みず》とほぼ同《おな》じ量《りょう》の水《みず》をそのまま下流《かりゅう》に流《なが》すことです。正式《せいしき》には「異常洪水時防災操作《いじょうこうずいじぼうさいそうさ》」といいます。

緊急放流《きんきゅうほうりゅう》は「ダムにたまった水《みず》を一気《いっき》に吐《は》き出《だ》す」「ダムに入《はい》る量《りょう》よりも多《おお》くの水《みず》を流《なが》す」と思《おも》われることがありますが、これは誤解《ごかい》です。そもそもダムは下流《かりゅう》の水位上昇《すいいじょうしょう》や氾濫《はんらん》を防《ふせ》ぐ効果《こうか》があり、ダムが壊《こわ》れると大惨事《だいさんじ》に。放流時《ほうりゅうじ》は下流《かりゅう》では水位《すいい》が上昇《じょうしょう》するので、「緊急放流《きんきゅうほうりゅう》で被害《ひがい》が拡大《かくだい》したのでは」と思《おも》われることもありますがこれも大《おお》きな誤解《ごかい》です。**ダムが正常《せいじょう》に機能《きのう》している間《あいだ》に、適切《てきせつ》に避難《ひなん》の判断《はんだん》・行動《こうどう》**をしましょう。

◀ 2023年《ねん》7月《がつ》10日《か》に九州《きゅうしゅう》での記録的《きろくてき》な大雨《おおあめ》に伴《ともな》い、緊急放流《きんきゅうほうりゅう》を行《おこな》う前《まえ》の寺内《てらうち》ダム（福岡県朝倉市《ふくおかけんあさくらし》）。

▶ 同日《どうじつ》に緊急放流《きんきゅうほうりゅう》をしている寺内《てらうち》ダム。緊急放流時《きんきゅうほうりゅうじ》、下流《かりゅう》の川《かわ》では緊急放流《きんきゅうほうりゅう》を知《し》らせるサイレンが鳴《な》る。

第《だい》2章《しょう》

すごすぎる 自然災害《しぜんさいがい》への備《そな》え

日本《にほん》で発生《はっせい》する自然災害《しぜんさいがい》は、大雨《おおあめ》や台風《たいふう》だけでなく猛暑《もうしょ》、大雪《おおゆき》、地震《じしん》、津波《つなみ》、火山噴火《かざんふんか》など、多岐《たき》にわたります。とくに近年《きんねん》、地球温暖《ちきゅうおんだん》化《か》の影響《えいきょう》で猛暑《もうしょ》などによる被害《ひがい》が深刻化《しんこくか》しており、地震《じしん》や津波《つなみ》もいつどこで起《お》こるかわかりません。それぞれの自然災害《しぜんさいがい》のしくみを知《し》って、備《そな》えましょう。

17

猛暑《もうしょ》は災害《さいがい》！適切《てきせつ》な暑《あつ》さ対策《たいさく》とは

夏《なつ》の暑《あつ》さがひどくなっています。地球温暖化《ちきゅうおんだんか》の影響《えいきょう》で日本《にほん》では最高気温《さいこうきおん》が35℃以上《いじょう》の**猛暑日《もうしょび》**が増《ふ》えており、熱中症《ねっちゅうしょう》による死者《ししゃ》が年間千人超《ねんかんせんにんちょう》の年《とし》も。**猛暑《もうしょ》は災害《さいがい》**と考《かんが》え、**適切《てきせつ》な暑《あつ》さ対策《たいさく》**をする必要《ひつよう》があります。

暑《あつ》さ対策《たいさく》の基本《きほん》は、**暑《あつ》さを避《さ》ける**ことです。涼《すず》しい服装《ふくそう》や日傘《ひがさ》の使用《しよう》、外《そと》では日陰《ひかげ》を歩《ある》くことも有効《ゆうこう》です。また、暑《あつ》かったら我慢《がまん》をせずに**冷房《れいぼう》**を使《つか》いましょう。暑《あつ》さを我慢《がまん》すると命《いのち》が危険《きけん》です。**こまめな水分補給《すいぶんほきゅう》**、汗《あせ》をかいたら塩分補給《えんぶんほきゅう》も。最低気温《さいていきおん》が25℃以上《いじょう》の**熱帯夜《ねったいや》**では、冷房《れいぼう》を朝《あさ》までつけっぱなしにして、トイレに起《お》きたら水分《すいぶん》補給《ほきゅう》を。**日《ひ》ごろの体調管理《たいちょうかんり》**も大切《たいせつ》です。

本格的《ほんかくてき》に暑《あつ》くなる前《まえ》にも備《そな》えましょう。暑《あつ》くなる2週間以上前《しゅうかんいじょうまえ》から軽《かる》い運動《うんどう》やお風呂《ふろ》で湯船《ゆぶね》に浸《つ》かることで、体《からだ》が暑《あつ》さに慣《な》れて熱中症《ねっちゅうしょう》になりにくくなります（**暑熱順化《しょねつじゅんか》**）。**エアコンの点検《てんけん》や清掃《せいそう》**もお早《はや》めに。温暖化《おんだんか》で今後《こんご》もさらに暑《あつ》さが深刻化《しんこくか》すると考《かんが》えられています。暑《あつ》さへの備《そな》えと対策《たいさく》を確実《かくじつ》に行《おこな》いましょう。

防災《ぼうさい》の豆知識《まめちしき》

2100年《ねん》には最高気温《さいこうきおん》40℃以上《いじょう》の日《ひ》が日本全国《にほんぜんこく》で増加《ぞうか》し、暑《あつ》さによる死《し》者《しゃ》が年間《ねんかん》1万《まん》5千人《せんにん》になるという試算《しさん》や、熱中症《ねっちゅうしょう》の救急要請《きゅうきゅうようせい》が増《ふ》えて救《きゅう》急車《きゅうしゃ》が足《た》りなくなるとも。そもそもの気候変動《きこうへんどう》を抑《おさ》える対策《たいさく》が必要《ひつよう》です。

適切《てきせつ》な暑《あつ》さ対策《たいさく》とは

暑《あつ》さを避《さ》けよう

- □ 涼《すず》しい服装《ふくそう》
- □ 日傘《ひがさ》、帽子《ぼうし》
- □ 外《そと》では日陰《ひかげ》を歩《ある》く
- □ 体調不良《たいちょうふりょう》を感《かん》じたら涼《すず》しい場所《ばしょ》へ

我慢《がまん》せず冷房《れいぼう》を使《つか》おう

とても暑《あつ》い日《ひ》は冷房《れいぼう》を使《つか》わないと危険《きけん》。冷房《れいぼう》が壊《こわ》れていたら日中《にっちゅう》は涼《すず》しい公共施《こうきょうし》設《せつ》の利用《りよう》を。

こまめに水分補給《すいぶんほきゅう》を

- □ 1日《にち》あたり最低《さいてい》1.2Lを目安《めやす》に水分補給《すいぶんほきゅう》
- □ 起床《きしょう》・就寝時《しゅうしんじ》にコップ1杯《ぱい》の水《みず》を飲《の》む
- □ 大量《たいりょう》に汗《あせ》をかいたら塩分《えんぶん》も補給《ほきゅう》

⚠ スポーツドリンクは糖分《とうぶん》が多《おお》いため多量《たりょう》に摂取《せっしゅ》すると危険《きけん》（清涼飲料水《せいりょういんりょうすい》ケトーシス）

ペットボトル500mL×約《やく》2.5本《ほん》
もしくはコップ約《やく》6杯《ぱい》

1.2Lの水《みず》の目安《めやす》

夜間《やかん》の熱中症《ねっちゅうしょう》にも注意《ちゅうい》

- □ 熱帯夜《ねったいや》の日《ひ》は要注意《ようちゅうい》
- □ 冷房《れいぼう》は朝《あさ》までつけたままに
- □ トイレで起《お》きたときも水分補給《すいぶんほきゅう》
- □ 枕元《まくらもと》に常温《じょうおん》の水《みず》を用意《ようい》

体調管理《たいちょうかんり》をしよう

発熱《はつねつ》・下痢《げり》での脱水《だっすい》や、朝食《ちょうしょく》を抜《ぬ》くなどは熱中症《ねっちゅうしょう》の危険性《きけんせい》。日《ひ》ごろから体調管理《たいちょうかんり》を。

暑《あつ》くなる前《まえ》の備《そな》え

暑《あつ》さに慣《な》れる「暑熱順化《しょねつじゅんか》」

暑《あつ》くなる時期《じき》の2週間《しゅうかん》以上前《いじょうまえ》から軽《かる》い運動《うんどう》や入浴《にゅうよく》などを日常《にちじょう》に取《と》り入《い》れると、体《からだ》が暑《あつ》さに慣《な》れてくる。

エアコンの点検《てんけん》・清掃《せいそう》

点検《てんけん》とフィルター清《せい》掃《そう》をしよう。夏《なつ》の前《まえ》はエアコン業者《ぎょうしゃ》も混《こ》むので、早《はや》めに点検《てんけん》して故障《こしょう》がないか要確認《ようかくにん》。

※環境省『熱中症予防情報サイト』／『防災アクションガイド』をもとに作成

18 熱中症《ねっちゅうしょう》のサインを見逃《みのが》さない方法《ほうほう》

夏《なつ》には**熱中症《ねっちゅうしょう》**で何名《なんめい》が救急搬送《きゅうきゅうはんそう》された、というニュースをよく見《み》かけます。そもそも、熱中症《ねっちゅうしょう》とは何《なん》なのでしょうか。

熱中症《ねっちゅうしょう》は、高温多湿《こうおんたしつ》な環境《かんきょう》に体《からだ》が合《あ》わずに起《お》こる様々《さまざま》な症状《しょうじょう》の総称《そうしょう》で、最悪《さいあく》の場合《ばあい》は命《いのち》を落《お》としたり、重大《じゅうだい》な後遺症《こういしょう》が残《のこ》ったりすることがあります。どんなに屈強《くっきょう》な人《ひと》でも、暑《あつ》さには耐《た》えられません。**熱中症《ねっちゅうしょう》を疑《うたが》う症状《しょうじょう》**として、軽症《けいしょう》ではめまいや筋肉痛《きんにくつう》、手足《てあし》のしびれがあり、このようなときは涼《すず》しい場所《ばしょ》で体《からだ》を冷《ひ》やすことと水分補給《すいぶんほきゅう》が必要《ひつよう》です。中等症《ちゅうとうしょう》になると頭痛《ずつう》や吐《は》き気《け》、嘔吐《おうと》などが見《み》られるので、病院《びょういん》で受診《じゅしん》を。重症《じゅうしょう》では異常《いじょう》な高体温《こうたいおん》や発汗《はっかん》、まったく汗《あせ》が出《で》なくなる、呼《よ》びかけても答《こた》えないなどが起《お》こり、すぐに救急搬送《きゅうきゅうはんそう》が必要《ひつよう》です。

とくに**高齢者《こうれいしゃ》と小《ちい》さな子《こ》ども**は体温調節《たいおんちょうせつ》がうまくできないので、暑《あつ》い日《ひ》には気《き》にかけてあげましょう。熱中症《ねっちゅうしょう》では最初《さいしょ》の対応《たいおう》によって命《いのち》が左右《さゆう》されることがあります。熱中症《ねっちゅうしょう》のサインを見逃《みのが》さず、もし症状《しょうじょう》が見《み》られたらすぐ大人《おとな》を呼《よ》んで対処《たいしょ》しましょう。

防災《ぼうさい》の豆知識《まめちしき》

暑《あつ》い日《ひ》の日中《にっちゅう》、1人《り》で農作業《のうさぎょう》をしていた高齢者《こうれいしゃ》が熱中症《ねっちゅうしょう》で亡《な》くなる事故《じこ》が多《おお》くあります。暑《あつ》い日《ひ》には複数人《ふくすうにん》で行動《こうどう》すると安全《あんぜん》です。離《はな》れて暮《く》らす高齢者《こうれいしゃ》の家族《かぞく》には、暑《あつ》さ対策《たいさく》するようしつこいくらい電話《でんわ》してあげて。

熱中症《ねっちゅうしょう》を疑《うたが》う症状《しょうじょう》とその対応《たいおう》

軽症《けいしょう》

- □ めまい、立《た》ちくらみ
- □ 不快感《ふかいかん》
- □ 手足《てあし》のしびれ
- □ どんどん汗《あせ》をかく
- □ 筋肉痛《きんにくつう》

涼《すず》しい場所《ばしょ》で体《からだ》を冷《ひ》やして水分補給《すいぶんほきゅう》

中等症《ちゅうとうしょう》

- □ 頭痛《ずつう》
- □ だるさ
- □ 吐《は》き気《け》
- □ つかれ
- □ 嘔吐《おうと》

病院《びょういん》で受診《じゅしん》

重症《じゅうしょう》

- □ 呼《よ》びかけへの反応《はんのう》がおかしい
- □ 異常《いじょう》な高体温《こうたいおん》
- □ 異常《いじょう》な発汗《はっかん》もしくは汗《あせ》が出《で》なくなる
- □ けいれん
- □ まっすぐ歩《ある》けない

すぐに救急車《きゅうきゅうしゃ》を呼《よ》ぶ

※環境省『熱中症予防情報サイト』を参考に作成

高齢者《こうれいしゃ》の注意点《ちゅういてん》

- □ 熱中症《ねっちゅうしょう》による死者《ししゃ》の約《やく》8割《わり》が高齢者《こうれいしゃ》
- □ 高齢者《こうれいしゃ》の熱中症《ねっちゅうしょう》は半数以上《はんすういじょう》が自宅《じたく》で発生《はっせい》
- □ 定期的《ていきてき》に水分補給《すいぶんほきゅう》を促《うなが》そう
- □ 部屋《へや》の温度《おんど》をこまめに確認《かくにん》
- □ 体調《たいちょう》や部屋《へや》の状況《じょうきょう》は昼夜《ちゅうや》問《と》わず注意《ちゅうい》

小《ちい》さな子《こ》どもの注意点《ちゅういてん》

- □「つかれた」「ねむい」が熱中症《ねっちゅうしょう》のサインの場合《ばあい》も
- □ 顔色《かおいろ》や汗《あせ》のかき方《かた》に要注意《ようちゅうい》
- □ 水分補給《すいぶんほきゅう》する習慣《しゅうかん》をつけよう
- □ マスクを適切《てきせつ》に着脱《ちゃくだつ》する習慣《しゅうかん》を
- □ 暑《あつ》さや体調不良《たいちょうふりょう》をすぐに伝《つた》えられる習慣《しゅうかん》を

▶ 日射《にっしゃ》の影響《えいきょう》で地面《じめん》に近《ちか》いほど気温《きおん》が上《あ》がり、子《こ》どもやペットは大人《おとな》より危険《きけん》。

19

ハンディファンは気温《きおん》35℃以上《いじょう》だと逆《ぎゃく》に危険《きけん》

暑《あつ》さ対策《たいさく》のグッズとして、手《て》で持《も》って送《そう》風《ふう》できるハンディファンがよく使《つか》われています。しかし、**ハンディファンだけを気温《きおん》35℃以上《いじょう》のときに使《つか》うと逆《ぎゃく》に危険《きけん》**なのです。

私《わたし》たちは暑《あつ》さを感《かん》じると汗《あせ》をかいて、汗《あせ》が蒸発《じょうはつ》するときの気化熱《きかねつ》で体温《たいおん》を下《さ》げようとします。しかしハンディファンだけだと体《からだ》の表面《ひょうめん》の温度《おんど》は下《さ》がっても体内《たいない》の温度《おんど》を下《さ》げる効果《こうか》が大《おお》きくなく、体温調整《たいおんちょうせい》を十分《じゅうぶん》にできません。気温《きおん》が35℃以上《いじょう》では送風《そうふう》される空気《くうき》そのものが熱《あつ》いため、温風《おんぷう》をあて続《つづ》けると熱中症《ねっちゅうしょう》の危険度《きけんど》が高《たか》まるのです。

ハンディファンは、**首元《くびもと》にぬれたタオルやハンカチを巻《ま》いて使《つか》うと効果的《こうかてき》**です。携《けい》帯用《たいよう》のスプレーボトルに水《みず》を入《い》れておいて、首《くび》や顔《かお》に水《みず》をかけてから使《つか》うのもおすすめです。ほかに**暑《あつ》さ対策《たいさく》のグッズ**として、首《くび》につけるアイスリングや、体温《たいおん》を下《さ》げるシャーベット状《じょう》の飲《の》み物《もの》のアイススラリーも。冷《ひ》えたペットボトルを握《にぎ》って手《て》を冷《ひ》やすのも暑《あつ》さ対策《たいさく》に有効《ゆうこう》です。好《この》みのグッズを探《さが》して、暑《あつ》さ対策《たいさく》に活用《かつよう》しましょう。

防災《ぼうさい》の豆知識《まめちしき》

冷感《れいかん》・制汗《せいかん》スプレーは、ひんやり感《かん》じるために熱中症対策《ねっちゅうしょうたいさく》にもなると思《おも》われることがあります。しかし、冷《つめ》たさを感《かん》じても体温《たいおん》を下《さ》げる効果《こうか》までは期待《きたい》できません。熱中症対策《ねっちゅうしょうたいさく》にはほかのアイテムを使《つか》いましょう。

ハンディファンの使《つか》い方《かた》

危険《きけん》な使《つか》い方《かた》

- □ 気温《きおん》35℃以上《いじょう》でハンディファンだけを使《つか》うと危険《きけん》
- □ 落下《らっか》したものを使《つか》うとバッテリーが破損《はそん》して火災《かさい》の危険性《きけんせい》

適切《てきせつ》な使《つか》い方《かた》

- □ ぬれたタオルやハンカチを首《くび》に巻《ま》いて使《つか》う
- □ 首《くび》や顔《かお》に水《みず》のミストをかけてから使《つか》う

熱中症対策《ねっちゅうしょうたいさく》のグッズ

□ 水分《すいぶん》・塩分補給《えんぶんほきゅう》できるもの

水筒《すいとう》に入《い》れた冷《ひ》えた飲料水《いんりょうすい》や、塩飴《しおあめ》・塩分《えんぶん》入《い》りタブレットなど。

□ 日差《ひざ》しを避《さ》けられるもの

日傘《ひがさ》・帽子《ぼうし》、日焼《ひや》け止《ど》めなど。

□ 体温《たいおん》を下《さ》げるもの

冷《ひ》えたペットボトル、保冷剤《ほれいざい》、氷《ひょう》のう、冷感《れいかん》タオル、アイスリングなど。

□ スマートウォッチ

体温《たいおん》の上昇《じょうしょう》や危険《きけん》をいち早《はや》く知《し》らせてくれる設定《せってい》がある。

□ 活動前《かつどうまえ》に体内《たいない》を冷《ひ》やせるもの

シャーベット状《じょう》の飲《の》み物《もの》「アイススラリー」など。

※『気候変動アクションガイド適応策編』をもとに作成

20 もしも夏《なつ》に自動車内《じどうしゃない》に取《と》り残《のこ》されたら？

夏《なつ》に子《こ》どもが自動車《じどうしゃ》のなかに取《と》り残《のこ》され、熱中症《ねっちゅうしょう》で亡《な》くなるという悲《かな》しい事故《じこ》が何度《なんど》も起《お》こっています。車内《しゃない》の温度《おんど》は冷房《れいぼう》が切《き》れると短時間《たんじかん》で急上昇《きゅうじょうしょう》し、熱中症《ねっちゅうしょう》の危険度《きけんど》が高《たか》まります。もしも夏《なつ》に車内《しゃない》に取《と》り残《のこ》されたらどうしたらいいでしょうか。

まず、**クラクションを鳴《な》らして自分《じぶん》が車内《しゃない》にいることをまわりに知《し》らせる**ことが大切《たいせつ》です。子《こ》どもの力《ちから》ではクラクションを鳴《な》らしにくいこともあるので、水筒《すいとう》の底《そこ》で押《お》したり、ハンドルを両手《りょうて》で握《にぎ》ってお尻《しり》で押《お》したりして、助《たす》けを呼《よ》んでください。暑《あつ》くなる前《まえ》に大人《おとな》と一緒《いっしょ》に練習《れんしゅう》しましょう。

車内《しゃない》への子《こ》どもの置《お》き去《ざ》りは、大人《おとな》の焦《あせ》りや疲《つか》れ、やることの多《おお》いとき、普段《ふだん》と違《ちが》う行動《こうどう》をするときなどに起《お》こりやすく、**誰《だれ》にでも起《お》こりうること**です。「自分《じぶん》は絶対《ぜったい》に大丈夫《だいじょうぶ》」と思《おも》わずに、貴重品《きちょうひん》やカバンを子《こ》どものそばに置《お》いたり、安全装置《あんぜんそうち》を導入《どうにゅう》したりするなど、**子《こ》どもの命《いのち》を守《まも》るために対策《たいさく》が必要《ひつよう》**です。これを読《よ》んだみなさんは、ぜひ大人《おとな》に伝《つた》えて対策《たいさく》を話《はな》し合《あ》ってみて。

防災《ぼうさい》の豆知識《まめちしき》

暑《あつ》い日《ひ》に車内《しゃない》に飲《の》みかけのペットボトルを放置《ほうち》すると、菌《きん》が繁殖《はんしょく》して食中毒《しょくちゅうどく》の原因《げんいん》になります。炭酸飲料《たんさんいんりょう》などは未開封《みかいふう》でも爆発《ばくはつ》することがあり危険《きけん》。グミやチョコレートも短時間《たんじかん》で溶《と》けます。夏《なつ》の車内《しゃない》に飲食物《いんしょくぶつ》は放置《ほうち》しないで。

クラクションを鳴《な》らして助《たす》けを求《もと》める

水筒《すいとう》の底《そこ》で押《お》す

ハンドルを両手《りょうて》で握《にぎ》ってお尻《しり》で押《お》す

練習《れんしゅう》しよう

- □ チャイルドシートバックルを外《はず》す
- □ クラクションを鳴《な》らす
- □ ハザードランプをつける
- □ 運転席《うんてんせき》のドアロックを解除《かいじょ》する

⚠ もし自動車内《じどうしゃない》に取《と》り残《のこ》されている子《こ》どもを見《み》つけたら、車《くるま》の置《お》いてある施設《しせつ》に連絡《れんらく》するほか、迷《まよ》ったら警察《けいさつ》か消防《しょうぼう》に連絡《れんらく》を

置《お》き去《ざ》りを防止《ぼうし》するための対策《たいさく》をする

貴重品《きちょうひん》やカバンなどを子《こ》どものそばに置《お》く

▲ 車《くるま》を離《はな》れる前《まえ》に必《かなら》ず子《こ》どもが目《め》に入《はい》るように工夫《くふう》を。車《くるま》のキーは子《こ》どもが誤《ご》操作《そうさ》しないよう身《み》に着《つ》けておこう。

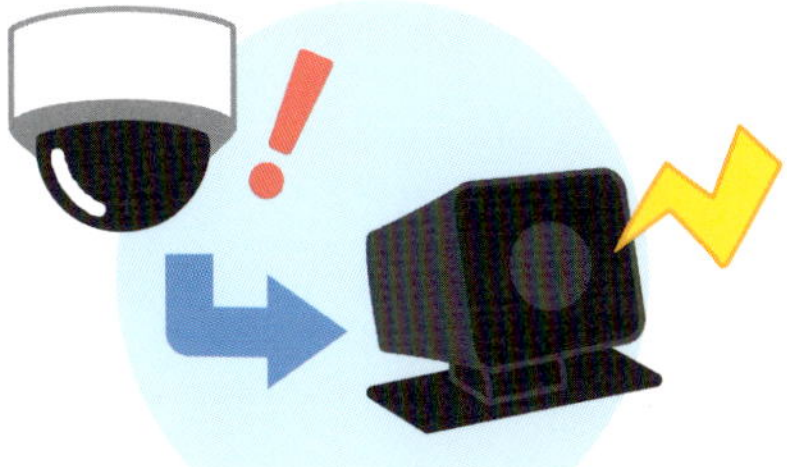

安全装置《あんぜんそうち》を導入《どうにゅう》する

▲ 置《お》き去《ざ》りが発生《はっせい》した場合《ばあい》にブザーを鳴《な》らしたり、メールで通知《つうち》される安全装《あんぜんそう》置《ち》がある。

⚠ 置《お》き去《ざ》りの事故《じこ》に「自分《じぶん》は絶対《ぜったい》に大丈夫《だいじょうぶ》」ということはなく、誰《だれ》にでも起《お》こりうるということをまず知《し》ってください

21 「熱中症《ねっちゅうしょう》警戒《けいかい》アラート」が出《で》たら 命《いのち》を守《まも》る暑《あつ》さ対策《たいさく》を

熱中症《ねっちゅうしょう》の危険度《きけんど》の目安《めやす》に、湿度《しつど》や日射《にっしゃ》、気温《きおん》などをもとに計算《けいさん》した**暑《あつ》さ指数《しすう》**が使《つか》われています。どのくらいの暑《あつ》さ指数《しすう》で、何《なに》に気《き》をつけたらいいのでしょうか。

暑《あつ》さ指数《しすう》が28以上《いじょう》では激《はげ》しい運動《うんどう》は中止《ちゅうし》で、31以上《いじょう》では運動《うんどう》は原則中止《げんそくちゅうし》が推奨《すいしょう》されます。暑《あつ》さ指数《しすう》33以上《いじょう》では熱中症《ねっちゅうしょう》の危険度《きけんど》が極《きわ》めて高《たか》く、このようなときは**熱中症警《ねっちゅうしょうけい》戒《かい》アラート**が発表《はっぴょう》されます。外出《がいしゅつ》はなるべく控《ひか》え、冷房《れいぼう》を使用《しよう》して水分補給《すいぶんほきゅう》するなど、**命《いのち》を守《まも》る暑《あつ》さ対策《たいさく》が必要《ひつよう》な状況《じょうきょう》**です。

また、都道府県内《とどうふけんない》のすべての地点《ちてん》で翌日《よくじつ》の暑《あつ》さ指数《しすう》が35に達《たっ》する場合《ばあい》などには**熱中症《ねっちゅうしょう》特別警戒《とくべつけいかい》アラート**が発表《はっぴょう》され、過去《かこ》にないほど危険《きけん》な暑《あつ》さになることが伝《つた》えられます。

暑《あつ》さ指数《しすう》は、環境省《かんきょうしょう》ウェブサイト「熱中《ねっちゅう》症予防情報《しょうよぼうじょうほう》サイト」で誰《だれ》でも確認《かくにん》できます。そのほか、気象庁《きしょうちょう》「天気分布予報《てんきぶんぷよほう》」で翌日《よくじつ》までの地域《ちいき》ごとの最高気温予報《さいこうきおんよほう》や、「早《そう》期天候情報《きてんこうじょうほう》」で少《すこ》し先《さき》の高温《こうおん》の可能性《かのうせい》もわかります。暑《あつ》さに関《かん》する情報《じょうほう》をうまく使《つか》って、災害級《さいがいきゅう》の猛暑《もうしょ》から身《み》を守《まも》りましょう。

防災《ぼうさい》の豆知識《まめちしき》

暑《あつ》さ指数《しすう》が警戒《けいかい》レベルの25〜28でも、運動後《うんどうご》に熱中症《ねっちゅうしょう》で亡《な》くなる事故《じこ》が多《おお》く起《お》こっています。また、プールに入《はい》っていても脱水《だっすい》のため熱中症《ねっちゅうしょう》になることも。夏《なつ》の運動《うんどう》は朝《あさ》や夕方《ゆうがた》など、比較的《ひかくてき》暑《あつ》さの厳《きび》しくない時間《じかん》に行《おこな》いましょう。

暑《あつ》さ指数《しすう》と気《き》をつけること一覧《いちらん》

🔍 暑《あつ》さ指数《しすう》 検索《けんさく》

暑《あつ》さ指数《しすう》	レベル	気《き》をつけること	気温《きおん》(参考《さんこう》)
31以上《いじょう》	危険《きけん》	運動《うんどう》は原則中止《げんそくちゅうし》。 外出《がいしゅつ》はなるべく避《さ》けて涼《すず》しい室内《しつない》へ。	35℃以上《いじょう》
28以上《いじょう》31未満《みまん》	厳重警戒《げんじゅうけいかい》	激《はげ》しい運動《うんどう》は中止《ちゅうし》。 炎天下《えんてんか》を避《さ》け、室温上昇《しつおんじょうしょう》に注意《ちゅうい》。	35℃未満《みまん》 31℃以上《いじょう》
25以上《いじょう》28未満《みまん》	警戒《けいかい》	運動《うんどう》や激《はげ》しい作業時《さぎょうじ》には積極的《せっきょくてき》に休憩《きゅうけい》を。	31℃未満《みまん》 28℃以上《いじょう》
21以上《いじょう》25未満《みまん》	注意《ちゅうい》	積極的《せっきょくてき》に水分《すいぶん》・塩分《えんぶん》を補給《ほきゅう》。	28℃未満《みまん》 24℃以上《いじょう》
21未満《みまん》	ほぼ安全《あんぜん》	適宜《てきぎ》水分《すいぶん》・塩分《えんぶん》を補給《ほきゅう》。	24℃未満《みまん》

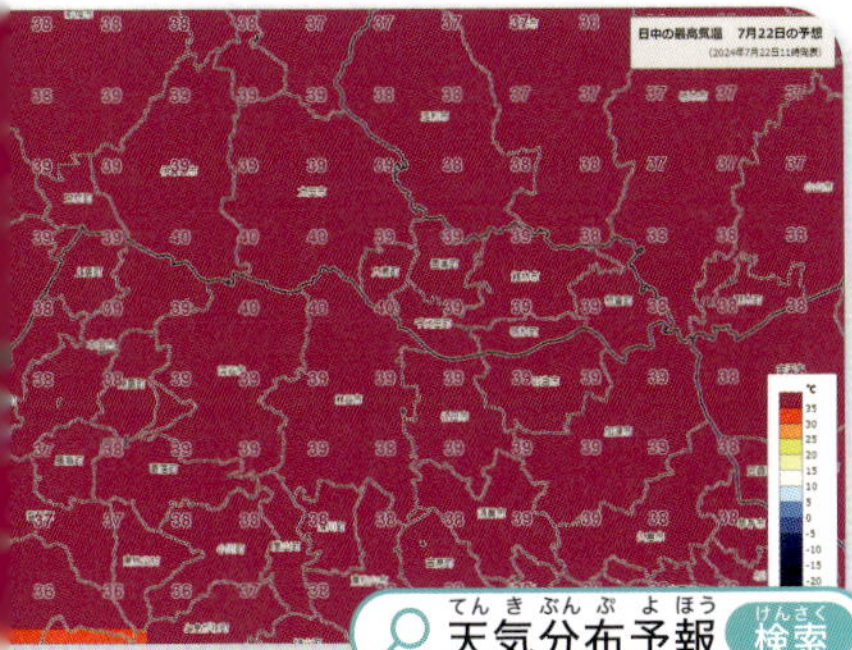

🔍 天気分布予報《てんきぶんぷよほう》 検索《けんさく》

◀ 気象庁《きしょうちょう》ウェブサイト「天気分布予報《てんきぶんぷよほう》」では最高気温《さいこうきおん》や3時間《じかん》ごとの気温《きおん》の分布《ぶんぷ》を確認《かくにん》できる。便利《べんり》。

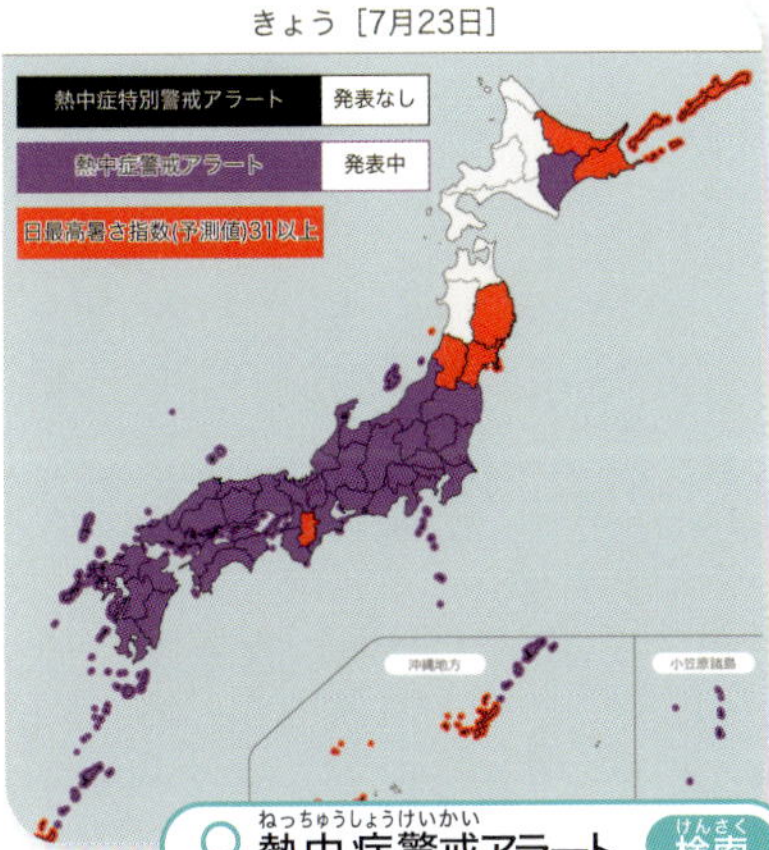

🔍 熱中症警戒《ねっちゅうしょうけいかい》アラート 検索《けんさく》

▶ 環境省《かんきょうしょう》ウェブサイトで今日《きょう》・明日《あした》の暑《あつ》さ指数《しすう》(ＷＢＧＴ《ダブリュービージーティー》/湿球黒球温度《しっきゅうこっきゅうおんど》)や熱中症《ねっちゅうしょう》警戒《けいかい》アラートの発表状況《はっぴょうじょうきょう》を確認《かくにん》できる。

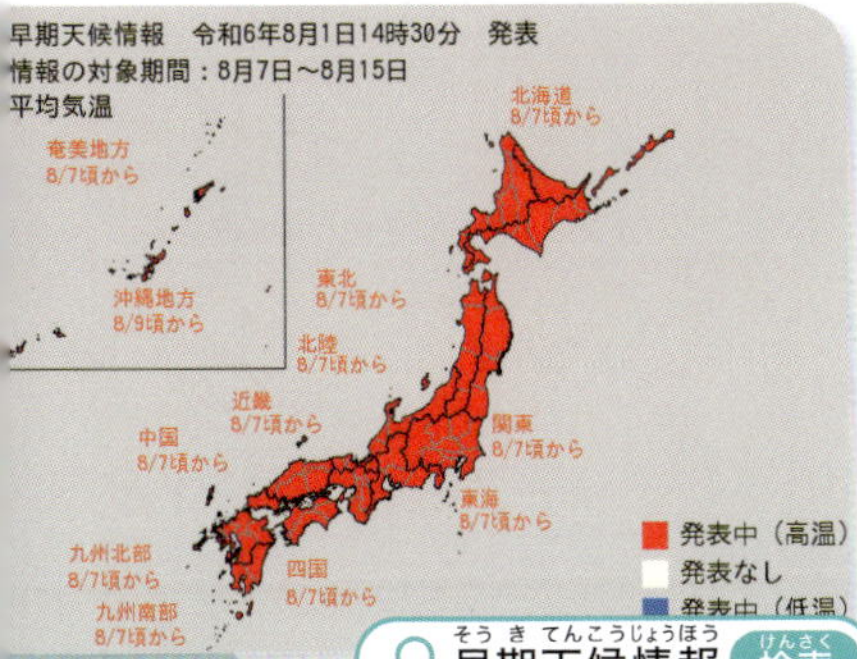

🔍 早期天候情報《そうきてんこうじょうほう》 検索《けんさく》

◀ 高温《こうおん》に関《かん》する早期天候情報《そうきてんこうじょうほう》は、その時期《じき》としては10年《ねん》に1度程度《どていど》しか起《お》きないような著《いちじる》しい高温《こうおん》となる可能性《かのうせい》がいつもより高《たか》まっているときに発表《はっぴょう》される。最新《さいしん》の天気予報《てんきよほう》などに気《き》をつけよう。

22

川遊《かわあそ》びにはライフジャケットと気象情報《きしょうじょうほう》が必要不可欠《ひつようふかけつ》

夏《なつ》の川遊《かわあそ》び——川《かわ》や水辺《みずべ》では様々《さまざま》な生《い》き物《もの》の観察《かんさつ》や水遊《みずあそ》びなど、楽《たの》しい活動《かつどう》が盛《も》りだくさんです。一方《いっぽう》、子《こ》どもの水《みず》に関《かか》わる事故《じこ》の約《やく》60%は川《かわ》や湖《みずうみ》で起《お》こっています。どんな備《そな》えをすればいいでしょうか。

まず、**体《からだ》に合《あ》ったライフジャケットを準《じゅん》備《び》・着用《ちゃくよう》**しましょう。水《みず》に入《はい》っても常《つね》に頭《あたま》が水面上《すいめんじょう》に浮《う》いておぼれにくいため、水辺《みずべ》で遊《あそ》ぶときの必須《ひっす》アイテムです。また、川《かわ》の流《なが》れが速《はや》いと、ひざ程度《ていど》の水深《すいしん》で大人《おとな》でも流《なが》されます。もし流《なが》されても無理《むり》に立《た》とうとしたり元《もと》の位置《いち》に戻《もど》ろうとしたりせず、落《お》ち着《つ》いて流《なが》れの穏《おだ》やかな場所《ばしょ》へ移動《いどう》を。自分《じぶん》が流《なが》されないために、サンダルが流《なが》されたらそのままバイバイしましょう。

また、晴《は》れていても上流《じょうりゅう》で大雨《おおあめ》になると急激《きゅうげき》に増水《ぞうすい》することがあるので、**上流《じょうりゅう》も含《ふく》めて気象《きしょう》レーダーで雨《あめ》の状況《じょうきょう》を確認《かくにん》**するのが必要不可欠《ひつようふかけつ》。河川財団《かせんざいだん》『水辺《みずべ》の安全《あんぜん》ハンドブック』に川遊《かわあそ》びの注意点《ちゅういてん》がまとめられているので、要《よう》チェックです。十分《じゅうぶん》に準備《じゅんび》をして、安全《あんぜん》に川遊《かわあそ》びを楽《たの》しみましょう。

防災《ぼうさい》の豆知識《まめちしき》

毎年《まいとし》約《やく》25名《めい》がため池《いけ》に転落《てんらく》して亡《な》くなっています。ため池《いけ》や水路《すいろ》の近《ちか》くで遊《あそ》ばないでください。もし転落《てんらく》した人《ひと》を見《み》かけたら飛《と》び込《こ》んで助《たす》けようとせず、まずはクーラーボックスやペットボトルなど浮《う》くものを投《な》げて、人《ひと》を呼《よ》ぼう。

必《かなら》ずライフジャケットを着《き》よう

水辺《みずべ》の安全《あんぜん》ハンドブック 検索《けんさく》

◀ 大人《おとな》のひざ程度《ていど》の浅《あさ》さでも、2m毎秒《まいびょう》の流《なが》れで片足《かたあし》に15kgの力《ちから》がかかる。

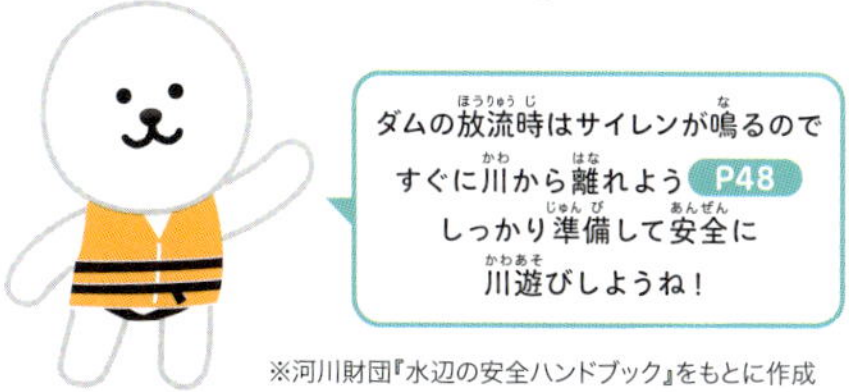

※河川財団『水辺の安全ハンドブック』をもとに作成

もしも自分《じぶん》が流《なが》されたら

- □ 無理《むり》に立《た》とうとしない
- □ 元《もと》の場所《ばしょ》に戻《もど》ろうとしない
- □ 流《なが》れの穏《おだ》やかな場所《ばしょ》へ

▶ 仰向《あおむ》けになるように進《すす》む方向《ほうこう》に向《む》かって足《あし》を水面《すいめん》に出《だ》し、両腕《りょううで》でバランスをとって身《み》を守《まも》りながら流《なが》れる（ディフェンシブスイミング）。

23 海《うみ》のレジャーで気《き》をつけたい「離岸流《りがんりゅう》」

夏《なつ》といえば海《うみ》、海《うみ》といえば海水浴《かいすいよく》！そんな海水浴《かいすいよく》で気《き》をつけたいのが**離岸流《りがんりゅう》**です。

離岸流《りがんりゅう》は、岸《きし》から沖《おき》に向《む》かう強《つよ》い流《なが》れのことで、沖《おき》から岸《きし》に向《む》かう流《なが》れ（向岸流《こうがんりゅう》）が岸付近《きしふきん》でぶつかることで生《しょう》じます。海《うみ》での水難事故《すいなんじこ》の主《おも》な要因《よういん》がこの離岸流《りがんりゅう》です。離《り》岸流《がんりゅう》は幅《はば》が10～30mほどと狭《せま》く、流《なが》れが速《はや》いので気《き》がつくと沖《おき》に流《なが》されていたということも。地形《ちけい》がでこぼこな岸《きし》で起《お》こりやすく、白《しろ》い波《なみ》が途切《とぎ》れていたり、沖《おき》にゴミが集《あつ》まっていたりすると離岸流《りがんりゅう》のある可能性《かのうせい》が高《たか》いです。もし離岸流《りがんりゅう》で沖《おき》に流《なが》されていることに気《き》づいたら、まずは落《お》ち着《つ》いて、**岸《きし》と平行《へいこう》に泳《およ》いで離岸流《りがんりゅう》から脱出《だっしゅつ》**を。向岸《こうがん》流《りゅう》に乗《の》ると岸《きし》に戻《もど》りやすいです。自力《じりき》での脱出《だっしゅつ》が難《むずか》しければ、とにかく**浮《う》き続《つづ》けて岸《きし》に向《む》かって手《て》を振《ふ》り、救助《きゅうじょ》を待《ま》ちましょう。**

海《うみ》のレジャーでは、晴《は》れていても遠《とお》くに台風《たいふう》などがあると高波《たかなみ》になる場合《ばあい》があるので、**気象情報《きしょうじょうほう》を事前《じぜん》に確認《かくにん》**することが大切《たいせつ》です。海《うみ》のレジャーで気《き》をつけることを確《かく》認《にん》して、夏《なつ》の海《うみ》を満喫《まんきつ》してください。

防災《ぼうさい》の豆知識《まめちしき》

海水浴場《かいすいよくじょう》で危険生物《きけんせいぶつ》によってケガをする事故《じこ》が多《おお》くあります。とくにカツオノエボシというクラゲが砂浜《すなはま》に打《う》ち上《あ》げられていることがあり、触手《しょくしゅ》に強《つよ》い毒《どく》があるので極《きわ》めて危険《きけん》です。絶対《ぜったい》に触《ふ》れず、万《まん》が一《いち》刺《さ》されたらすぐに病院《びょういん》へ。

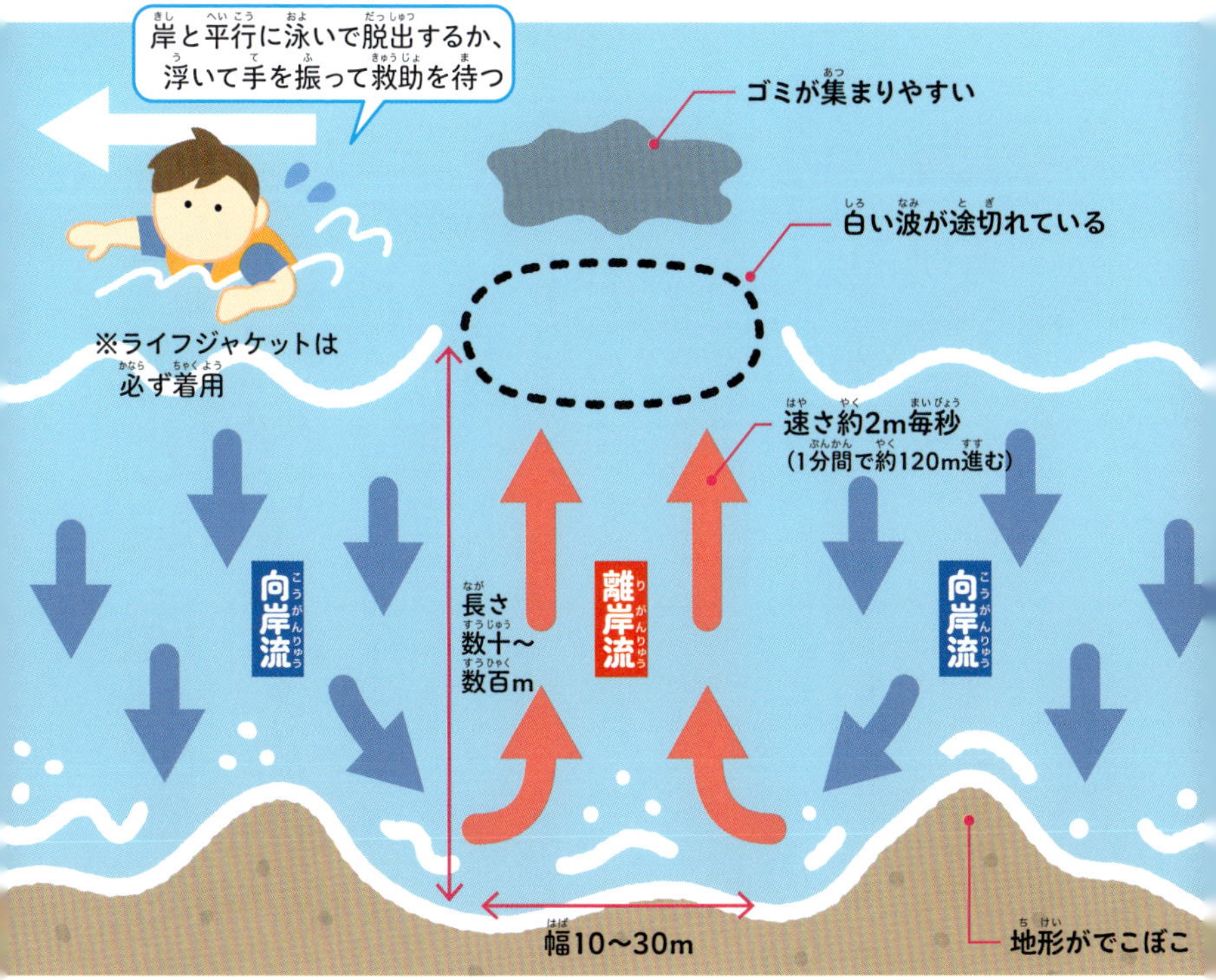

離岸流《りがんりゅう》のしくみと見分《みわ》け方《かた》・対処法《たいしょほう》

※海上保安庁『離岸流』を参考に作成

▲ 危険生物《きけんせいぶつ》のカツオノエボシ。

海《うみ》のレジャーで気《き》をつけること

- □ 1人《り》で泳《およ》ぎに行《い》かない
- □ 子《こ》どもだけで海《うみ》に行《い》かない
- □ 天気《てんき》や海《うみ》が荒《あ》れているときは海《うみ》に入《はい》らない
- □ 開設《かいせつ》されていない海水浴場《かいすいよくじょう》には入《はい》らない
- □ 立《た》ち入《い》り禁止《きんし》／遊泳禁止《ゆうえいきんし》の場所《ばしょ》には近《ちか》づかない
- □ ライフセーバーのいうことを聞《き》く
- □ ライフジャケットを着用《ちゃくよう》
- □ 疲《つか》れているときは休憩《きゅうけい》
- □ 危険生物《きけんせいぶつ》を触《さわ》らない

24

大雪《おおゆき》と暴風雪《ぼうふうせつ》をもたらす 南岸低気圧《なんがんていきあつ》・JPCZ《ジェーピーシーズィー》・爆弾低気圧《ばくだんていきあつ》

日本《にほん》では冬《ふゆ》に**大雪**《おおゆき》や**暴風雪**《ぼうふうせつ》が発生《はっせい》し、車《くるま》が立《た》ち往生《おうじょう》したり、停電《ていでん》したりすることがあります。そのしくみに迫《せま》ります。

まず、太平洋側《たいへいようがわ》の地域《ちいき》では、本州《ほんしゅう》の南岸《なんがん》を通過《つうか》する**南岸低気圧**《なんがんていきあつ》によって雪《ゆき》が降《ふ》ります。南岸低気圧《なんがんていきあつ》による首都圏《しゅとけん》の雪《ゆき》の正確《せいかく》な予報《よほう》は極《きわ》めて難《むずか》しく、雨《あめ》か雪《ゆき》かが微妙《びみょう》な予《よ》報《ほう》のときには雪《ゆき》を想定《そうてい》して余裕《よゆう》を持《も》ったスケジュールで行動《こうどう》を。日本海側《にほんかいがわ》では、**JP**《ジェーピー》**CZ**《シーズィー》（日本海寒帯気団収束帯《にほんかいかんたいきだんしゅうそくたい》）によって海岸《かいがん》や平野部《へいやぶ》を含《ふく》む狭《せま》い範囲《はんい》に短時間《たんじかん》で多量《たりょう》の雪《ゆき》が積《つ》もる集中豪雪《しゅうちゅうごうせつ》がもたらされます。これは朝鮮半島《ちょうせんはんとう》の付《つ》け根《ね》の山地《さんち》で二手《ふたて》に分《わ》かれた流《なが》れが日本海上《にほんかいじょう》でぶつかり、発達《はったつ》した雪雲《ゆきぐも》が連《つら》なって次々《つぎつぎ》と雪《ゆき》を降《ふ》らせるためです。さらに、急速《きゅうそく》に発達《はったつ》する低気圧《ていきあつ》である**爆弾低気圧**《ばくだんていきあつ》は、冬《ふゆ》には北日本《きたにほん》を中心《ちゅうしん》に雪《ゆき》を伴《ともな》う暴風《ぼうふう》である暴風雪《ぼうふうせつ》を引《ひ》き起《お》こします。

とくに危険《きけん》な大雪《おおゆき》が予想《よそう》されるときには、国土交通省《こくどこうつうしょう》が緊急発表《きんきゅうはっぴょう》をして注意喚起《ちゅういかんき》します。大雪《おおゆき》や暴風雪《ぼうふうせつ》への備《そな》えを確認《かくにん》して、安全《あんぜん》に過《す》ごしましょう。

防災《ぼうさい》の豆知識《まめちしき》

暴風雪《ぼうふうせつ》では視界《しかい》が白一色《しろいっしょく》になるホワイトアウトや、道路脇《どうろわき》などに雪《ゆき》がたまる吹《ふ》きだまりに要注意《ようちゅうい》。南岸低気圧《なんがんていきあつ》による大雪時《おおゆきじ》は表層雪崩《ひょうそうなだれ》が起《お》こりやすく、雪解《ゆきど》けの時期《じき》の大雨《おおあめ》の後《あと》には全層雪崩《ぜんそうなだれ》も。雪《ゆき》による災害《さいがい》も様々《さまざま》です。

南岸低気圧《なんがんていきあつ》

▶ 南岸低気圧《なんがんていきあつ》の雪《ゆき》には様々《さまざま》な要因《よういん》が関係《かんけい》しており、わずかな違《ちが》いで雨《あめ》か雪《ゆき》か、そもそも降《ふ》らないかも変《か》わる。正確《せいかく》な予測《よそく》が本当《ほんとう》に難《むずか》しい。

JPCZ《ジェーピーシーズィー》

◀ JPCZ《ジェーピーシーズィー》(Japan《ジャパン》 sea《シー》 Polar《ポーラー》 air《エア》 mass《マス》 Convergence《コンバージェンス》 Zone《ゾーン》)に伴《ともな》う発達《はったつ》した雲《くも》の帯《おび》が見《み》られる。これがかかると平野部《へいやぶ》でも短時間《たんじかん》に積雪《せきせつ》が急増《きゅうぞう》する「ドカ雪《ゆき》」が起《お》こる。

爆弾低気圧《ばくだんていきあつ》

▶ 爆弾低気圧《ばくだんていきあつ》では高潮《たかしお》などの災害《さいがい》が起《お》こることも。

雪《ゆき》に関《かか》わる現象《げんしょう》

ホワイトアウト

暴風雪《ぼうふうせつ》で視界《しかい》が白一《しろいっ》色《しょく》になる現象《げんしょう》。数《すう》m先《さき》も見《み》えず、方向感《ほうこうかん》覚《かく》を失《うしな》う。

吹《ふ》きだまり

道路脇《どうろわき》の雪《ゆき》の壁《かべ》や障《しょう》害物《がいぶつ》の近《ちか》くなどで雪《ゆき》がたまる現象《げんしょう》。車《くるま》が突《つ》っ込《こ》むと危険《きけん》。

雪崩《なだれ》

斜面《しゃめん》に積《つ》もった雪《ゆき》が滑《すべ》り落《お》ちる現象《げんしょう》。古《ふる》い雪《ゆき》の上《うえ》の新雪《しんせつ》の層《そう》が滑《すべ》り落《お》ちる表《ひょう》層雪崩《そうなだれ》と、積《つ》もった雪《ゆき》がすべて滑《すべ》り落《お》ちる全層雪崩《ぜんそうなだれ》がある。

25

積《つ》もった雪《ゆき》はものすごく重《おも》い

日本《にほん》は世界有数《せかいゆうすう》の豪雪国《ごうせつこく》です。これは冬《ふゆ》でも温《あたた》かい日本海上《にほんかいじょう》で雪雲《ゆきぐも》が多《おお》く発達《はったつ》するためで、多《おお》いと数《すう》mの積雪《せきせつ》になることも。この積雪《せきせつ》、じつはものすごく重《おも》いのです。

降《ふ》ったばかりの新雪《しんせつ》は、積雪《せきせつ》1cmあたり降水量約《こうすいりょうやく》1mmに相当《そうとう》します。一方《いっぽう》、積雪《せきせつ》が深《ふか》くなると、上《うえ》に載《の》っている雪《ゆき》の重《おも》さで雪《ゆき》が圧縮《あっしゅく》されます。そのため、積雪《せきせつ》1cmあたり降水量《こうすいりょう》3mm程度《ていど》に相当《そうとう》するといわれています。つまり2mの積雪《せきせつ》は、1平方《へいほう》mあたり降水量《こうすいりょう》600mmなので、体重《たいじゅう》100kgの小柄《こがら》な力士《りきし》が6人分《にんぶん》の600kgの重《おも》さといえます。これを踏《ふ》まえると、**6m×6mの家《か》屋《おく》の屋根《やね》に2mの積雪《せきせつ》**がある状況《じょうきょう》では、**小《こ》柄《がら》な力士《りきし》216人《にん》(21・6トン)が屋根《やね》の上《うえ》に乗《の》っている**ということに!

雪国《ゆきぐに》で雪《ゆき》おろしが必要《ひつよう》なのは、雪《ゆき》がこれほど重《おも》いためなのです。また、積雪《せきせつ》に雨《あめ》が降《ふ》ると雪《ゆき》に雨水《あまみず》がたまって一気《いっき》に重《おも》さが増《ま》します。太平洋側《たいへいようがわ》の雪《ゆき》の少《すく》ない地域《ちいき》では駐《ちゅう》車場《しゃじょう》の屋根《やね》が重《おも》さに弱《よわ》いので、少しの積雪《せきせつ》でも早《はや》めに雪《ゆき》おろしをしておくと安心《あんしん》です。

防災《ぼうさい》の豆知識《まめちしき》

日本《にほん》での最《もっと》も深《ふか》い積雪《せきせつ》の観測史上《かんそくしじょう》1位《い》は、滋賀県伊吹山《しがけんいぶきやま》で1927年《ねん》2月《がつ》14日《か》の1182cmで、これは世界《せかい》1位《い》! なお関東平野《かんとうへいや》では1951年《ねん》2月《がつ》15日《にち》に現在《げんざい》の千葉県千葉市《ちばけんちばし》で133cmの積雪《せきせつ》の記録《きろく》も。雪《ゆき》がすごすぎる。

6m四方《しほう》の屋根《やね》に2m積雪《せきせつ》している場合《ばあい》の重《おも》さ

1平方《へいほう》mに小柄《こがら》な力士《りきし》（100kg）が6人《にん》（600kg）

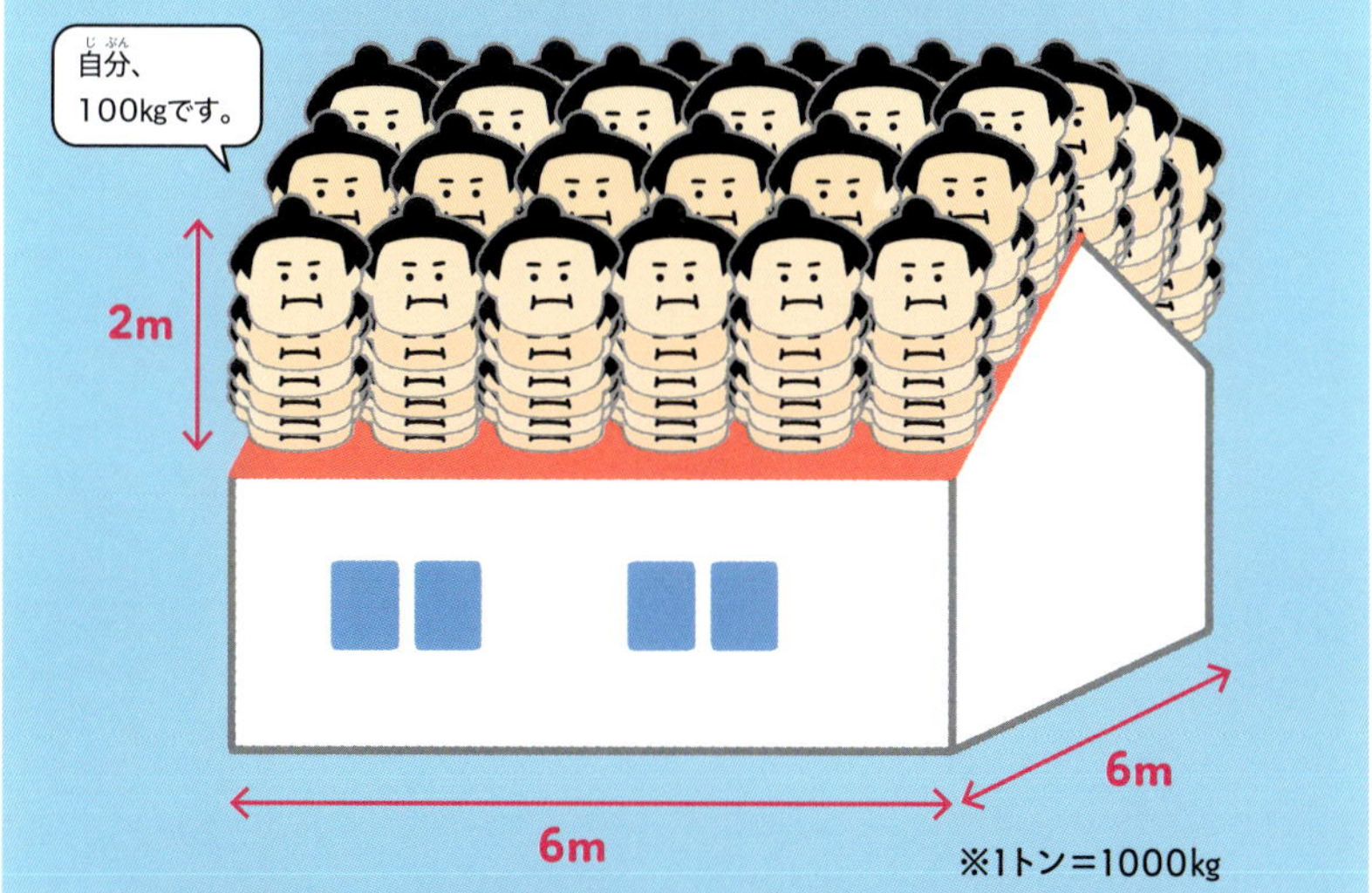

屋根全体《やねぜんたい》では総勢《そうぜい》216人《にん》（21.6トン）の小柄《こがら》な力士《りきし》！

▶防災科学技術研究所《ぼうさいかがくぎじゅつけんきゅうじょ》ウェブサイトで、雪《ゆき》おろしをしていない場合《ばあい》の過去《かこ》30日間《にちかん》の雪《ゆき》の重《おも》さがわかる。

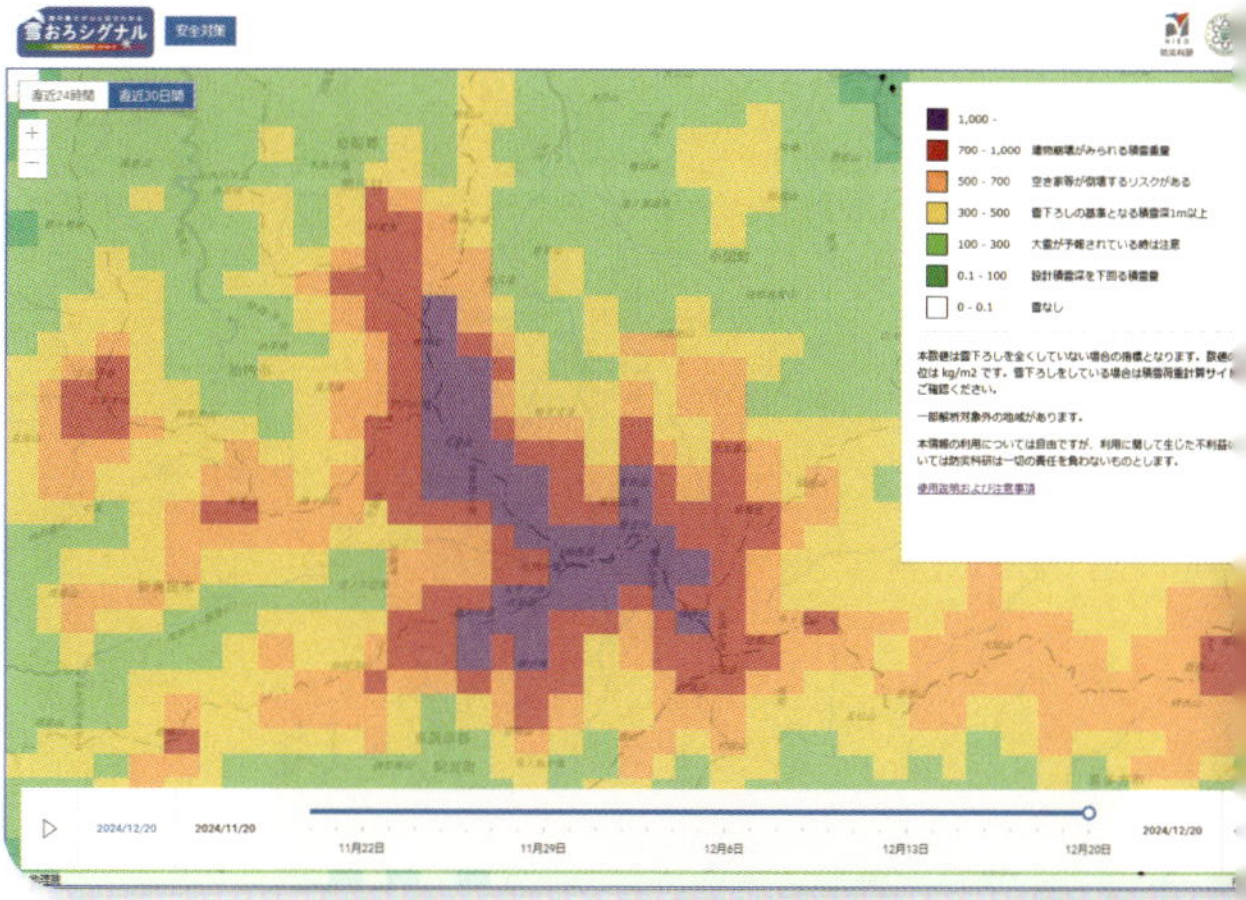

屋根《やね》に雪《ゆき》が積《つ》もっているときは落雪《らくせつ》に気《き》をつけて！

雪《ゆき》おろシグナル　検索《けんさく》

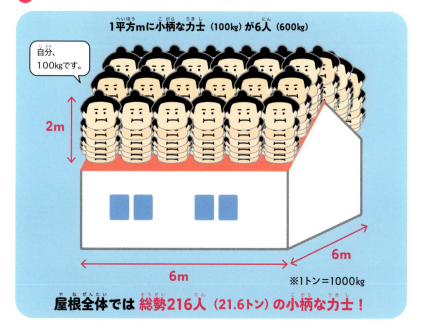

26

大雪《おおゆき》と暴風雪《ぼうふうせつ》への事前《じぜん》の備《そな》えと対策《たいさく》

みなさんの家庭《かてい》では、大雪《おおゆき》への備《そな》えをしていますか？ 普段雪《ふだんゆき》の少《すく》ない太平洋側《たいへいようがわ》の地域《ちいき》では馴染《なじ》みが薄《うす》いかもしれませんが、大雪予報《おおゆきよほう》のときは備《そな》えておくと安心《あんしん》です。

まず自宅《じたく》に1本《ぽん》、**雪《ゆき》かき用《よう》スコップ**。玄《げん》関付近《かんふきん》での転倒《てんとう》や車《くるま》の事故防止《じこぼうし》に役立《やくだ》ちます。暴風雪《ぼうふうせつ》の予報《よほう》のときは停電《ていでん》に備《そな》えてスマホを充電《じゅうでん》し、備蓄《びちく》も確認《かくにん》を。冬《ふゆ》の荒天時《こうてんじ》の停電《ていでん》は復旧《ふっきゅう》に時間《じかん》がかかるので、寒《さむ》さ対《たい》策《さく》も必要《ひつよう》です。また、**車《くるま》の備《そな》え**も大切《たいせつ》です。冬《ふゆ》になる前《まえ》にスタッドレスタイヤに交《こう》換《かん》を。万《まん》が一立《いちた》ち往生《おうじょう》したときのために雪《ゆき》対策品《たいさくひん》を積《つ》んでガソリンは満《まん》タンにして、防災《ぼうさい》バッグもあると安心《あんしん》ですね。

大雪時《おおゆきじ》にはこまめな雪《ゆき》かき、車《くるま》のワイパーを立《た》てる、転倒防止《てんとうぼうし》のための凍結防止《とうけつぼうし》剤《ざい》の使用《しよう》、駐車場《ちゅうしゃじょう》の屋根《やね》などの雪《ゆき》おろしも有効《ゆうこう》です。もしも**車《くるま》が立《た》ち往生《おうじょう》したらエンジンは停止《ていし》**を。排気口《はいきこう》が雪《ゆき》に埋《う》もれて一酸《いっさん》化炭素《かたんそ》が車内《しゃない》に入《はい》ると、臭《にお》いも色《いろ》もないので気《き》づかず中毒死《ちゅうどくし》する危険《きけん》があります。たかが雪《ゆき》と油断《ゆだん》せず、十分《じゅうぶん》な備《そな》えと対策《たいさく》を。

防災《ぼうさい》の豆知識《まめちしき》

雪害《せつがい》の最大《さいだい》の死亡原因《しぼうげんいん》が雪《ゆき》おろし中《ちゅう》の事故《じこ》です。雪国《ゆきぐに》での屋根《やね》の雪《ゆき》おろしでは、複数人《ふくすうにん》で作業《さぎょう》、命綱着用《いのちづなちゃくよう》、命綱《いのちづな》を固定《こてい》するアンカーの整備《せいび》など対策《たいさく》が必須《ひっす》。自宅《じたく》に雪《ゆき》おろしが必要《ひつよう》な雪《ゆき》の判断基準《はんだんきじゅん》も工務店《こうむてん》に確認《かくにん》を。

家《いえ》のなかの備《そな》え

雪《ゆき》かき用《よう》スコップ

基本《きほん》はアルミ製《せい》がおすすめ。雪《ゆき》がふわふわか硬《かた》いかで種類《しゅるい》を選《えら》ぼう。

スマホなどを充電《じゅうでん》

ノートパソコンも充電《じゅうでん》しておくと予備《よび》バッテリーに。

備蓄《びちく》を確認《かくにん》

- □ 防寒着《ぼうかんぎ》
- □ ラジオ
- □ 飲料水《いんりょうすい》
- □ 非常食《ひじょうしょく》
- □ 灯油《とうゆ》
- □ 懐中電灯《かいちゅうでんとう》
- □ モバイルバッテリー
- □ 使《つか》い捨《す》てカイロ
- □ カセットコンロ
- □ ポータブルストーブ

車《くるま》の備《そな》え

雪対策品《ゆきたいさくひん》を確認《かくにん》

- □ 防寒着《ぼうかんぎ》
- □ ラジオ
- □ 飲料水《いんりょうすい》
- □ 非常食《ひじょうしょく》
- □ カイロ
- □ 非常用《ひじょうよう》トイレ
- □ 毛布《もうふ》
- □ スコップ
- □ 長靴《ながぐつ》
- □ タイヤチェーン
- □ スノーブラシ
- □ 雪道脱出《ゆきみちだっしゅつ》ボード

ガソリンは満《まん》タン

天気《てんき》がくずれる前《まえ》に給油《きゅうゆ》しておこう。

防災《ぼうさい》バッグ

車《くるま》に積《つ》んでおくと安心《あんしん》。車《くるま》が一時避難所《いちじひなんじょ》にも。

身《み》の回《まわ》りの対策《たいさく》

こまめな雪《ゆき》かき

とくに自宅《じたく》の玄関《げんかん》など。周辺《しゅうへん》の道《みち》はご近所《きんじょ》さんと協力《きょうりょく》して除雪《じょせつ》しよう。

ワイパーを立《た》てる

強風《きょうふう》や落雪《らくせつ》の可能性《かのうせい》があるときはワイパーを立《た》てずにカバーをかけよう。

凍結防止剤《とうけつぼうしざい》

自宅《じたく》の玄関《げんかん》まわりなどに。お湯《ゆ》や水《みず》は凍結《とうけつ》するのでまくのはNG《エヌジー》。

早《はや》めに雪《ゆき》おろし

普段雪《ふだんゆき》の少《すく》ない地域《ちいき》では、雪《ゆき》で駐車場《ちゅうしゃじょう》の屋根《やね》や雨《あま》よけが壊《こわ》れやすい。

立《た》ち往生《おうじょう》したらエンジン停止《ていし》

マフラー（排気口《はいきこう》）が雪《ゆき》に埋《う》まると一酸化炭素中毒《いっさんかたんそちゅうどく》が極《きわ》めて危険《きけん》。

※『防災アクションガイド』を参考に作成

27

雪《ゆき》の日《ひ》の外出前《がいしゅつまえ》に必《かなら》ずチェックしたい情報《じょうほう》

「スキーに行《い》く途中《とちゅう》、高速道路《こうそくどうろ》で立《た》ち往生《おうじょう》に巻《ま》き込《こ》まれた」——そうならないように、チェックしたい雪《ゆき》の情報《じょうほう》があります。

まずは気象庁《きしょうちょう》ウェブサイトの「**今後《こんご》の雪《ゆき》**」です。現在《げんざい》の積雪《せきせつ》の深《ふか》さの状況《じょうきょう》と、6時間《じかん》先《さき》までの降雪量《こうせつりょう》の予測《よそく》を確認《かくにん》できます。とくに短時間《たんじかん》で多量《たりょう》の雪《ゆき》が降《ふ》ると除雪《じょせつ》が追《お》いつかなくなることがあるため、6時間降雪《じかんこうせつ》量《りょう》の予測《よそく》で10㎝以上《いじょう》の赤《あか》や紫《むらさき》があれば運転《うんてん》の予定《よてい》を見直《みなお》すなどすると安心《あんしん》です。より危険《きけん》な短時間《たんじかん》の大雪《おおゆき》が見込《みこ》まれると、**顕著《けんちょ》な大雪《おおゆき》に関《かん》する気象情報《きしょうじょうほう》**が発表《はっぴょう》されます。

「**天気分布予報《てんきぶんぷよほう》**」では当日《とうじつ》と翌日《よくじつ》の3時間《じかん》降雪量《こうせつりょう》を確認《かくにん》できます。危険《きけん》な大雪《おおゆき》が予想《よそう》されるときには**国土交通省緊急発表《こくどこうつうしょうきんきゅうはっぴょう》**がなされ、とくにドライバーには**不要不急《ふようふきゅう》の外出《がいしゅつ》を控《ひか》える**よう注意喚起《ちゅういかんき》されます。

最近《さいきん》では危険《きけん》な大雪予報《おおゆきよほう》のときには高速《こうそく》道路会社《どうろがいしゃ》も事前《じぜん》に通行止《つうこうど》めにするようになっていますが、状況《じょうきょう》が急激《きゅうげき》に悪化《あっか》することも。運転前《うんてんまえ》に車《くるま》の備《そな》えや気象情報《きしょうじょうほう》、道路《どうろ》情報《じょうほう》を確認《かくにん》しておくと安心《あんしん》です。

防災《ぼうさい》の豆知識《まめちしき》

雪《ゆき》の日《ひ》に道路状況《どうろじょうきょう》を確認《かくにん》する方法《ほうほう》として、道路《どうろ》に設置《せっち》されているライブカメラをチェックするのもおすすめです。周囲《しゅうい》や道路《どうろ》の積雪状況《せきせつじょうきょう》、除雪《じょせつ》の状況《じょうきょう》がひと目《め》でわかります。車《くるま》を運転《うんてん》しない人《ひと》も、見《み》ると雪国気分《ゆきぐにきぶん》を味《あじ》わえます。

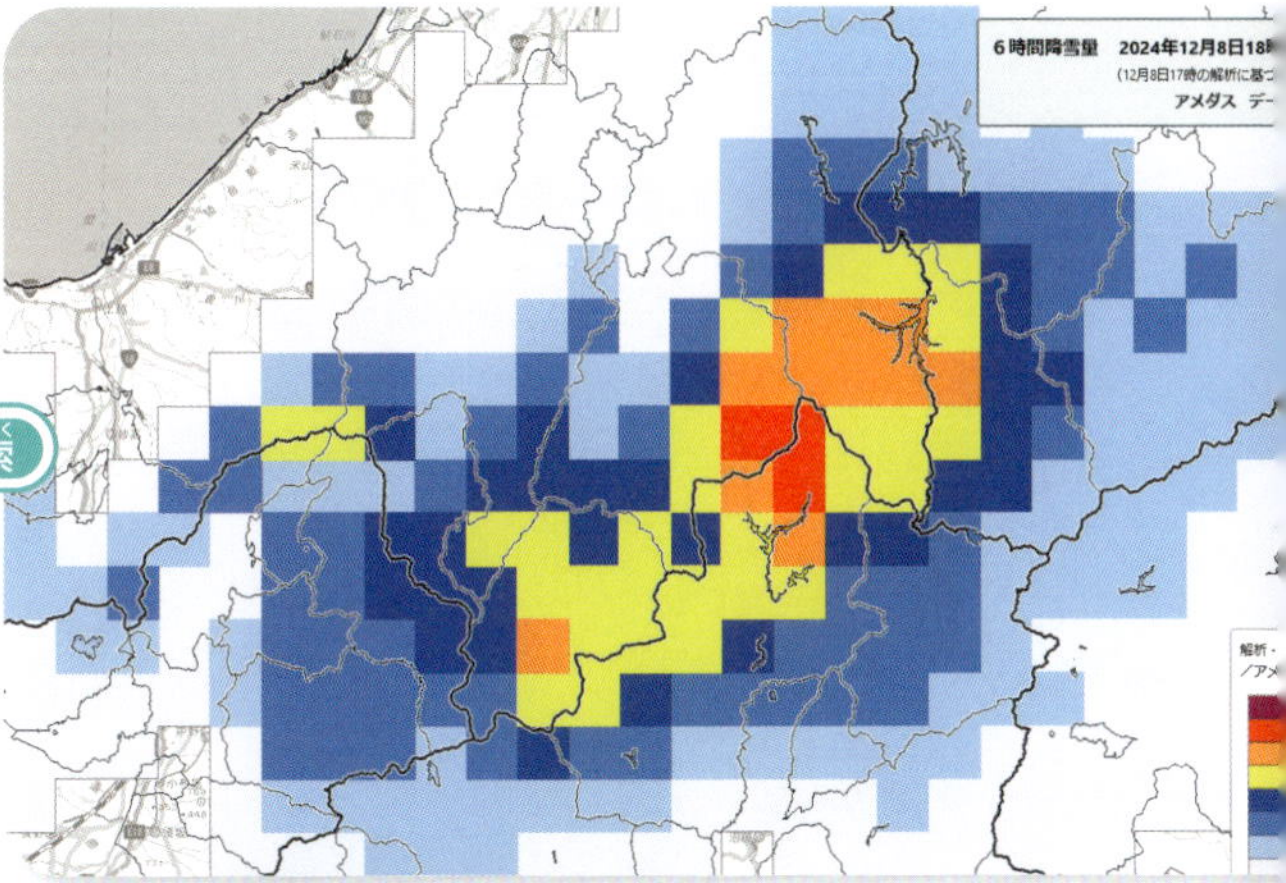

今後《こんご》の雪《ゆき》　検索《けんさく》

▶ 気象庁《きしょうちょう》ウェブサイトで最新《さいしん》の積雪《せきせつ》状況《じょうきょう》や降雪量《こうせつりょう》の予測《よそく》をチェック。

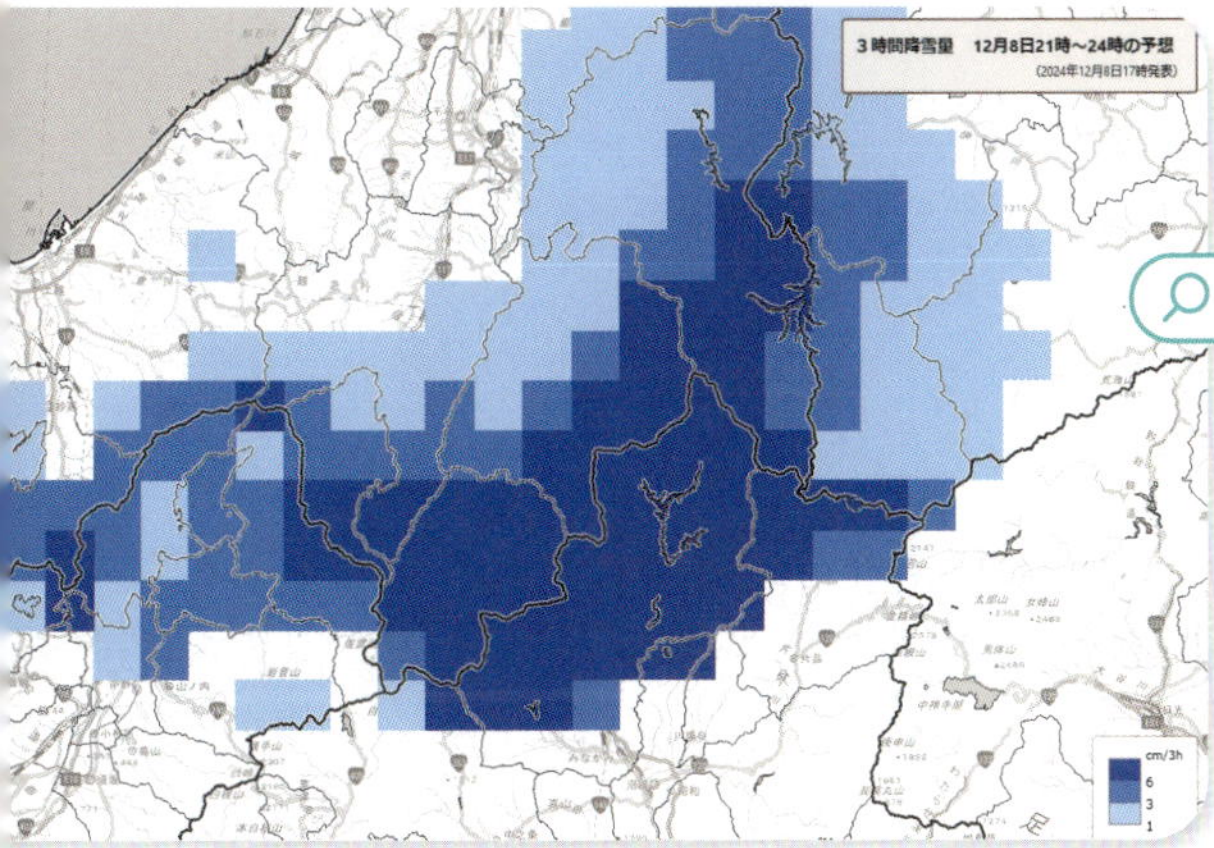

天気《てんき》分布《ぶんぷ》予報《よほう》　検索《けんさく》

◀ 気象庁《きしょうちょう》ウェブサイトの天気《てんき》分布《ぶんぷ》予報《よほう》には降雪量《こうせつりょう》予報《よほう》もある。翌日《よくじつ》まであるので予《よ》定《てい》を立《た》てるのに便利《べんり》。

道路《どうろ》・交通情報《こうつうじょうほう》を確認《かくにん》

大雪《おおゆき》のときは事前《じぜん》に鉄道《てつどう》や航《こう》空会社《くうかいしゃ》が運休計画《うんきゅうけいかく》を発表《はっぴょう》することも。
車《くるま》で移動《いどう》するときは出発前《しゅっぱつまえ》に必《かなら》ず道路情報《どうろじょうほう》を確認《かくにん》しよう。

要警戒《ようけいかい》のキーワード

- □ 国土交通省緊急発表《こくどこうつうしょうきんきゅうはっぴょう》
- □ 数年《すうねん》に一度《いちど》の大雪《おおゆき》
- □ 不要不急《ふようふきゅう》の外出《がいしゅつ》を控《ひか》える
- □ 顕著《けんちょ》な大雪《おおゆき》に関《かん》する気象情報《きしょうじょうほう》

28

雪《ゆき》が降《ふ》ったら転倒《てんとう》に注意《ちゅうい》！ 雪道《ゆきみち》の歩《ある》き方《かた》と転《ころ》び方《かた》

雪《ゆき》が降《ふ》るといつもの景色《けしき》が違《ちが》って見《み》えて、楽《たの》しくなる人《ひと》もいると思《おも》います。ただ、雪道《ゆきみち》では**歩行時《ほこうじ》の転倒《てんとう》**にも注意《ちゅうい》です。

雪道《ゆきみち》の歩《ある》き方《かた》と転《ころ》び方《かた》にはコツがあり、歩幅《ほはば》を小《ちい》さくして靴《くつ》の裏全体《うらぜんたい》で地面《じめん》にまっすぐ足《あし》をふみ出《だ》す、**ペンギンのような歩《ある》き方《かた》**がおすすめ。手袋《てぶくろ》や帽子《ぼうし》を着用《ちゃくよう》し、カバンではなくリュックを選《えら》んで、ポケットから手《て》を出《だ》して歩《ある》きましょう。**転《ころ》ぶときにはお尻《しり》から**転《ころ》ぶと頭《あたま》を守《まも》りやすいです。

滑《すべ》りやすい場所《ばしょ》として、横断歩道《おうだんほどう》の白線《はくせん》部分《ぶぶん》は水《みず》が浸《し》み込《こ》まず、凍結《とうけつ》しやすく危《あぶ》ないです。バスやタクシー乗《の》り場《ば》は雪《ゆき》が踏《ふ》み固《かた》められて滑《すべ》りやすいです。坂道《さかみち》や階段《かいだん》、マンホールなどの金属《きんぞく》の部分《ぶぶん》も凍結《とうけつ》すると危険《きけん》。歩道脇《ほどうわき》の側溝《そっこう》や障害物《しょうがいぶつ》は積雪《せきせつ》するとわかりにくくなるため、ぶつかって転《ころ》ばないように気《き》をつけて。コンビニや駅《えき》などでタイル張《ば》りになっている床《ゆか》は、ぬれていると転倒《てんとう》の危険《きけん》があるので注意《ちゅうい》しましょう。

雪《ゆき》が降《ふ》ったら転倒《てんとう》などに気《き》をつけ、防寒《ぼうかん》して楽《たの》しく安全《あんぜん》に遊《あそ》びましょう。

防災《ぼうさい》の豆知識《まめちしき》

雪道《ゆきみち》を歩《ある》くには、撥水性《はっすいせい》や防水性《ぼうすいせい》のある長靴《ながぐつ》、底《そこ》の滑《すべ》りにくい靴《くつ》がおすすめです。靴底《くつぞこ》につけるタイプの滑《すべ》り止《ど》めやスパイクもあり、手軽《てがる》に対策《たいさく》できて便利《べんり》です。もし雪《ゆき》の日《ひ》に革靴《かわぐつ》で出《で》かけようとしている人《ひと》がいたら教《おし》えてあげて。

歩《ある》き方《かた》と転《ころ》び方《かた》のポイント

太《ふと》ももから足《あし》を出《だ》すイメージでペンギンみたいに歩《ある》く。

地面《じめん》にまっすぐ足《あし》をふみ出《だ》し、重心《じゅうしん》を少《すこ》し前《まえ》にして歩《ある》こう。

もし転《ころ》んでも受《う》け身《み》を取《と》れるように、手《て》は外《そと》に出《だ》そう。

しゃがむようにしてお尻《しり》から転《ころ》べば頭《あたま》を打《う》ちにくくなる。

転《ころ》びやすい場所《ばしょ》を確認《かくにん》しよう

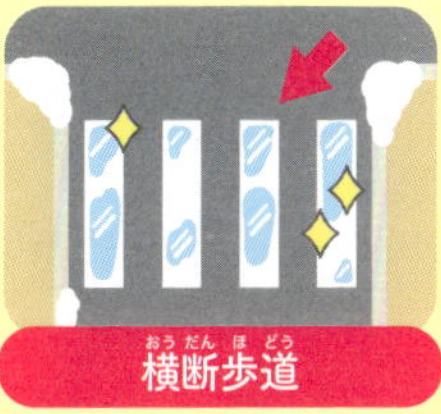

横断歩道《おうだんほどう》

白線部分《はくせんぶぶん》は水《みず》が浸《し》み込《こ》まず凍《こお》りやすい。

バスやタクシー乗《の》り場《ば》

雪《ゆき》が踏《ふ》み固《かた》められて滑《すべ》りやすい。

坂道《さかみち》・階段《かいだん》や歩道橋《ほどうきょう》

滑《すべ》って転倒《てんとう》しやすいので本当《ほんとう》に注意《ちゅうい》が必要《ひつよう》。

マンホールと側溝《そっこう》のふた

金属《きんぞく》の部分《ぶぶん》は凍結《とうけつ》すると滑《すべ》りやすくとても危険《きけん》。

歩道脇《ほどうわき》の側溝《そっこう》や障害物《しょうがいぶつ》

雪《ゆき》で水路《すいろ》や障害物《しょうがいぶつ》がわかりにくく危険《きけん》。

タイル張《ば》りの床《ゆか》

コンビニなどでは要注意《ようちゅうい》。靴《くつ》の裏《うら》の雪《ゆき》を落《お》とそう。

※『防災アクションガイド』を参考に作成

29

首都直下《しゅとちょっか》や南海《なんかい》トラフ……地震《じしん》はどうして起《お》こる？

日本《にほん》は地震大国《じしんたいこく》で、揺《ゆ》れを感《かん》じる地震《じしん》は年間千《ねんかんせん》〜二千回程度《にせんかいていど》も起《お》こっています。そもそも**地震《じしん》**はどうして起《お》こるのでしょうか。

地球《ちきゅう》の表面《ひょうめん》は十数枚《じゅうすうまい》の巨大《きょだい》な岩盤《がんばん》である**プレート**で覆《おお》われており、これらのプレートは年間数《ねんかんすう》cm程度《ていど》の速《はや》さで絶《た》えず動《うご》いています。プレート同士《どうし》がぶつかり、岩盤《がんばん》が押《お》されたり引《ひ》っ張《ば》られたりして、限界《げんかい》を超《こ》えてプレートそのものやプレート内部《ないぶ》の岩盤《がんばん》が急激《きゅうげき》にずれる現象《げんしょう》が地震《じしん》です。日本付近《にほんふきん》は4つのプレートがぶつかり合《あ》っており、地震《じしん》が起《お》こりやすいのです。

過去《かこ》の大地震《だいじしん》をもとに、地震《じしん》の規模《きぼ》を示《しめ》すマグニチュード（M）8〜9級《きゅう》の**南海《なんかい》トラフ地震《じしん》**、M7級《きゅう》の**首都直下地震《しゅとちょっかじしん》**が発生《はっせい》したときの想定《そうてい》がなされています。南海《なんかい》トラフ地震《じしん》では静岡《しずおか》〜宮崎《みやざき》にかけて揺《ゆ》れの強《つよ》さを示《しめ》す震度《しんど》が7の可能性《かのうせい》があり、太平洋沿岸《たいへいようえんがん》の広範囲《こうはんい》で10mを超《こ》える大津波《おおつなみ》を想定《そうてい》。首都直下地震《しゅとちょっかじしん》では東京都心《とうきょうとしん》で震度《しんど》7の想定《そうてい》も。

大地震《だいじしん》はいつどこで起《お》こるかわかりません。日《ひ》ごろから備《そな》えておきましょう。

防災《ぼうさい》の豆知識《まめちしき》

現代《げんだい》の科学《かがく》では日時《にちじ》や場所《ばしょ》を特定《とくてい》して地震発生《じしんはっせい》を予測《よそく》する地震予知《じしんよち》は不可能《ふかのう》で、そのような地震予知《じしんよち》はすべてデマです。また、雲《くも》は地震《じしん》の前兆《ぜんちょう》にはなりません。地震《じしん》が不安《ふあん》なら日《ひ》ごろの備《そな》えを再確認《さいかくにん》しましょう。P118

日本周辺《にほんしゅうへん》のプレート

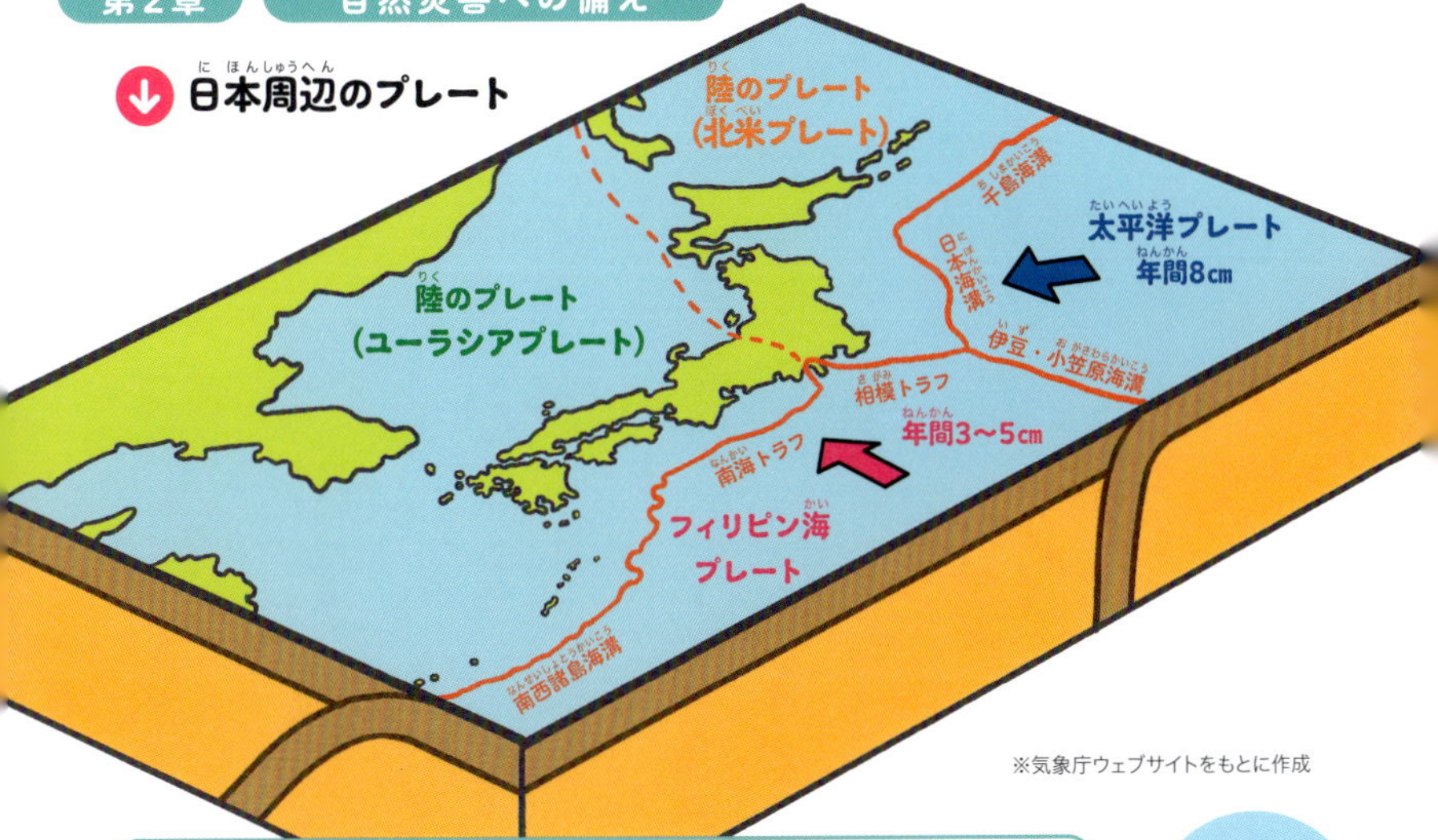

※気象庁ウェブサイトをもとに作成

トラフは海底《かいてい》の溝状《みぞじょう》の地形《ちけい》のこと。南海《なんかい》トラフ沿《ぞ》いで異常《いじょう》な現象《げんしょう》が観測《かんそく》された場合《ばあい》や地震発生《じしんはっせい》の可能性《かのうせい》が相対的《そうたいてき》に高《たか》まっていると評価《ひょうか》された場合《ばあい》などには、南海《なんかい》トラフ地震臨時情報《じしんりんじじょうほう》が発表《はっぴょう》されるよ。その内容《ないよう》に応《おう》じた防災行動《ぼうさいこうどう》をしよう

南海《なんかい》トラフ地震《じしん》と首都直下地震《しゅとちょっかじしん》で想定《そうてい》される震度《しんど》の最大値《さいだいち》

南海《なんかい》トラフ地震《じしん》

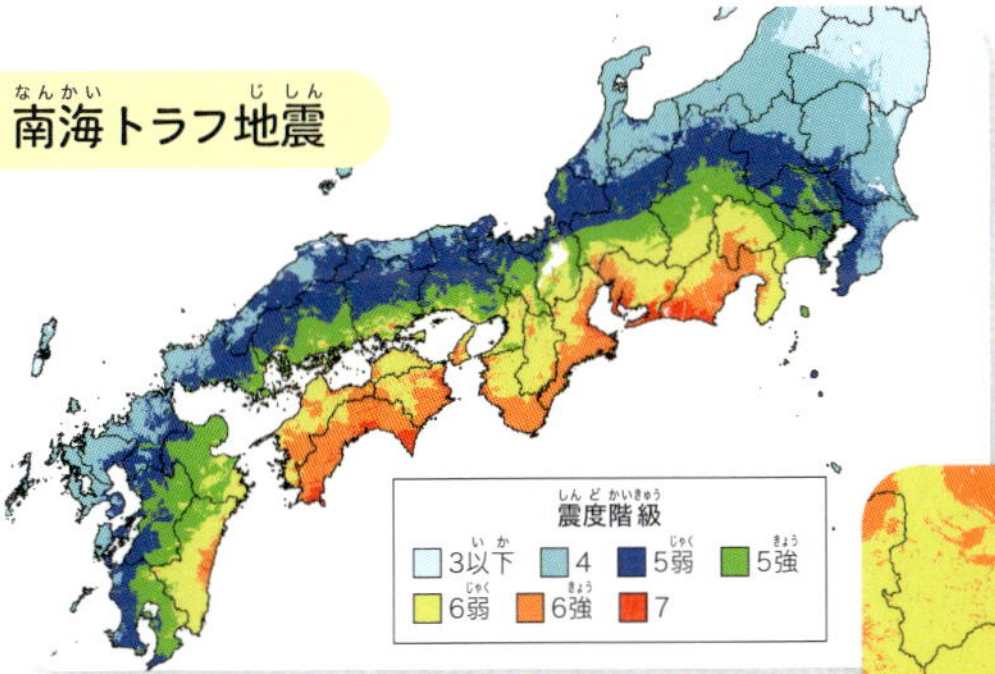

◀▼南海《なんかい》トラフ地震《じしん》では5ケース、首都直下地震《しゅとちょっかじしん》では19ケースの最大震度《さいだいしんど》の推定値《すいていち》を重《かさ》ね合《あ》わせたもの。

※1つの地震《じしん》でこのような震度《しんど》の分布《ぶんぷ》になるわけではない

首都直下地震《しゅとちょっかじしん》

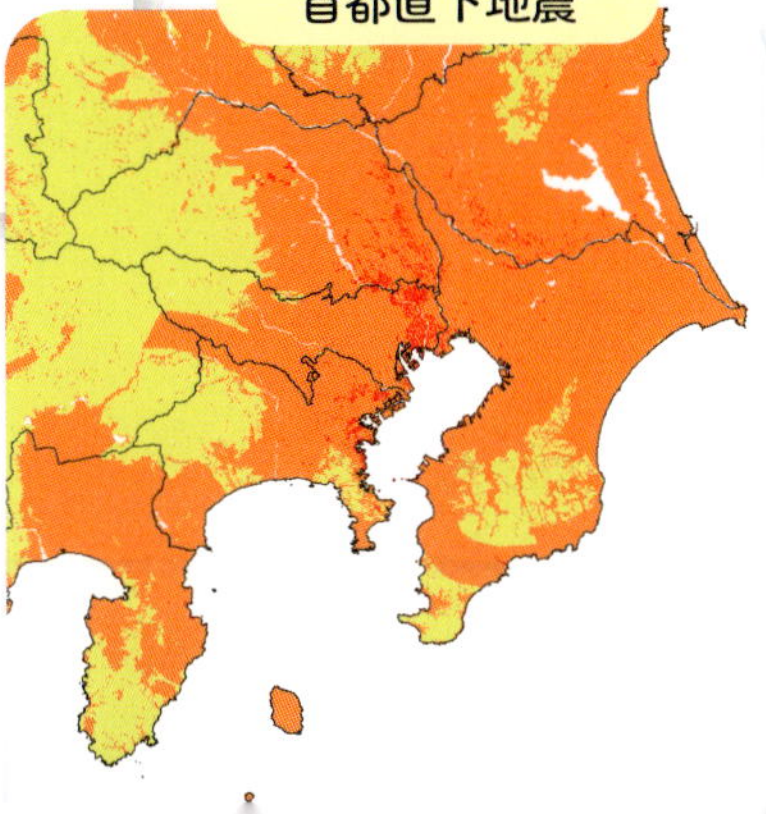

※内閣府『首都直下のM7クラスの地震及び相模トラフ沿いのM8クラスの地震等の震源断層モデルと震度分布・津波高等に関する報告書』、内閣府『南海トラフ巨大地震対策について(最終報告)』より

今後《こんご》30年以内《ねんいない》の大地震発生確率《だいじしんはっせいかくりつ》は南海《なんかい》トラフ地震《じしん》で約《やく》80%、首都直下地震《しゅとちょっかじしん》で約《やく》70%……!

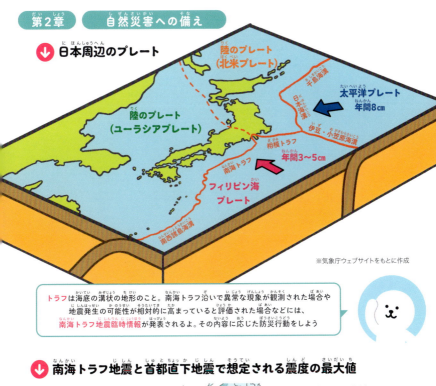

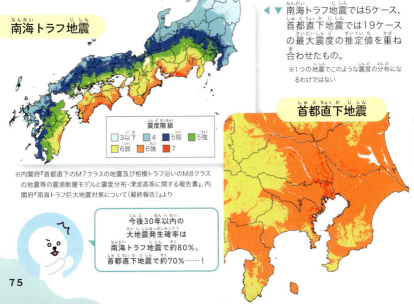

30

「緊急地震速報《きんきゅうじしんそくほう》」が出《で》たら何《なに》をすればいいのか

大《おお》きな地震《じしん》が発生《はっせい》すると、気象庁《きしょうちょう》は**緊急地震速報《きんきゅうじしんそくほう》**を発表《はっぴょう》して注意《ちゅうい》を促《うなが》します。

地震《じしん》が発生《はっせい》すると、揺《ゆ》れが波《なみ》（地震波《じしんは》）となって地中《ちちゅう》を伝《つた》わります。地震波《じしんは》には速《はや》く伝《つた》わる**P波《ピーは》**と、次《つぎ》にやってくる揺《ゆ》れの強《つよ》い**S波《エスは》**があり、震源付近《しんげんふきん》でP波《ピーは》を検知《けんち》した地震計《じしんけい》のデータから震源《しんげん》や地震《じしん》の規模《きぼ》、揺《ゆ》れの強《つよ》さを瞬時《しゅんじ》に計算《けいさん》します。このため、揺《ゆ》れの強《つよ》いS波《エスは》がくる前《まえ》に緊急地震速報《きんきゅうじしんそくほう》を発表《はっぴょう》して注意喚起《ちゅういかんき》できるのです。

緊急地震速報《きんきゅうじしんそくほう》が発表《はっぴょう》されたら、**まずはあわてずに身《み》の安全《あんぜん》を確保《かくほ》**しましょう。屋内《おくない》では物《もの》が落《お》ちたり倒《たお》れたりしてこない場所《ばしょ》に身《み》を隠《かく》して頭《あたま》を守《まも》り、屋外《おくがい》では割《わ》れたガラスの落下《らっか》やブロック塀《べい》などの転倒《てんとう》に注意《ちゅうい》。エレベーターでは行《い》き先階《さきかい》ボタンをすべて押《お》して、停《と》まった階《かい》で降《お》りましょう。

緊急地震速報《きんきゅうじしんそくほう》は、震源《しんげん》に近《ちか》い地域《ちいき》では強《つよ》い揺《ゆ》れが来《く》るまでに原理的《げんりてき》に発表《はっぴょう》が間《ま》に合《あ》いません。一方《いっぽう》で間《ま》に合《あ》えば、**強《つよ》い揺《ゆ》れまでの数秒間《すうびょうかん》の行動《こうどう》が命《いのち》を左右《さゆう》することも。**発表時《はっぴょうじ》の行動《こうどう》を、予習《よしゅう》しておきましょう。

防災《ぼうさい》の豆知識《まめちしき》

防災科学技術研究所《ぼうさいかがくぎじゅつけんきゅうじょ》「強震《きょうしん》モニタ」というウェブサイトやスマホアプリで、全国《ぜんこく》のリアルタイムの震度《しんど》を見《み》ることができます。P波《ピーは》やS波《エスは》も表示《ひょうじ》されるので、「なんか揺《ゆ》れているかも？」と感《かん》じたらチェックしてみましょう。

緊急地震速報《きんきゅうじしんそくほう》のしくみ

P《ピー》波《は》＝Primary《プライマリー》 Wave《ウェーブ》(最初《さいしょ》の波《なみ》)、S《エス》波《は》＝Secondary《セカンダリー》 Wave《ウェーブ》(第《だい》2の波《なみ》)

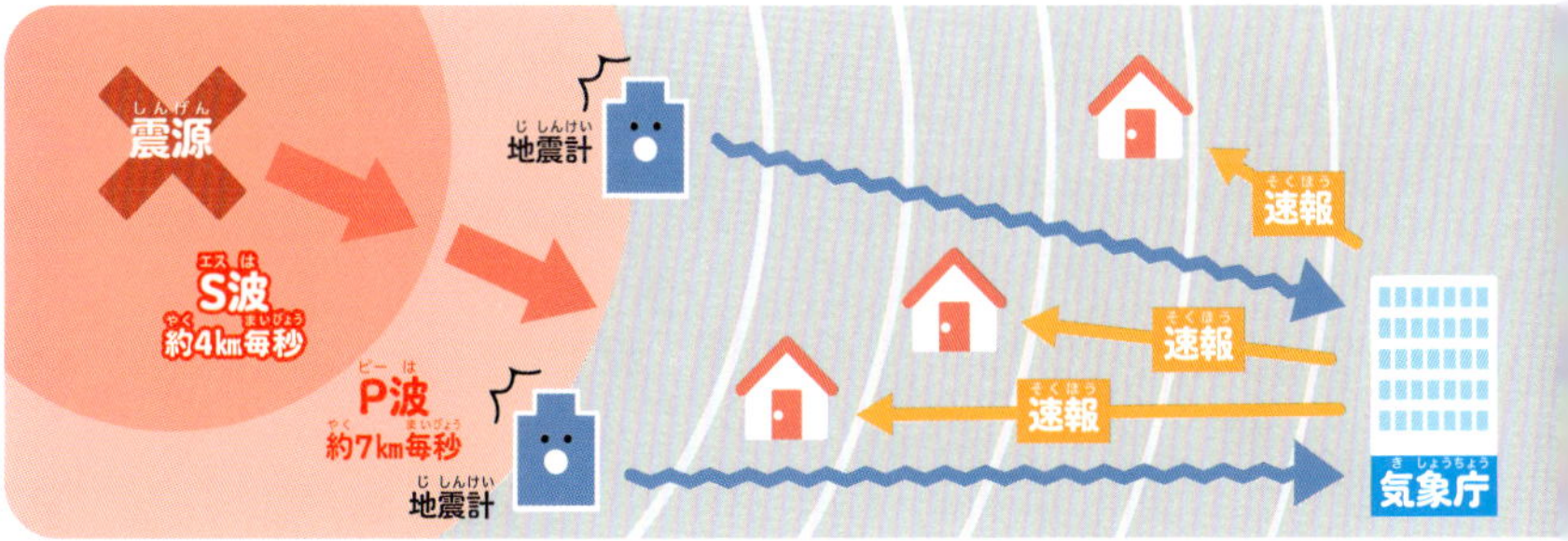

緊急地震速報《きんきゅうじしんそくほう》が発表《はっぴょう》されたら、まずはあわてずに身《み》の安全《あんぜん》を確保《かくほ》

屋内《おくない》

- □ 物《もの》が「落《お》ちてこない・倒《たお》れてこない・移動《いどう》しない」場所《ばしょ》に身《み》を隠《かく》して頭《あたま》を守《まも》る
- □ あわてて外《そと》に飛《と》び出《だ》さない
- □ 無理《むり》に火《ひ》を消《け》そうとしない

屋外《おくがい》

- □ 割《わ》れたガラスや看板《かんばん》の落下《らっか》に注意《ちゅうい》
- □ ブロック塀《べい》や自動販売機《じどうはんばいき》から離《はな》れる

電車《でんしゃ》・バス

- □ 手《て》すりやつり革《かわ》にしっかりつかまる

エレベーター

- □ 行《い》き先階《さきかい》ボタンをすべて押《お》して停《と》まった階《かい》で降《お》りる

車《くるま》の運転中《うんてんちゅう》

- □ 急《きゅう》ブレーキをせずゆっくり減速《げんそく》
- □ 安全《あんぜん》な場所《ばしょ》に停車《ていしゃ》
- □ ハザードランプをつける

31

強《つよ》い揺《ゆ》れがおさまってから気《き》をつけること

「すごく揺《ゆ》れている！」――そんな地震《じしん》がおさまった直後《ちょくご》、**二次災害《にじさいがい》**に巻《ま》き込《こ》まれないために、気《き》をつけることがあります。

自宅《じたく》では、まず**出火《しゅっか》の状況《じょうきょう》と避難経路《ひなんけいろ》を確認《かくにん》**します。もし火災《かさい》が発生《はっせい》したら、火《ひ》が小《ちい》さければすぐに消火《しょうか》を。火《ひ》が天井《てんじょう》にまで達《たっ》するようなら避難《ひなん》してください。服《ふく》の袖《そで》などで口《くち》や鼻《はな》を覆《おお》って、煙《けむり》を吸《す》わないよう気《き》をつけて。火災《かさい》がない場合《ばあい》は、**家族《かぞく》の安否《あんぴ》や周囲《しゅうい》の状況《じょうきょう》を確認《かくにん》**しましょう。

外出先《がいしゅつさき》では、無理《むり》に移動《いどう》せず**安全《あんぜん》な場所《ばしょ》にとどまり**、ひび割《わ》れた建物《たてもの》や切《き》れた電線《でんせん》など**危険《きけん》な場所《ばしょ》から離《はな》れましょう。**地下《ちか》にいる場合《ばあい》は60ｍごとに非常口《ひじょうぐち》があるので、壁伝《かべづた》いに移動《いどう》して避難《ひなん》を。また、人混《ひとご》みは人《ひと》が折《お》り重《かさ》なって倒《たお》れる**群集雪崩《ぐんしゅうなだれ》**のおそれがあるので、できるだけ避《さ》けましょう。

もしも建物内《たてものない》に閉《と》じ込《こ》められた場合《ばあい》は、スマホで音《おと》を出《だ》したり、硬《かた》いものでドアや壁《かべ》を叩《たた》いたりして自分《じぶん》がいることをまわりに知《し》らせてください。少《すこ》しでも助《たす》かる可能性《かのうせい》を高《たか》めるために、覚《おぼ》えておきましょう。

防災《ぼうさい》の豆知識《まめちしき》

大地震《だいじしん》では揺《ゆ》れにより地中《ちちゅう》の土砂《どしゃ》が液体《えきたい》のようになり、水《みず》と一緒《いっしょ》に地表《ちひょう》へ噴《ふ》き出《だ》す**液状化現象《えきじょうかげんしょう》**が起《お》こって建物《たてもの》が傾《かたむ》いたり沈《しず》んだりします。国土交通省《こくどこうつうしょう》「重《かさ》ねるハザードマップ」で全国《ぜんこく》の液状化《えきじょうか》のしやすさをチェック！

自宅《じたく》で気《き》をつけること

家《いえ》のなかを確認《かくにん》

出火《しゅっか》がないか、避《ひ》難経路《なんけいろ》はあるかなど確認《かくにん》。

火災時《かさいじ》は煙《けむり》から逃《のが》れる

服《ふく》やハンカチで口《くち》・鼻《はな》を覆《おお》い、低《ひく》い姿勢《しせい》で煙《けむり》を吸《す》わないように避難《ひなん》。無理《むり》に消《しょう》火《か》しようとしない。

家族《かぞく》の安否《あんぴ》を確認《かくにん》

家族《かぞく》が離《はな》れた場《ば》所《しょ》にいる場合《ばあい》は連《れん》絡《らく》の取《と》れる手段《しゅだん》で連絡《れんらく》を。P116

周囲《しゅうい》の状況《じょうきょう》を確認《かくにん》

あわてて外《そと》に飛《と》び出《だ》さず、落《お》ちそうな外壁《がいへき》や火災《かさい》がないか、目《め》と耳《みみ》で確認《かくにん》。

外出先《がいしゅつさき》で気《き》をつけること

安全《あんぜん》な場所《ばしょ》にとどまる

無理《むり》に移動《いどう》すると危険《きけん》があり帰宅困《きたくこん》難《なん》になることも。

危険《きけん》な場所《ばしょ》から離《はな》れる

ひび割《わ》れた建物《たてもの》は倒壊《とうかい》や落下物《らっかぶつ》、切《き》れた電線《でんせん》は感電《かんでん》の危険《きけん》があるので近《ちか》づかない。

地下《ちか》では壁伝《かべづた》いに移動《いどう》

地下《ちか》には60mごとに非常口《ひじょうぐち》があるので、壁伝《かべづた》いに避難《ひなん》して開《あ》いている非《ひ》常口《じょうぐち》へ。

人混《ひとご》みはできるだけ避《さ》ける

人《ひと》が折《お》り重《かさ》なって倒《たお》れる群集雪崩《ぐんしゅうなだれ》の危険《きけん》がある。

もしも閉《と》じ込《こ》められたら

▶ スマホで大《おお》きな音《おと》を出《だ》す、硬《かた》いものでドアや壁《かべ》を叩《たた》くなどして、外《そと》にいる人《ひと》に自分《じぶん》がいることを知《し》らせよう。

※『東京防災』／『防災アクションガイド』を参考に作成

32

津波《つなみ》と高波《たかなみ》の違《ちが》いって何《なに》?

海《うみ》には様々《さまざま》な波《なみ》がありますが、津波《つなみ》と高《たか》波《なみ》の違《ちが》いはいったい何《なん》でしょうか。

まず高波《たかなみ》は風《かぜ》で生《しょう》じる海面付近《かいめんふきん》の波《なみ》で、波《なみ》ひとつ分《ぶん》の長《なが》さ(波長《はちょう》)は数《すう》m〜数百《すうひゃく》m程度《ていど》です。これに対《たい》して**津波《つなみ》**は、地震《じしん》や海《かい》底火山噴火《ていかざんふんか》に伴《ともな》って海底《かいてい》の地盤《じばん》が大《おお》きく動《うご》くことで、海水全体《かいすいぜんたい》が動《うご》き、上下《じょうげ》に変化《へんか》する海面《かいめん》が波《なみ》として広《ひろ》がる現象《げんしょう》です。津波《つなみ》の波長《はちょう》は数《すう》km〜数百《すうひゃく》kmにもなるので、**大量《たいりょう》の海水《かいすい》が巨大《きょだい》なかたまりとなって押《お》し寄《よ》せます**。津波《つなみ》は浅《あさ》い海岸《かいがん》では波《なみ》の高《たか》さが急激《きゅうげき》に高《たか》くなるという特徴《とくちょう》があり、津波《つなみ》が引《ひ》くときも強《つよ》い力《ちから》で長時間引《ちょうじかんひ》かれるため、巻《ま》き込《こ》まれたものは一気《いっき》に海中《かいちゅう》に引《ひ》き込《こ》まれます。津波《つなみ》は繰《く》り返《かえ》し何度《なんど》もやってきて、あとからくる津波《つなみ》のほうが高《たか》くなることも。

高《たか》さ20〜30㎝の津波《つなみ》でも人《ひと》が流《なが》される危《き》険《けん》があり、1mの津波《つなみ》に巻《ま》き込《こ》まれるとほぼ助《たす》かりません。1〜2mの津波《つなみ》では木造《もくぞう》の家《いえ》も壊《こわ》れます。**津波《つなみ》を見《み》てからの避難《ひなん》では間《ま》に合《あ》わない**ので、津波警報《つなみけいほう》が出《で》たら少《すこ》しでも早《はや》く逃《に》げる必要《ひつよう》があるのです。

防災《ぼうさい》の豆知識《まめちしき》

2011年《ねん》3月《がつ》11日《にち》の平成《へいせい》23年東北地方太平洋沖地震《ねんとうほくちほうたいへいようおきじしん》による津波《つなみ》では、岩手《いわて》県大船渡市《けんおおふなとし》の綾里湾《りょうりわん》で局所的《きょくしょてき》に40.1mの遡上高《そじょうこう》(海岸《かいがん》から内陸《ないりく》へ津波《つなみ》がかけ上《あ》がった高《たか》さ)が観測《かんそく》されました。これは日本《にほん》で記録《きろく》された最大《さいだい》の津波《つなみ》です。

津波《つなみ》と高波《たかなみ》の違《ちが》い

津波《つなみ》

高波《たかなみ》

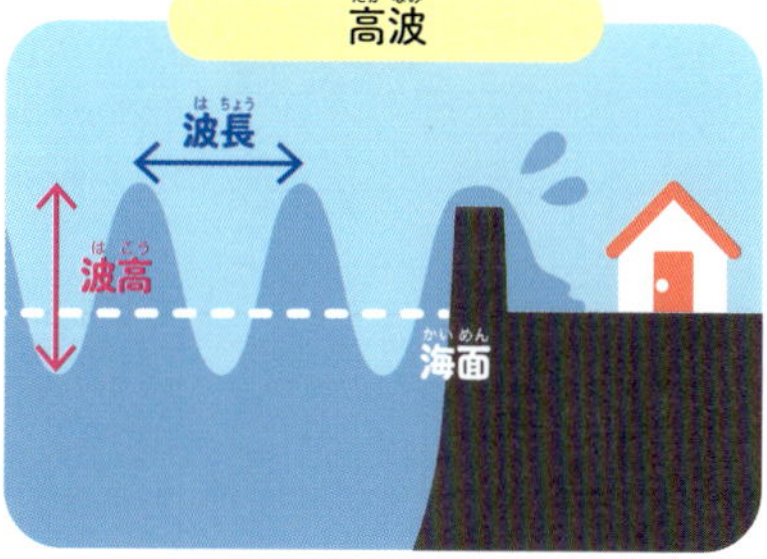

津波《つなみ》のしくみ

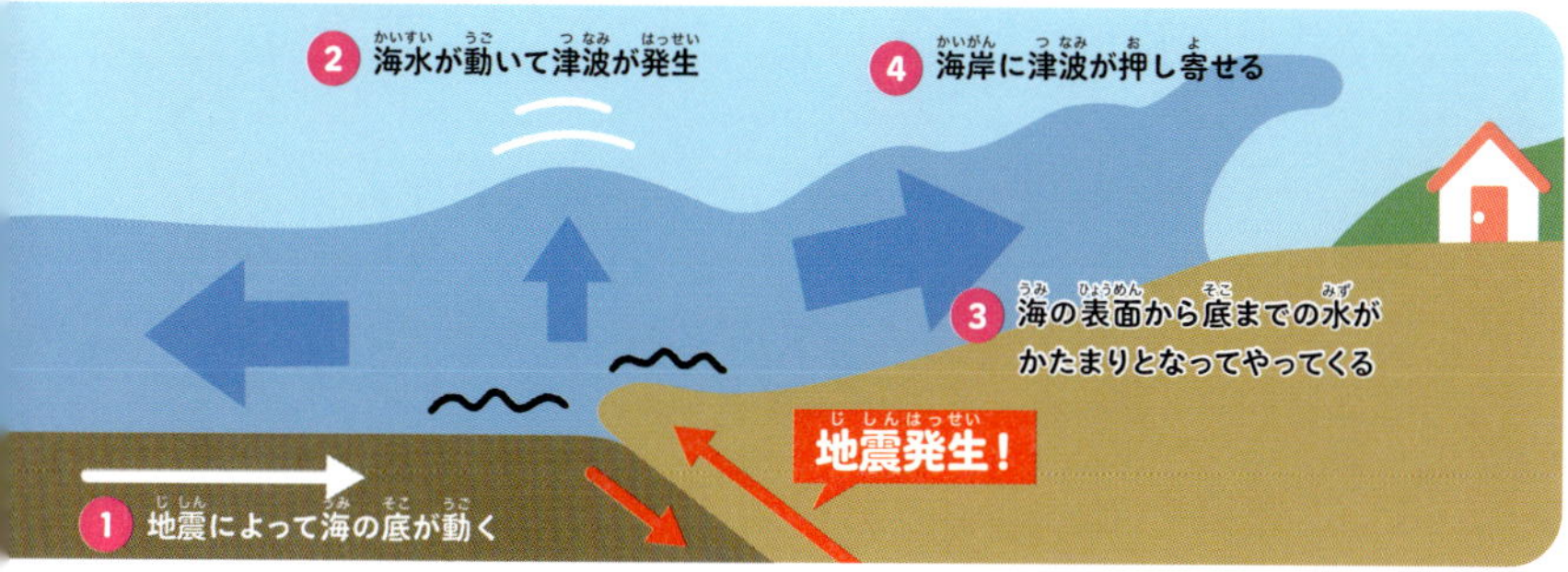

津波《つなみ》の高《たか》さと影響《えいきょう》

人《ひと》への影響《えいきょう》

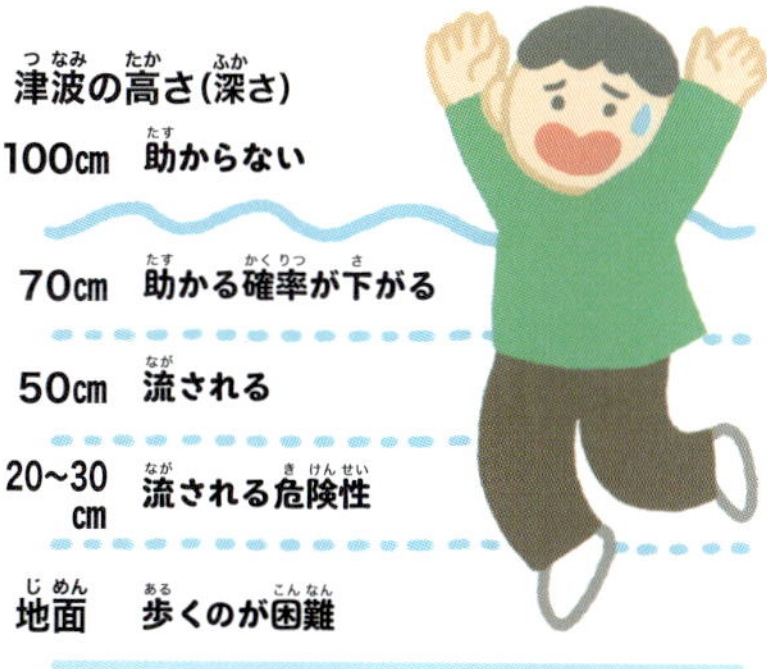

※気象庁ウェブサイトなどを参考に作成

建物《たてもの》への影響《えいきょう》

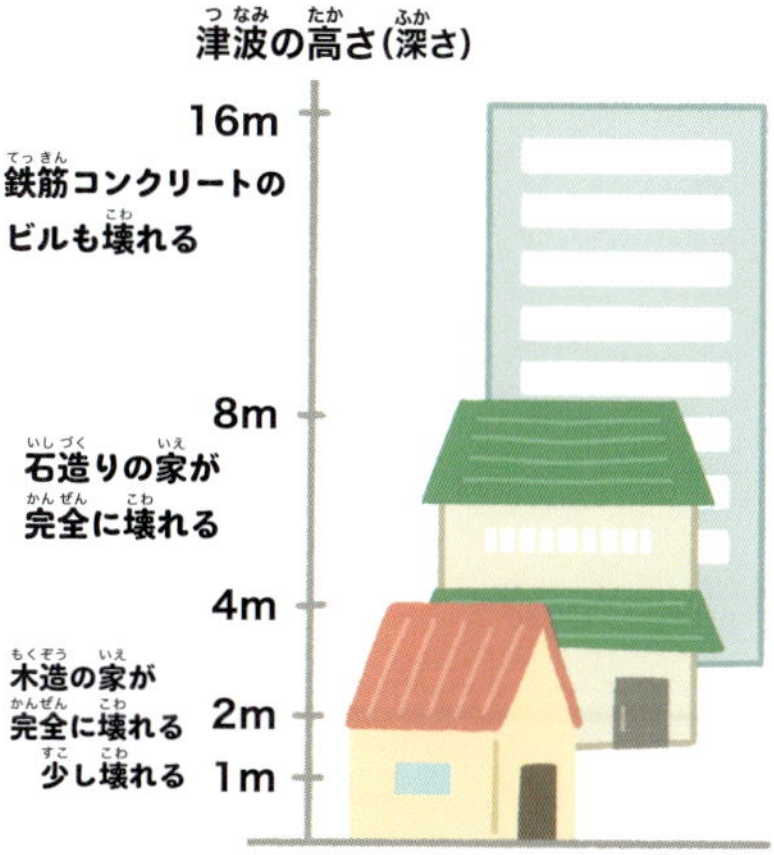

33 津波《つなみ》がくる前《まえ》にとにかく高《たか》いところにすぐに逃《に》げる！

海《うみ》の近《ちか》くに住《す》む人《ひと》、海《うみ》に遊《あそ》びに行《い》くことのある人《ひと》に知《し》ってほしいことがあります。海《うみ》の近《ちか》くで強《つよ》い揺《ゆ》れを感《かん》じたとき、揺《ゆ》れが弱《よわ》くても長《なが》い揺《ゆ》れを感《かん》じたとき、大津波警報《おおつなみけいほう》・津波警報《つなみけいほう》が発表《はっぴょう》されたときは、**安全《あんぜん》な高《たか》いところにすぐに逃《に》げてください。**

地震《じしん》による津波《つなみ》が発生《はっせい》すると、海岸《かいがん》には早《はや》くて数分《すうふん》で高《たか》い津波《つなみ》がやってくる危険《きけん》があります。津波注意《つなみちゅうい》の標識《ひょうしき》がある場所《ばしょ》は危険《きけん》です。すぐに安全《あんぜん》な高台《たかだい》や津波避難場所《つなみひなんばしょ》、津波避難《つなみひなん》ビルに避難《ひなん》を。**遠《とお》くではなく近《ちか》くの高《たか》い場所《ばしょ》へ**逃《に》げましょう。津波《つなみ》は川《かわ》をさかのぼるので、川《かわ》からも離《はな》れてください。車《くるま》では渋滞《じゅうたい》や道路被害《どうろひがい》で身動《みうご》きがとれなくなるおそれがあるので、徒歩《とほ》での避難《ひなん》を。海《うみ》で津波《つなみ》フラッグを見《み》たら即避難《そくひなん》！

大津波警報《おおつなみけいほう》・津波警報発表時《つなみけいほうはっぴょうじ》には、**絶対《ぜったい》に海《うみ》の様子《ようす》を見《み》に行《い》ってはいけません。**ほかの人《ひと》が逃《に》げないからといって、その場《ば》にとどまると命《いのち》を落《お》とします。自分《じぶん》の命《いのち》を守《まも》るために、安全《あんぜん》な高《たか》い場所《ばしょ》へなりふりかまわず逃《に》げることが大切《たいせつ》です。

防災《ぼうさい》の豆知識《まめちしき》

津波《つなみ》の速《はや》さは海《うみ》の深《ふか》さに関係《かんけい》し、水深《すいしん》5000mなら時速約《じそくやく》800kmとジェット機並《きな》み、水深《すいしん》10mで時速《じそく》36kmとオリンピックの陸上選手並《りくじょうせんしゅな》みの速《はや》さです。海岸近《かいがんちか》くでも十分速《じゅうぶんはや》いので、津波《つなみ》を見《み》てからの避難《ひなん》では逃《に》げ切《き》れません。

安全《あんぜん》な「高《たか》い」ところにすぐに逃《に》げる

「津波避難場所《つなみひなんばしょ》」を目指《めざ》して逃《に》げる

津波避難場所標識《つなみひなんばしょひょうしき》

▶ とくに初《はじ》めて訪《おとず》れる観光地《かんこうち》などでは、どこに逃《に》げる場所《ばしょ》があるのか確認《かくにん》を。

津波注意《つなみちゅうい》

JIS Z8210-6.3.9

津波避難場所《つなみひなんばしょ》

JISZ 8210-6.1.6

津波避難《つなみひなん》ビル

JISZ 8210-6.1.7

川《かわ》から離《はな》れる

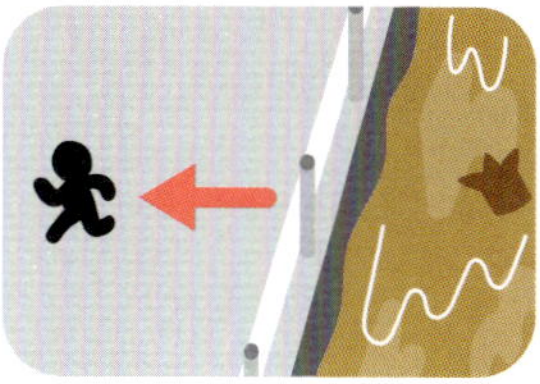

▲ 海《うみ》から離《はな》れていても川《かわ》から津波《つなみ》がくることも。川《かわ》の流《なが》れに対《たい》して直角《ちょっかく》の方向《ほうこう》にすばやく避難《ひなん》！

なるべく徒歩《とほ》で逃《に》げる

▲ 渋滞《じゅうたい》や道路《どうろ》被害《ひがい》で車《くるま》では進《すす》めないことも。徒歩《とほ》でとにかく高所《こうしょ》へ。

津波《つなみ》フラッグを確認《かくにん》

▲ 津波警報《つなみけいほう》などが発表《はっぴょう》されたらこれで合図《あいず》される海岸《かいがん》もある。見《み》たらすぐに海《うみ》から離《はな》れて避難《ひなん》！

34

命《いのち》を守《まも》るために！津波《つなみ》の情報《じょうほう》の使《つか》い方《かた》と備《そな》え方《かた》

津波《つなみ》は人命《じんめい》を脅《おびや》かす、極《きわ》めて危険《きけん》な現象《げんしょう》です。命《いのち》を守《まも》るために、津波情報《つなみじょうほう》の使《つか》い方《かた》と、日《ひ》ごろからの備《そな》え方《かた》を改《あらた》めて一緒《いっしょ》に確《かく》認《にん》しておきましょう。

地震発生後《じしんはっせいご》、予想《よそう》される津波《つなみ》の高《たか》さによって情報《じょうほう》が発表《はっぴょう》されます。津波《つなみ》の高《たか》さが20㎝〜１ｍでは**津波注意報**《つなみちゅういほう》が発表《はっぴょう》されます。海《うみ》のなかにいる人《ひと》はすぐに海《うみ》から上《あ》がり、海岸《かいがん》から離《はな》れてください。注意報《ちゅういほう》が解《かい》除《じょ》されるまでは海岸《かいがん》に近《ちか》づかないこと。津《つ》波《なみ》の高《たか》さが１〜３ｍで**津波警報**《つなみけいほう》、３ｍ超《ちょう》で**大津波警報**《おおつなみけいほう》が発表《はっぴょう》されます。沿岸部《えんがんぶ》や川沿《かわぞ》いにいる人《ひと》はすぐに高台《たかだい》や津波避難《つなみひなん》ビルなどに避難《ひなん》してください（Ｐ82）。

津波《つなみ》にも**ハザードマップ**があります。国《こく》土交通省《どこうつうしょう》「重《かさ》ねるハザードマップ」で、津《つ》波《なみ》による浸水《しんすい》の範囲《はんい》や避難場所《ひなんばしょ》を確認《かくにん》しておきましょう。地域《ちいき》の海抜表示板《かいばつひょうじばん》などで自《じ》宅《たく》や学校《がっこう》・職場《しょくば》の標高《ひょうこう》を調《しら》べ、避難場所《ひなんばしょ》への経路《けいろ》を確認《かくにん》するのも有効《ゆうこう》。地震《じしん》や津波《つなみ》はいつ起《お》こるかわかりません。いざというときのために、備《そな》えておいてください。

防災《ぼうさい》の豆知識《まめちしき》

スマホで国土地理院《こくどちりいん》ウェブサイト「地理院地図《ちりいんちず》」にアクセスすると、その場《ば》所《しょ》の標高《ひょうこう》を調《しら》べることができます。ほかにもGoogle Earth《グーグルアース》で現在地《げんざいち》の標高《ひょうこう》がわかります。旅行先《りょこうさき》などで標高《ひょうこう》を確認《かくにん》すると、津波《つなみ》に備《そな》えやすくなります。

津波警報《つなみけいほう》ととるべき行動《こうどう》

※気象庁ウェブサイトをもとに作成

種別《しゅべつ》	予想《よそう》される津波《つなみ》の高《たか》さ 数値《すうち》での発表《はっぴょう》（発表基準《はっぴょうきじゅん》）	予想《よそう》される津波《つなみ》の高《たか》さ 巨大地震《きょだいじしん》の場合《ばあい》の表現《ひょうげん》	とるべき行動《こうどう》	想定《そうてい》される被害《ひがい》
大津波警報《おおつなみけいほう》	10m超《ちょう》（10m<高《たか》さ）	巨大《きょだい》	**沿岸部《えんがんぶ》や川沿《かわぞ》いにいる人《ひと》はすぐに高台《たかだい》や避難《ひなん》ビルなど安全《あんぜん》な場所《ばしょ》へ避難《ひなん》。** 津波《つなみ》は繰《く》り返《かえ》しやってくるので、津《つ》波警報《なみけいほう》が解除《かいじょ》されるまで安全《あんぜん》な場《ば》所《しょ》にいよう。 **ここなら安心《あんしん》と思《おも》わず、より高《たか》い場所《ばしょ》を目指《めざ》して避難《ひなん》を。**	木造家屋《もくぞうかおく》が全壊《ぜんかい》・流失《りゅうしつ》し、人《ひと》は津波《つなみ》に巻《ま》き込《こ》まれる。 
	10m（5m<高《たか》さ≦10m）			
	5m（3m<高《たか》さ≦5m）			
津波警報《つなみけいほう》	3m（1m<高《たか》さ≦3m）	高《たか》い		低地《ていち》は津波《つなみ》で浸水《しんすい》。人《ひと》は津波《つなみ》に巻《ま》き込《こ》まれる。 
津波注意報《つなみちゅういほう》	1m（20cm≦高《たか》さ≦1m）	表記《ひょうき》しない	**海《うみ》のなかにいる人《ひと》はすぐに海《うみ》から上《あ》がって海岸《かいがん》から離《はな》れよう。** 津波注意報《つなみちゅういほう》が解除《かいじょ》されるまで海《うみ》に入《はい》ったり海岸《かいがん》に近《ちか》づいたりしないで。 	海《うみ》のなかでは人《ひと》は速《はや》い流《なが》れに巻《ま》き込《こ》まれる。小型船舶《こがたせんぱく》が転覆《てんぷく》。 

津波《つなみ》ハザードマップをチェック

▶ 津波《つなみ》で浸水《しんすい》が予想《よそう》される範囲《はんい》や指定緊急避難場所《していきんきゅうひなんばしょ》を確認《かくにん》できる。

重《かさ》ねるハザードマップ 検索《けんさく》

自治体作成《じちたいさくせい》のハザードマップとあわせて確認《かくにん》しよう！

35

火山《かざん》噴火《ふんか》にも警報《けいほう》がある！ 噴火《ふんか》で何《なに》が起《お》こる？

日本《にほん》には111か所《しょ》もの**活火山《かっかざん》**があります。これは過去《かこ》1万年以内《まんねんいない》に噴火《ふんか》した火山《かざん》か、現在活動《げんざいかつどう》が活発《かっぱつ》な火山《かざん》のこと。気象庁《きしょうちょう》は活火山《かっかざん》を対象《たいしょう》に観測《かんそく》・監視《かんし》を行《おこな》い、噴火警報《ふんかけいほう》・予報《よほう》を発表《はっぴょう》しています。

火山活動《かざんかつどう》があまり活発《かっぱつ》でない場合《ばあい》などには、**噴火予報《ふんかよほう》**が発表《はっぴょう》されます。火山噴火《かざんふんか》に伴《ともな》う危険《きけん》な火山現象《かざんげんしょう》の発生《はっせい》や、その危険《きけん》が及《およ》ぶ範囲《はんい》が広《ひろ》がりそうな場合《ばあい》には、警戒《けいかい》が必要《ひつよう》な範囲《はんい》（火口周辺《かこうしゅうへん》／居住地域《きょじゅうちいき》）を明記《めいき》して**噴火警報《ふんかけいほう》**が発表《はっぴょう》されます。このうち居住《きょじゅう》地域《ちいき》を対象《たいしょう》とした噴火警報《ふんかけいほう》は**特別警報《とくべつけいほう》**に位《い》置《ち》付《づ》けられており、避難《ひなん》が必要《ひつよう》です。

火山噴火《かざんふんか》に伴《ともな》う**火山現象《かざんげんしょう》**は様々《さまざま》です。大《おお》きな噴石《ふんせき》だけでなく小《ちい》さな噴石《ふんせき》でもあたると死傷《ししょう》することがあり、火山《かざん》の噴出物《ふんしゅつぶつ》が流《なが》れ下《くだ》る火砕流《かさいりゅう》も極《きわ》めて危険《きけん》。火山灰《かざんばい》や土砂《どしゃ》などが雨《あめ》や雪解《ゆきど》け水《みず》と混《ま》ざって流《なが》れ下《くだ》る火《か》山泥流《ざんでいりゅう》や土石流《どせきりゅう》も大規模《だいきぼ》な被害《ひがい》の原因《げんいん》に。火山《かざん》ガス、降灰《こうはい》、溶岩流《ようがんりゅう》もあります。

活火山《かっかざん》ごとに性格《せいかく》が違《ちが》うので、気《き》になる火山《かざん》を探《さが》して特徴《とくちょう》を調《しら》べてみましょう。

防災《ぼうさい》の豆知識《まめちしき》

火山噴火《かざんふんか》は地下《ちか》のマグマなどが地表《ちひょう》に噴《ふ》き出《で》る現象《げんしょう》で、地震《じしん》も一緒《いっしょ》に発生《はっせい》することがあります。1792年《ねん》には雲仙岳眉山《うんぜんだけまゆやま》で噴火《ふんか》に伴《ともな》って山《やま》がくずれて津波《つなみ》が発生《はっせい》し、「島原大変肥後迷惑《しまばらたいへんひごめいわく》」といわれる大規模被害《だいきぼひがい》に。

噴火警報《ふんかけいほう》の種類《しゅるい》

▼ 水害《すいがい》では警戒《けいかい》レベル3で高齢者等避難《こうれいしゃとうひなん》だが、噴火警戒《ふんかけいかい》レベルでは4なので間違《まちが》えないように注意《ちゅうい》。

種別《しゅべつ》	名称《めいしょう》	噴火警戒《ふんかけいかい》レベルとキーワード		登山者《とざんしゃ》・住民等《じゅうみんとう》への影響《えいきょう》
特《とく》別《べつ》警《けい》報《ほう》	噴火警報《ふんかけいほう》（居住地域《きょじゅうちいき》）または噴火警報《ふんかけいほう》	レベル5	避難《ひなん》	危険《きけん》な居住地域《きょじゅうちいき》からの避難《ひなん》などが必要《ひつよう》
		レベル4	高齢者等《こうれいしゃとう》避難《ひなん》	警戒《けいかい》が必要《ひつよう》な居住地域《きょじゅうちいき》での高齢者等《こうれいしゃとう》の要配慮者《ようはいりょしゃ》の避難《ひなん》、住民《じゅうみん》の避難準備《ひなんじゅんび》などが必要《ひつよう》
警《けい》報《ほう》	噴火警報《ふんかけいほう》（火口周辺《かこうしゅうへん》）または火口周辺《かこうしゅうへん》警報《けいほう》	レベル3	入山規制《にゅうざんきせい》	登山禁止《とざんきんし》・入山規制《にゅうざんきせい》など、危《き》険《けん》な地域《ちいき》への立《た》ち入《い》り規制《きせい》
		レベル2	火口周辺《かこうしゅうへん》規制《きせい》	火口周辺《かこうしゅうへん》への立《た》ち入《い》り規制《きせい》
予《よ》報《ほう》	噴火予報《ふんかよほう》	レベル1	活火山《かっかざん》であることに留意《りゅうい》	状況《じょうきょう》に応《おう》じて火口内《かこうない》への立《た》ち入《い》り規制《きせい》

※気象庁ウェブサイト／『防災アクションガイド』を参考に作成

災害《さいがい》をもたらす火山現象《かざんげんしょう》

36

ガラス混《ま》じりの灰《はい》が降《ふ》る!? 「降灰《こうはい》」への備《そな》えと対策《たいさく》

火山噴火《かざんふんか》では、マグマや岩石《がんせき》が細《こま》かく砕《くだ》けて火山灰《かざんばい》となり、地上《ちじょう》に降《ふ》る降灰《こうはい》が起《お》こります。これ、かなり危険《きけん》な現象《げんしょう》なのです。

降灰《こうはい》は岩石《がんせき》やガラスなどの粉《こな》が混《ま》ざっており、目《め》や鼻《はな》、のど、肌《はだ》に影響《えいきょう》するおそれがあります。降灰時《こうはいじ》には建物内《たてものない》で安全《あんぜん》に過《す》ごし、外出時《がいしゅつじ》は防塵《ぼうじん》マスクやゴーグル、長《なが》袖《そで》、帽子《ぼうし》を着用《ちゃくよう》して身《み》を守《まも》りましょう。自《じ》動車《どうしゃ》やエアコンの室外機《しつがいき》にも影響《えいきょう》するのでカバーをかけると安心《あんしん》。降灰《こうはい》が予想《よそう》されると気象庁《きしょうちょう》が**降灰予報《こうはいよほう》**を発表《はっぴょう》します。降灰量《こうはいりょう》によって対策《たいさく》は変《か》わり、多量《たりょう》に降《ふ》るときには外出《がいしゅつ》や運転《うんてん》を控《ひか》えましょう。

また、住《す》まいの地域《ちいき》に降灰予報《こうはいよほう》が出《で》た場《ば》合《あい》、降灰前《こうはいまえ》に排水溝《はいすいこう》の掃除《そうじ》やドアや窓《まど》を閉《し》めるなど備《そな》えが必要《ひつよう》です。降灰後《こうはいご》には、屋《おく》外《がい》を十分《じゅうぶん》に清掃《せいそう》してから換気《かんき》して屋内《おくない》を掃《そう》除機《じき》で清掃《せいそう》しましょう。ぬれた布《ぬの》などで拭《ふ》く場合《ばあい》、家具《かぐ》に傷《きず》がつかないよう注意《ちゅうい》。火《か》山灰《ざんばい》は丈夫《じょうぶ》な袋《ふくろ》に入《い》れて自治体《じちたい》の指示《しじ》に従《したが》って処分《しょぶん》を。備《そな》えと対策《たいさく》を確認《かくにん》して、火《か》山《ざん》とうまく付《つ》き合《あ》いましょう。

防災《ぼうさい》の豆知識《まめちしき》

鹿児島県桜島《かごしまけんさくらじま》は活火山《かっかざん》で、噴火《ふんか》や降灰《こうはい》を多《おお》く経験《けいけん》しています。水《みず》はけの良《よ》い地質《ちしつ》を活《い》かしてお茶《ちゃ》や桜島小《さくらじまこ》みかんを栽培《さいばい》したり、火山灰《かざんばい》で陶芸《とうげい》や魚《さかな》の灰干《はいぼ》し、溶岩《ようがん》で焼《や》き肉《にく》プレートをつくったり、資源《しげん》としても活用《かつよう》しています。

気象庁《きしょうちょう》 監視《かんし》カメラ　検索《けんさく》

今《いま》の火山《かざん》が
どうなっているのか
わかる！

降灰予報《こうはいよほう》　検索《けんさく》

▲ 火山《かざん》ごとに降灰《こうはい》の影響範囲《えいきょうはんい》を見《み》られる。

降灰予報《こうはいよほう》で使用《しよう》する降灰量階級《こうはいりょうかいきゅう》

区分《くぶん》	厚《あつ》さ	対策《たいさく》
多量《たりょう》	1㎜以上《いじょう》	外出《がいしゅつ》や運転《うんてん》を控《ひか》えて交通《こうつう》ライフラインへの影響《えいきょう》に注意《ちゅうい》
やや多量《たりょう》	0.1～1㎜	防塵《ぼうじん》マスクで身《み》を守《まも》ろう
少量《しょうりょう》	0.1㎜未満《みまん》	自宅《じたく》の窓《まど》を閉《し》める

多量《たりょう》

見通《みとお》しが悪《わる》くなるため、交《こう》通《つう》への影響《えいきょう》に十分注意《じゅうぶんちゅうい》。

やや多量《たりょう》

屋外《おくがい》だと傘《かさ》が必要《ひつよう》。必《かなら》ず防塵《ぼうじん》マスクを着用《ちゃくよう》。

少量《しょうりょう》

灰《はい》が目《め》に入《はい》らないように注意《ちゅうい》。

降灰前《こうはいまえ》の備《そな》え

- □ ドアや窓《まど》を閉《し》める
- □ 室外機《しつがいき》や車《くるま》などにカバーをかける
- □ 排水溝《はいすいこう》を掃除《そうじ》する
- □ 水《みず》や食料《しょくりょう》など自宅《じたく》の備《び》蓄《ちく》を確認《かくにん》

降灰時《こうはいじ》の対策《たいさく》

- □ 建物内《たてものない》で安全《あんぜん》に過《す》ごす
- □ 洗濯物《せんたくもの》は屋内《おくない》干《ぼ》しに
- □ 外出時《がいしゅつじ》はマスクやゴーグル、長袖《ながそで》、帽子《ぼうし》などを着用《ちゃくよう》
- □ コンタクトレンズは外《はず》す

降灰後《こうはいご》の清掃方法《せいそうほうほう》

- □ 屋外《おくがい》を十分清掃《じゅうぶんせいそう》してから、換気《かんき》をして屋内《おくない》を掃除機《そうじき》で清掃《せいそう》
- □ 排水溝《はいすいこう》には灰《はい》を流《なが》さない
- □ 自治体《じちたい》の指示《しじ》に従《したが》って灰《はい》を処分《しょぶん》

※気象庁ウェブサイト／『防災アクションガイド』を参考に作成

37

もしも富士山《ふじさん》が噴火《ふんか》したらどうなる？

じつは**富士山《ふじさん》**も活火山《かっかざん》のひとつです。もし富士山《ふじさん》が噴火《ふんか》したらどうなるでしょうか。

富士山《ふじさん》は直近《ちょっきん》だと1707年《ねん》（宝永《ほうえい》4年《ねん》）に大噴火《だいふんか》があり、現在《げんざい》の東京都《とうきょうと》や千葉県《ちばけん》まで降灰《こうはい》がありました。富士山《ふじさん》はいつ噴火《ふんか》するか予測《よそく》が難《むずか》しく、**宝永大噴火《ほうえいだいふんか》**に準《じゅん》じたハザードマップが作成《さくせい》されています。それによると、宝永大噴火《ほうえいだいふんか》と同程度《どうていど》の規模《きぼ》の噴《ふん》火《か》が起《お》こった場合《ばあい》、**東京都心《とうきょうとしん》を含《ふく》め2㎝以《い》上《じょう》の降灰《こうはい》が想定《そうてい》**されています。噴火《ふんか》の規模《きぼ》や風向《かざむ》きなどによって変《か》わるものの、富士《ふじ》山《さん》に近《ちか》いと50㎝以上《いじょう》の降灰《こうはい》の想定《そうてい》も。

このような降灰《こうはい》が起《お》こると、首都圏《しゅとけん》では鉄道《てつどう》や航空《こうくう》に影響《えいきょう》し、運行《うんこう》・運航《うんこう》の見合《みあ》わせや滑走路《かっそうろ》が閉鎖《へいさ》されます。また、火力発《かりょくはつ》電《でん》ができずに停電《ていでん》が多発《たはつ》し、長期《ちょうき》の停電《ていでん》が発生《はっせい》。水質悪化《すいしつあっか》のため広域《こういき》で断水《だんすい》の可能性《かのうせい》も。物流《ぶつりゅう》は混乱《こんらん》して生活物資《せいかつぶっし》や食料《しょくりょう》が不足《ふそく》して孤立《こりつ》が発生《はっせい》し、灰《はい》の除去《じょきょ》に時間《じかん》がかかるため都市《とし》の機能《きのう》が停止《ていし》して経済活動《けいざいかつどう》も止《と》まります。もしものときに備《そな》えて、降灰対《こうはいたい》策《さく》について考《かんが》えてみてください。

防災《ぼうさい》の豆知識《まめちしき》

大規模噴火発生時《だいきぼふんかはっせいじ》、成層圏《せいそうけん》に達《たっ》した噴出物《ふんしゅつぶつ》が長期間落下《ちょうきかんらっか》せず、太陽光《たいようこう》を散乱《さんらん》して地上気温《ちじょうきおん》が下《さ》がることも（日傘効果《ひがさこうか》）。1991年《ねん》のピナツボ火山《かざん》噴火《ふんか》では地球《ちきゅう》の気温《きおん》が約《やく》0.5℃低下《ていか》、日本《にほん》で冷害《れいがい》が起《お》こって米不足《こめぶそく》に。

想定《そうてい》される降灰《こうはい》の影響範囲《えいきょうはんい》

※内閣府『富士山ハザードマップ検討委員会報告書』をもとに作成。

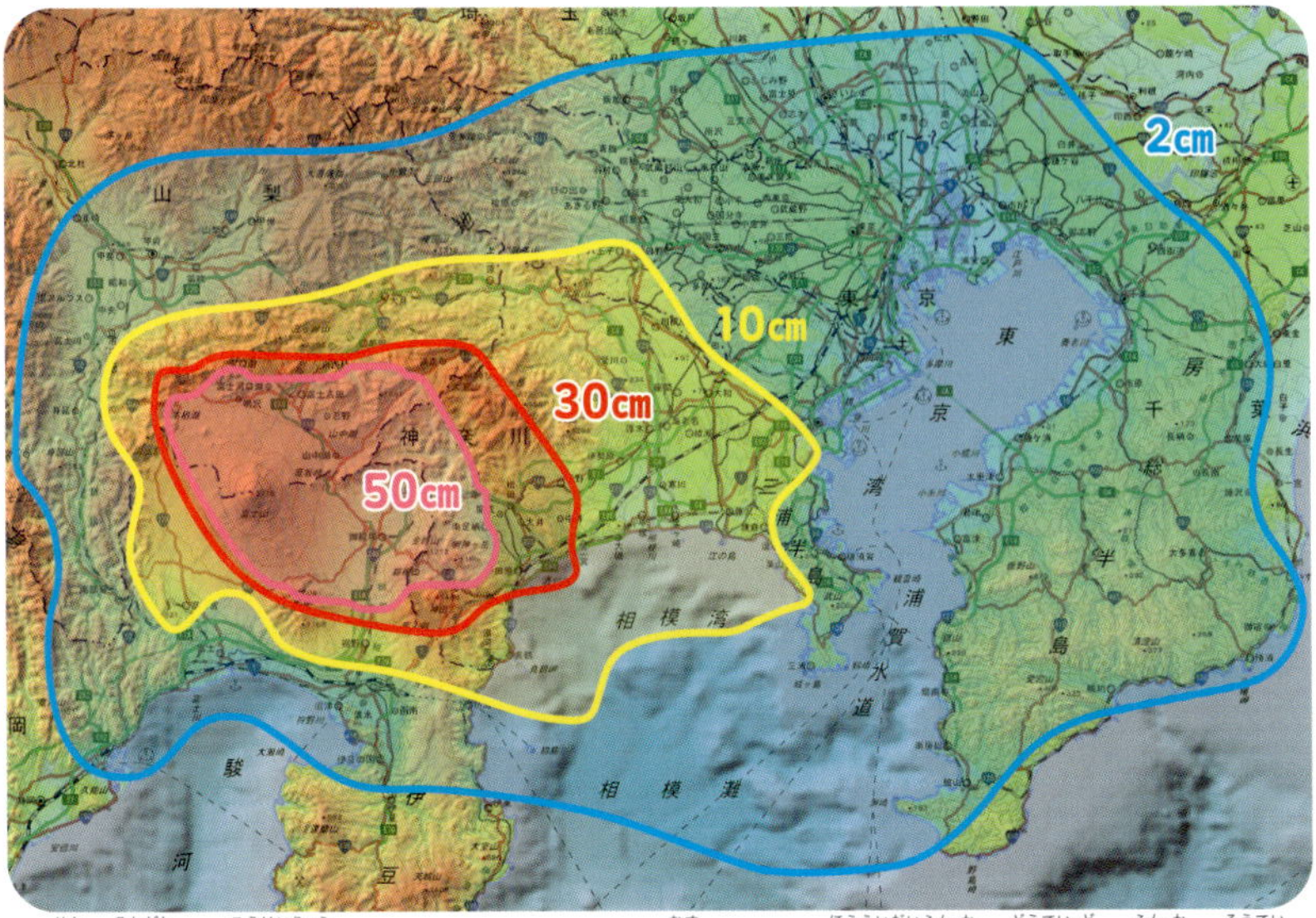

▲ 線《せん》は外側《そとがわ》から降灰量《こうはいりょう》2cm、10cm、30cm、50cmを結《むす》んだもの。宝永大噴火《ほうえいだいふんか》と同程度《どうていど》の噴火《ふんか》を想定《そうてい》。一度《いちど》の噴火《ふんか》でここに塗《ぬ》られた範囲《はんい》のすべてに降灰《こうはい》が広《ひろ》がるわけではない。

首都圏《しゅとけん》で起《お》こりうること

鉄道《てつどう》や航空《こうくう》の影響《えいきょう》

降灰量《こうはいりょう》0.5mm以上《いじょう》で運行《うんこう》見合《みあ》わせ

降灰量《こうはいりょう》1mm以上《いじょう》で航路《こうろ》の閉鎖《へいさ》

長期《ちょうき》の停電《ていでん》

火力発電《かりょくはつでん》ができず停電《ていでん》が多発《たはつ》

広域《こういき》で断水《だんすい》

取水制限《しゅすいせいげん》が起《お》こり広域《こういき》で断水《だんすい》

孤立《こりつ》

物流《ぶつりゅう》が混乱《こんらん》、生活物資《せいかつぶっし》や食料《しょくりょう》が不足《ふそく》して孤立《こりつ》

経済活動停止《けいざいかつどうていし》

火山灰《かざんばい》の除去《じょきょ》に時間《じかん》がかかり都市《とし》の機能《きのう》が停止《ていし》

※『防災アクションガイド』を参考に作成

洪水《こうずい》から都市《とし》を守《まも》る「首都圏外郭放水路《しゅとけんがいかくほうすいろ》」

首都圏外郭放水路《しゅとけんがいかくほうすいろ》は、江戸川河川事務所《えどがわかせんじむしょ》が管理《かんり》する、洪水《こうずい》を防《ふせ》ぐために建設《けんせつ》された世界最大級《せかいさいだいきゅう》の地下放水路《ちかほうすいろ》です。

埼玉県《さいたまけん》の東部《とうぶ》にあり、地下約《ちかやく》50mに長《なが》さ6.3㎞のトンネルになっています。中川《なかがわ》、倉松川《くらまつがわ》、大落古利根川《おおおとしふるとねがわ》などの関東《かんとう》の中小河川《ちゅうしょうかせん》が洪水《こうずい》しそうなときに、首都圏外郭放水路《しゅとけんがいかくほうすいろ》を通《とお》して水《みず》の一部《いちぶ》をゆとりのある江戸川《えどがわ》に流《なが》すことで、洪水《こうずい》の被害《ひがい》を防《ふせ》いでいます。部分的《ぶぶんてき》に運用《うんよう》の始《はじ》まった2002年以降《ねんいこう》、中川《なかがわ》・綾瀬川流域《あやせがわりゅういき》の浸水被害《しんすいひがい》が大幅《おおはば》に減《へ》りました。

首都圏外郭放水路《しゅとけんがいかくほうすいろ》は「**防災地下神殿《ぼうさいちかしんでん》**」とも呼《よ》ばれ、地下《ちか》に広《ひろ》がる荘厳《そうごん》な景色《けしき》が人気《にんき》。見学会《けんがくかい》も随時開催《ずいじかいさい》されており、地下神殿《ちかしんでん》である調圧水槽《ちょうあつすいそう》や作業用通路《さぎょうようつうろ》、ポンプ室《しつ》などを見学《けんがく》できます(事前予約制《じぜんよやくせい》・有料《ゆうりょう》)

▲首都圏外郭放水路《しゅとけんがいかくほうすいろ》の様子《ようす》。気象状況《きしょうじょうきょう》によっては施設《しせつ》が稼働《かどう》して、見学会《けんがくかい》が中止《ちゅうし》になることも。

第《だい》3章《しょう》

すごすぎる 日《ひ》ごろの備《そな》え

「備《そな》えあれば憂《うれ》いなし」といわれるように、災《さい》害大国《がいたいこく》の日本《にほん》で生活《せいかつ》している私《わたし》たちは、災害《さいがい》への備《そな》えを十分《じゅうぶん》にしておくと安心《あんしん》です。自宅《じたく》の備蓄《びちく》に防災《ぼうさい》バッグ、停電《ていでん》や断水《だんすい》への備《そな》え、台風対策《たいふうたいさく》、情報《じょうほう》の使《つか》い方《かた》、避難《ひなん》の判断《はんだん》の仕方《しかた》などなど……。ここでは、私《わたし》たちができる日《ひ》ごろの備《そな》えについて取《と》り上《あ》げます。

38

避難所《ひなんじょ》に行《い》くだけが「避難《ひなん》」じゃない

「**避難**《ひなん》」というと避難所《ひなんじょ》に行《い》くことを想像《そうぞう》する人《ひと》が多《おお》いかもしれませんが、避難《ひなん》とは難《なん》を避《さ》けることで、その方法《ほうほう》は様々《さまざま》です。

自宅《じたく》で危険《きけん》がなく、備蓄《びちく》が十分《じゅうぶん》ある場合《ばあい》は、自宅《じたく》にとどまる**在宅避難**《ざいたくひなん》を選《えら》べます。避難所《ひなんじょ》に行《い》く**避難所避難**《ひなんじょひなん》に対《たい》して、在宅避難《ざいたくひなん》ではプライバシーが守《まも》られ、感染症《かんせんしょう》の危険性《きけんせい》が低《ひく》く、寒《さむ》さ・暑《あつ》さ対策《たいさく》をしやすいです。小《ちい》さい子《こ》がいても安心《あんしん》できること、避難所《ひなんじょ》によってはペットの受《う》け入《い》れがないので在宅《ざいたく》ならペットと一緒《いっしょ》にいられること、家《いえ》を留守《るす》にすることによる盗難《とうなん》の被害《ひがい》を防《ふせ》ぎやすいことなどもメリットです。一方《いっぽう》、避難所避難《ひなんじょひなん》では、物資《ぶっし》が手《て》に入《はい》りやすい、自治体《じちたい》や団体《だんたい》の支援《しえん》を受《う》けやすいといったほか、建物《たてもの》が安全《あんぜん》なのもメリット。

避難所《ひなんじょ》で受《う》け入《い》れられる人数《にんずう》には限《かぎ》りがあるため、ほかの自治体《じちたい》へ避難《ひなん》する**広域避難**《こういきひなん》や、安全《あんぜん》な地域《ちいき》の親戚《しんせき》や知人《ちじん》、友人宅《ゆうじんたく》、宿泊施設《しゅくはくしせつ》に避難《ひなん》する選択肢《せんたくし》もあります。どのような避難《ひなん》ができるのか、自分《じぶん》や家族《かぞく》などの状況《じょうきょう》も踏《ふ》まえて考《かんが》えておきましょう。

防災《ぼうさい》の豆知識《まめちしき》

避難所《ひなんじょ》と避難場所《ひなんばしょ》は混同《こんどう》されがちですが、別物《べつもの》です。**避難所**《ひなんじょ》は避難生活《ひなんせいかつ》をおくる場所《ばしょ》、**避難場所**《ひなんばしょ》（指定緊急避難場所《していきんきゅうひなんばしょ》）は命《いのち》に危険《きけん》が迫《せま》っているときに一時的《いちじてき》に避難《ひなん》する場所《ばしょ》のこと。災害《さいがい》の種類《しゅるい》によって避難場所《ひなんばしょ》も様々《さまざま》です。

在宅避難《ざいたくひなん》と避難所避難《ひなんじょひなん》の特徴《とくちょう》

※『防災アクションガイド』をもとに作成

在宅避難《ざいたくひなん》

プライバシーが守《まも》られる

多《おお》くの人《ひと》と一緒《いっしょ》だと精神的《せいしんてき》に負担《ふたん》になることも。

小《ちい》さい子《こ》がいても安心《あんしん》

まわりが気《き》になると在宅《ざいたく》のほうが負担《ふたん》が小《ちい》さい。

感染《かんせん》の危険性《きけんせい》が低《ひく》い

人《ひと》が多《おお》い避難所《ひなんじょ》だと、なんらかの感染症《かんせんしょう》の危険性《きけんせい》。

ペットと一緒《いっしょ》にいられる

ペットは原則一緒《げんそくいっしょ》に避難《ひなん》。避難所《ひなんじょ》では室内《しつない》に入《はい》れないことも。

寒《さむ》さ・暑《あつ》さ対策《たいさく》しやすい

大《おお》きな避難所《ひなんじょ》では温度調整《おんどちょうせい》が十分《じゅうぶん》でないことがある。

家《いえ》を留守《るす》にする心配《しんぱい》がない

災害時《さいがいじ》は盗難《とうなん》などの犯罪《はんざい》も増《ふ》えるので、在宅《ざいたく》だと安心《あんしん》。

避難所避難《ひなんじょひなん》

物資《ぶっし》が集《あつ》まりやすい

物資《ぶっし》は避難所《ひなんじょ》に集《あつ》まりやすいので入手《にゅうしゅ》しやすい。

支援《しえん》を受《う》けやすい

地域《ちいき》や自治体《じちたい》の支援《しえん》を受《う》けやすく、情報《じょうほう》も手《て》に入《はい》りやすい。

建物《たてもの》が安全《あんぜん》

在宅《ざいたく》よりも二次災害《にじさいがい》などに巻《ま》き込《こ》まれにくい。

避難所《ひなんじょ》と避難場所《ひなんばしょ》の違《ちが》いと図記号《ずきごう》

JIS Z8210-6.1.5

避難所《ひなんじょ》

避難生活《ひなんせいかつ》をおくる場所《ばしょ》。学校《がっこう》や公民館《こうみんかん》など。

高潮《たかしお》・津波《つなみ》

JISZ 8210-6.1.6

JISZ 8210-6.1.7

土石流《どせきりゅう》・洪水《こうずい》など

JISZ 8210-6.1.4

避難場所《ひなんばしょ》（指定緊急避難場所《していきんきゅうひなんばしょ》）

命《いのち》の危険《きけん》が迫《せま》っているときに一時的《いちじてき》に避難《ひなん》する場所《ばしょ》。公園《こうえん》や高層《こうそう》ビル、高台《たかだい》など。

39 自分《じぶん》にあった避難《ひなん》を考《かんが》えよう

災害《さいがい》が間近《まぢか》に迫《せま》って「早《はや》く避難《ひなん》しないと！　でもどうしたらいいの？」とならないように、穏《おだ》やかな天気《てんき》のときにこそ**自分《じぶん》にあった避難《ひなん》**について考《かんが》えてみてください。

まず確認《かくにん》したいのが、住《す》まいの水害《すいがい》の危《き》険性《けんせい》です。国土交通省《こくどこうつうしょう》「重《かさ》ねるハザードマップ」などで浸水《しんすい》や土砂災害《どしゃさいがい》の危険性《きけんせい》を確認《かくにん》できます。次《つぎ》に、家《いえ》が高層住宅《こうそうじゅうたく》か一軒《いっけん》家《や》かで、浸水時《しんすいじ》に安全《あんぜん》かなども検討《けんとう》できます。家族《かぞく》にケガ人《にん》や高齢者《こうれいしゃ》などがいるか、避難所以外《ひなんじょいがい》にも親戚《しんせき》や知人宅《ちじんたく》、宿泊施設《しゅくはくしせつ》などの安全《あんぜん》な避難先《ひなんさき》はあるか、家《いえ》に備蓄《びちく》はあるか、自分《じぶん》たちだけで不安《ふあん》にならないか、ペットと一緒《いっしょ》に避難《ひなん》できるかなどを踏《ふ》まえて、どこに避難《ひなん》するかと避難経路《ひなんけいろ》を考《かんが》えます。その上《うえ》で、いつから危険《きけん》な状況《じょうきょう》になりそうか気象情報《きしょうじょうほう》を確認《かくにん》し、避難《ひなん》のタイミングを検討《けんとう》すると良《よ》さそうです。

日《ひ》ごろから防災《ぼうさい》バッグの点検《てんけん》をしておくことも大切《たいせつ》。これを読《よ》んだみなさんは、ぜひ一度《いちど》家族《かぞく》や友達《ともだち》と一緒《いっしょ》に、どのような避《ひ》難《なん》が良《よ》いかを話《はな》し合《あ》ってみてください。

防災《ぼうさい》の豆知識《まめちしき》

避難経験《ひなんけいけん》のない人《ひと》もいると思《おも》いますが、練習《れんしゅう》していないことは本番《ほんばん》ではできません。住《す》まいに被害《ひがい》は全然《ぜんぜん》なさそうだけど大雨《おおあめ》の予報《よほう》のとき、在宅避難《ざいたくひなん》の確認《かくにん》や、より安全《あんぜん》な親戚宅《しんせきたく》や宿泊施設《しゅくはくしせつ》などに**練習避難《れんしゅうひなん》**してみませんか？

避難《ひなん》のために確認《かくにん》しておくこと

□ 住《す》まいに危険《きけん》はあるか

ハザードマップで自宅《じたく》の地域《ちいき》に水害《すいがい》の危険《きけん》があるかを確認《かくにん》しよう。

P114

□ 家《いえ》のタイプ

上層階《じょうそうかい》に避難《ひなん》できるか、高層住宅《こうそうじゅうたく》は停電《ていでん》したら移動《いどう》に困《こま》らないかなどを確認《かくにん》。

□ 自分《じぶん》や家族《かぞく》の特性《とくせい》

小《ちい》さな子《こ》どもやケガ人《にん》、妊婦《にんぷ》、高齢者《こうれいしゃ》、病気《びょうき》や障《しょう》がいのある人《ひと》がいたら、どこが安全《あんぜん》か考《かんが》えよう。

□ 安全《あんぜん》な場所《ばしょ》を避難先《ひなんさき》に

自宅《じたく》が危険《きけん》な場合《ばあい》、安全《あんぜん》な場所《ばしょ》の親戚《しんせき》や知人宅《ちじんたく》、宿泊施設《しゅくはくしせつ》なども避難先《ひなんさき》の候補《こうほ》に。

□ 備蓄《びちく》の充実度《じゅうじつど》

食料《しょくりょう》や水《みず》は最低《さいてい》3日《か》、目安《めやす》は1週間分《しゅうかんぶん》の備蓄《びちく》があると安心《あんしん》。非常用《ひじょうよう》トイレセットなども要確認《ようかくにん》。

P102

□ 心《こころ》の状態《じょうたい》

自分《じぶん》たちだけで不安《ふあん》にならないか、親戚《しんせき》や知人《ちじん》の家《いえ》のほうが不安《ふあん》は小《ちい》さいか確認《かくにん》。

□ ペット

ペットは家族《かぞく》。原則《げんそく》一緒《いっしょ》に避難《ひなん》。地域《ちいき》の避難所《ひなんじょ》の状況《じょうきょう》を確認《かくにん》しよう。食事《しょくじ》やトイレシートなども必要《ひつよう》。

□ 避難《ひなん》のタイミング

いつから危険《きけん》な状況《じょうきょう》になりそうか、最新《さいしん》の情報《じょうほう》をチェック。 P130

※『防災アクションガイド』を参考に作成

40

100円《えん》ショップは防災《ぼうさい》グッズの宝庫《ほうこ》！

「防災用品《ぼうさいようひん》って揃《そろ》えるのが大変《たいへん》そうだし高《たか》そう」と思《おも》われている人《ひと》に朗報《ろうほう》です。**100円《えん》ショップ**にも防災《ぼうさい》グッズがたくさん売《う》られているのです。

たとえば携帯《けいたい》トイレです。車《くるま》やカバンなどにも常備《じょうび》すると安心《あんしん》。停電《ていでん》に備《そな》えてヘッドライトやネックライトと電池《でんち》も入手《にゅうしゅ》できます。飴《あめ》やグミ、ようかんなど、栄養価《えいようか》が高《たか》く長持《ながも》ちするお菓子《かし》も備蓄《びちく》向《む》きです。除《じょ》菌《きん》シートや歯磨《はみが》きシート、マスクやウェットティッシュなどの衛生《えいせい》グッズも、防災《ぼうさい》バッグや普段使《ふだんつか》うカバンに入《い》れて持《も》ち運《はこ》べます。カイロやブランケットなど寒《さむ》さ対策《たいさく》に便利《べんり》なアイテムも豊富《ほうふ》。軍手《ぐんて》なども避難《ひなん》するときに持《も》っていきたいです。救急《きゅうきゅう》セットは普段《ふだん》から使《つか》えますし、給水《きゅうすい》バッグは断《だん》水時《すいじ》にあると安心《あんしん》。そして電池《でんち》なしで太陽《たいよう》光《こう》だけで使《つか》えるソーラーライトは、通常時《つうじょうじ》でも使《つか》えますよね。

これらのほかにも、多《おお》くの便利《べんり》アイテムがあります。実際《じっさい》にお店《みせ》に行《い》って、お気《き》に入《い》りの防災《ぼうさい》グッズを探《さが》してみましょう。

防災《ぼうさい》の豆知識《まめちしき》

100円《えん》ショップの**防災《ぼうさい》グッズは買《か》って満足《まんぞく》せず、実際《じっさい》に使《つか》ってみましょう。**とくにアルミシートは静音《せいおん》のものでないと音《おと》がうるさく避難所《ひなんじょ》で使《つか》えない場合《ばあい》も。使《つか》ってみて満足《まんぞく》できるものなら、備《そな》えとして買《か》い足《た》ししましょう。

100円《えん》ショップのおすすめ防災《ぼうさい》グッズ

携帯《けいたい》トイレ

トイレが使用《しよう》できないときに必要不可欠《ひつようふかけつ》！

ヘッドライトなど

両手《りょうて》が使《つか》えて便利《べんり》。電池《でんち》も用意《ようい》しよう。

飴《あめ》やグミなど

栄養価《えいようか》が高《たか》く長持《ながも》ちするものを選《えら》ぼう。

衛生《えいせい》グッズ

除菌《じょきん》シートや歯磨《はみが》きシートなどで清潔《せいけつ》を保《たも》とう。

圧縮《あっしゅく》タオル

小《ちい》さくまとまっていて持《も》ち運《はこ》びに便利《べんり》。

カイロやブランケット

保温《ほおん》するのにとても役《やく》に立《た》つ。

軍手《ぐんて》

軍手《ぐんて》は重《かさ》ねて使《つか》うのがおすすめ。

ソーラーライト

電池《でんち》なしで太陽光《たいようこう》だけで使《つか》えるので便利《べんり》。

給水《きゅうすい》バッグ

給水所《きゅうすいじょ》から水《みず》を運《はこ》ぶときに使《つか》おう。

救急《きゅうきゅう》セット

ケガをしたときの応急処《おうきゅうしょ》置《ち》に使《つか》おう。

41

防災《ぼうさい》バッグ、何《なに》を入《い》れる？

みなさんは、自宅《じたく》に防災《ぼうさい》バッグを準備《じゅんび》していますか？　災害時《さいがいじ》に持《も》ち出《だ》すときのために、何《なに》があったら便利《べんり》か考《かんが》えてみました。まずは飲料水《いんりょうすい》と食品《しょくひん》です。食品《しょくひん》は塩《しお》や缶《かん》切《き》り不要《ふよう》の魚《さかな》の缶詰《かんづめ》、魚肉《ぎょにく》ソーセージなどがおすすめ。日用品《にちようひん》では筆記用具《ひっきようぐ》やノート、衣類《いるい》、タオル、ゴミ袋《ぶくろ》、スマホ充電器《じゅうでんき》とモバイルバッテリーのほか、避難所《ひなんじょ》で使《つか》うスリッパや耳栓《みみせん》も役立《やくだ》ちます。救急《きゅうきゅう》セットや携帯《けいたい》トイレ、保温《ほおん》シートに雨具《あまぐ》なども要《よう》チェック。避難所《ひなんじょ》で遊《あそ》ぶおもちゃは、トランプや折《お》り紙《がみ》など音《おと》の出《で》ないものを選《えら》びましょう。女性《じょせい》なら生理用品《せいりようひん》、家族構成《かぞくこうせい》によってはおむつなどの乳幼児用品《にゅうようじようひん》なども。

バッグには重《おも》いものを肩《かた》の近《ちか》くの上《うえ》、軽《かる》いものを下《した》に詰《つ》めると持《も》ち運《はこ》びのときに負担《ふたん》が減《へ》ります。避難前《ひなんまえ》にはマイナンバーカードなどを持《も》てるといいですが、緊急時《きんきゅうじ》は避《ひ》難《なん》を優先《ゆうせん》してください。

防災《ぼうさい》バッグには、**自分《じぶん》に必要《ひつよう》なものを選《えら》んで入《い》れましょう**。これを読《よ》んだみなさんは、この機会《きかい》に中身《なかみ》を点検《てんけん》してみて。

防災《ぼうさい》の豆知識《まめちしき》

防災《ぼうさい》ポーチをつくって、普段《ふだん》からカバンに入《い》れて持《も》ち歩《ある》きましょう。セットで売《う》っているもののほか、絆創膏《ばんそうこう》や飴《あめ》など、好《この》みのものを入《い》れればOK《オーケー》。SOS《エスオーエス》カードはぜひ入《い》れてください。友達《ともだち》と見《み》せ合《あ》って、いいものを取《と》り入《い》れよう。

自分《じぶん》に必要《ひつよう》なものを選《えら》んで防災《ぼうさい》バッグに入《い》れよう

生活用品《せいかつようひん》

- □ 筆記用具《ひっきようぐ》
- □ ノート
- □ タオル
- □ スリッパ
- □ 衣類《いるい》　□ 耳栓《みみせん》
- □ 絆創膏《ばんそうこう》・綿棒《めんぼう》
- □ 薬《くすり》　□ 軍手《ぐんて》
- □ 生理用品《せいりようひん》
- □ 防臭袋《ぼうしゅうぶくろ》・消臭袋《しょうしゅうぶくろ》
- □ 救急《きゅうきゅう》セット
- □ 携帯《けいたい》トイレと目隠《めかく》しポンチョ
- □ 予備《よび》のメガネ
- □ ヘッドライト・ネックライト
- □ 懐中電灯《かいちゅうでんとう》　□ 乾電池《かんでんち》
- □ 電池式《でんちしき》の携帯《けいたい》ラジオ
- □ 有線《ゆうせん》のイヤホン
- □ スマホ充電器《じゅうでんき》・ケーブル
- □ モバイルバッテリー
- □ 使《つか》い捨《す》てカイロ
- □ 保温《ほおん》シート
- □ 雨具《あまぐ》　□ ゴミ袋《ぶくろ》
- □ ウェットティッシュ
- □ 歯磨《はみが》きセット
- □ 体温計《たいおんけい》　□ 空気枕《くうきまくら》
- □ 予備《よび》のマスク
- □ 現金《げんきん》（小銭《こぜに》）
- □ 連絡先《れんらくさき》のメモ
- □ 防犯《ぼうはん》ブザー・笛《ふえ》

食品《しょくひん》

- □ 飲料水《いんりょうすい》
- □ 塩《しお》
- □ ふりかけ
- □ 缶切《かんき》り不要《ふよう》の缶詰《かんづめ》
- □ インスタントのみそ汁《しる》
- □ 魚肉《ぎょにく》ソーセージ
- □ するめ

お菓子《かし》

- □ 飴《あめ》　□ グミ
- □ ようかん
- □ ビスケット
- □ キシリトール タブレット

ベビーがいたら 乳幼児用品《にゅうようじようひん》・食品《しょくひん》なども……

※食《た》べ慣《な》れているものを入《い》れよう

避難前《ひなんまえ》に入《い》れるもの

- □ マイナンバーカード
- □ 健康保険証《けんこうほけんしょう》
- □ 身分証明書《みぶんしょうめいしょ》
- □ お薬手帳《くすりてちょう》

⚠ 災害時《さいがいじ》は通帳《つうちょう》や印鑑《いんかん》がなくてもお金《かね》を引《ひ》き出《だ》せます

おもちゃ

- □ 自由帳《じゆうちょう》　□ ペン
- □ 携帯《けいたい》リバーシ（オセロ）
- □ シール帳《ちょう》
- □ 折《お》り紙《がみ》
- □ トランプ

音《おと》の出《で》ないおもちゃを選《えら》ぼう

バッグの詰《つ》め方《かた》

どのくらいの重《おも》さのバッグを持《も》って移動《いどう》できるか、実際《じっさい》に試《ため》してみてね

重《おも》いものを肩《かた》の近《ちか》くの上《うえ》、軽《かる》いものを下《した》にすると、負担《ふたん》が減《へ》る。

普段《ふだん》から防災《ぼうさい》ポーチを持《も》ち歩《ある》こう

ランドセルや習《なら》いごとバッグに入《い》れておこう。セットになって売《う》っているものもあるよ

- □ 防犯《ぼうはん》ブザー
- □ SOS《エスオーエス》カード P116
- □ 携帯《けいたい》トイレ　など

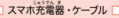

42

好《す》きなものを取《と》り入《い》れた備蓄《びちく》をしよう

在宅避難《ざいたくひなん》をするには、自宅《じたく》での**備蓄《びちく》**が必要不可欠《ひつようふかけつ》です。食料品《しょくりょうひん》や生活用品《せいかつようひん》などを日《ひ》ごろから用意《ようい》しておきましょう。

まず、飲料水《いんりょうすい》・調理用水《ちょうりようすい》は1人《り》1日《にち》3Lあると安心《あんしん》。レトルトのご飯《はん》やカレーなどの食品《しょくひん》、加熱《かねつ》せずに食《た》べられるナッツやドライフルーツもおすすめ。醤油《しょうゆ》や塩《しお》などの調味料《ちょうみりょう》、栄養補助食品《えいようほじょしょくひん》、缶詰《かんづめ》、お菓子《かし》なども要《よう》チェックです。生活用品《せいかつようひん》はいろいろありますが、乾電池《かんでんち》やティッシュ、トイレットペーパー、ウェットティッシュ、ラップや使《つか》い捨《す》て食器《しょっき》、非常用《ひじょうよう》トイレセット、使《つか》い捨《す》てカイロなどを準備《じゅんび》しましょう。

災害《さいがい》によっては影響《えいきょう》が長期化《ちょうきか》するので、**まずは3日分《かぶん》の備蓄《びちく》を目標《もくひょう》**にしましょう。慣《な》れてきたら1週間分《しゅうかんぶん》にチャレンジ。普段《ふだん》の食料品《しょくりょうひん》などを常《つね》に少《すこ》し多《おお》めに備《そな》える**日常備蓄《にちじょうびちく》**と、賞味期限《しょうみきげん》の古《ふる》い物《もの》から消費《しょうひ》して買《か》い足《た》す**ローリングストック**の組《く》み合《あ》わせがおすすめです。好《す》きなものを取《と》り入《い》れていくと、無理《むり》なく一定量《いっていりょう》の備蓄《びちく》を保《たも》てます。自宅《じたく》の備蓄品《びちくひん》、一度《いちど》点検《てんけん》してみてください。

防災《ぼうさい》の豆知識《まめちしき》

筆者《ひっしゃ》は研究室《けんきゅうしつ》で集中《しゅうちゅう》して作業《さぎょう》できるよう、インスタント食品《しょくひん》や栄養補助《えいようほじょ》食品《しょくひん》などを常《つね》に日常備蓄《にちじょうびちく》とローリングストックしており、タオルや飲《の》み物《もの》、仮眠用寝袋《かみんようねぶくろ》も常備《じょうび》しています。災害発生時《さいがいはっせいじ》でも在室避難《ざいしつひなん》ができそう……。

自宅《じたく》に備蓄《びちく》するもの

東京備蓄《とうきょうびちく》ナビ 検索《けんさく》

「東京備蓄《とうきょうびちく》ナビ」で家族構成《かぞくこうせい》に応《おう》じた備蓄《びちく》を調《しら》べられるぞい

食品《しょくひん》

- 飲料水《いんりょうすい》・調理用水《ちょうりようすい》
- レトルトご飯《はん》、おかゆ、麺《めん》など
- レトルト食品《しょくひん》など
- 加熱《かねつ》せず食《た》べられるもの（ナッツ、ドライフルーツなど）
- 調味料《ちょうみりょう》（醤油《しょうゆ》、塩《しお》など）
- 栄養補助食品《えいようほじょしょくひん》（ゼリー飲料《いんりょう》など）
- 缶詰《かんづめ》（魚《さかな》、焼《や》き鳥《とり》、果物《くだもの》など）
- 菓子類《かしるい》（飴《あめ》、グミ、スナック菓子《がし》など）

食品《しょくひん》は賞味期限《しょうみきげん》をたまに確認《かくにん》しよう

水《みず》は1人《り》1日《にち》3Ｌあると安心《あんしん》

生活用品《せいかつようひん》など

- 生活用水《せいかつようすい》（手洗《てあら》いや洗濯《せんたく》など）
- 救急箱《きゅうきゅうばこ》
- 持病《じびょう》の薬《くすり》・常備薬《じょうびやく》
- ライター
- 乾電池《かんでんち》
- 懐中電灯《かいちゅうでんとう》
- モバイルバッテリー
- ティッシュペーパー
- トイレットペーパー
- ウェットティッシュ
- 食品包装用《しょくひんほうそうよう》ラップ
- 使《つか》い捨《す》て食器《しょっき》（箸《はし》・皿《さら》など）
- ゴミ箱《ばこ》、大型《おおがた》ポリ袋《ぶくろ》
- 非常用《ひじょうよう》トイレセット
- 使《つか》い捨《す》てカイロ
- カセットコンロ・ガスボンベ

コンロのボンベは最低《さいてい》6本《ぽん》あると安心《あんしん》

家族構成《かぞくこうせい》によっては必要《ひつよう》なもの

- 生理用品《せいりようひん》
- 乳幼児用品《にゅうようじようひん》
- ペット用品《ようひん》 など

※『防災アクションガイド』を参考に作成

まずは3日《か》分《ぶん》の備蓄《びちく》を用意《ようい》

▲ 影響《えいきょう》の長期化《ちょうきか》に備《そな》えて、慣《な》れてきたら1週間分《しゅうかんぶん》の備蓄《びちく》をしてみよう。

好《す》きなものを取《と》り入《い》れよう

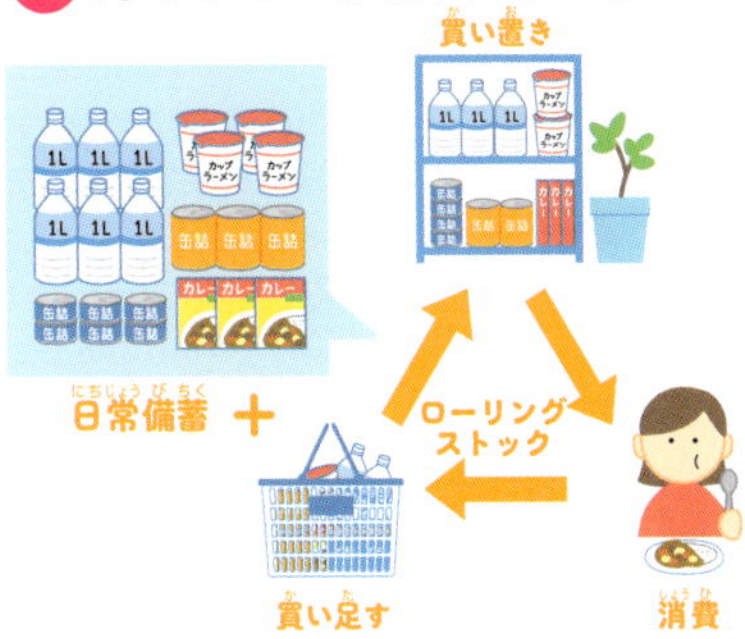

▲ 普段《ふだん》食《た》べ慣《な》れている好《す》きなものを多《おお》めに買《か》って、非常時《ひじょうじ》にも食《た》べられるようにしよう。

43

停電《ていでん》は暗《くら》くなるだけじゃない！ 停電《ていでん》への備《そな》えと対策《たいさく》

地震《じしん》や台風《たいふう》・暴風雪《ぼうふうせつ》などのときには、電《でん》力供給《りょくきょうきゅう》が停止《ていし》する**停電《ていでん》**が起《お》こることがあり、災害《さいがい》の規模《きぼ》によっては長期化《ちょうきか》する可能《かのう》性《せい》もあります。この停電《ていでん》、ただ暗《くら》くなるだけでなく、かなり多方面《たほうめん》に影響《えいきょう》があります。

まずは家電《かでん》です。冷蔵庫《れいぞうこ》が使《つか》えないので夏《なつ》には食中毒《しょくちゅうどく》の危険《きけん》が大《おお》きくなり、エアコンが使《つか》えないと温度調整《おんどちょうせい》できず、給湯器《きゅうとうき》も止《と》まるのでお湯《ゆ》も使《つか》えません。自宅《じたく》のインターネットやテレビも使用不能《しようふのう》に。エレベーターが止《と》まるので高層階《こうそうかい》の人《ひと》は昇《のぼ》り降《お》りが大変《たいへん》です。電子決済《でんしけっさい》はできず電車《でんしゃ》も止《と》まり、医療機器《いりょうきき》が使《つか》えなくなることも。

停電《ていでん》への備《そな》えとして、複数《ふくすう》のヘッドライトや、ソーラーパネル付《つ》きライト、バッテリーの常備《じょうび》がおすすめ。スマホが使《つか》えなくなったときのために家族《かぞく》の連絡先《れんらくさき》は紙《かみ》にメモしましょう。階段《かいだん》などには蓄光《ちっこう》テープを貼《は》るという手《て》もあります。車《くるま》のガソリンは満《まん》タンにして現金《げんきん》を持《も》ち歩《ある》くのも有効《ゆうこう》です。

スマホの節電術《せつでんじゅつ》もまとめておきました。停電《ていでん》する前《まえ》に要《よう》チェック！

防災《ぼうさい》の豆知識《まめちしき》

キャンプ用《よう》のソーラーパネル付《つ》きの大容量電源《だいようりょうでんげん》はアウトドアのほか停電《ていでん》時《じ》にも便利《べんり》です。ただし、倒《たお》れると火災《かさい》の危険《きけん》があり、3か月《げつ》に1回《かい》は使《つか》わないとバッテリーが傷《いた》むこともあるので、取《と》り扱《あつか》いに注意《ちゅうい》して活用《かつよう》を。

停電《ていでん》になったときに使《つか》えなくなるもの

照明《しょうめい》

冷蔵庫《れいぞうこ》・エアコンなどの家電《かでん》

給湯器《きゅうとうき》

エレベーター

インターネット

テレビ

電子決済《でんしけっさい》

医療機器《いりょうきき》

電車《でんしゃ》

停電《ていでん》への備《そな》えと対策《たいさく》

- □ リビングや寝室《しんしつ》にヘッドライトなどを置《お》く

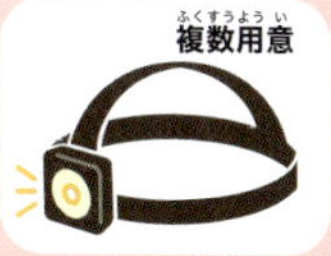

- □ ソーラーパネル付《つ》きのライトやバッテリー

- □ 家族《かぞく》の連絡先《れんらくさき》を紙《かみ》にメモ

- □ 蓄光《ちっこう》テープを貼《は》る

- □ 車《くるま》のガソリンを満《まん》タンに

- □ 現金《げんきん》を持《も》ち歩《ある》く

▶ キャンプ用《よう》のソーラーパネル付《つ》き大《だい》容量電源《ようりょうでんげん》は普段《ふだん》は電気代節約《でんきだいせつやく》にも。

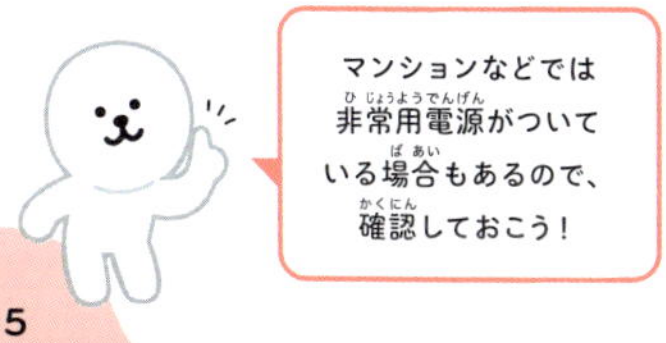

スマホの節電術《せつでんじゅつ》

- □ 必要《ひつよう》なとき以外使《いがいつか》わない
- □ 低電力《ていでんりょく》モードに
- □ プッシュ通知《つうち》をオフ
- □ Wi-Fi《ワイファイ》をオフ
- □ 画面《がめん》の明《あか》るさを落《お》とす
- □ 通信環境《つうしんかんきょう》が悪《わる》ければ機内《きない》モードに
- □ 家族《かぞく》で順番《じゅんばん》に使《つか》う

44

災害時《さいがいじ》に命《いのち》と人《ひと》の尊厳《そんげん》を守《まも》る「非常用《ひじょうよう》トイレ」の使《つか》い方《かた》

災害時《さいがいじ》のトイレ問題《もんだい》は本当《ほんとう》に大切《たいせつ》です。トイレを我慢《がまん》しようとして食事《しょくじ》や水分《すいぶん》をとらないと、体調《たいちょう》をくずします。トイレが使《つか》えなくなることも想定《そうてい》し、**非常用《ひじょうよう》トイレ**の使《つか》い方《かた》を知《し》っておいてください。

災害時《さいがいじ》は**1人《り》1日《にち》5回《かい》のトイレ**を目安《めやす》に、**まとめて買《か》える袋《ふくろ》や凝固剤《ぎょうこざい》などの非常用《ひじょうよう》トイレセットを用意《ようい》**しておきましょう。

使《つか》い方《かた》は、まず自宅《じたく》のトイレに下地袋《したじぶくろ》をかけて養生《ようじょう》テープで固定後《こていご》、便座《べんざ》をおろして排泄袋《はいせつぶくろ》をかけて用《よう》を足《た》します。凝固剤《ぎょうこざい》で固《かた》めて袋《ふくろ》を取《と》り出《だ》し、空気《くうき》を抜《ぬ》いてしっかり縛《しば》り、まとめてゴミに出《だ》します。凝固剤《ぎょうこざい》がなければおむつやペット用《よう》シートが使《つか》える場合《ばあい》も。消臭袋《しょうしゅうぶくろ》・防臭袋《ぼうしゅうぶくろ》も準備《じゅんび》しましょう。コーヒーを汚物《おぶつ》と見立《みた》てて**非常用《ひじょうよう》トイレを使《つか》う練習《れんしゅう》**をしておくと安心《あんしん》。ゴミ箱《ばこ》やバケツを使《つか》う方法《ほうほう》、庭《にわ》などに穴《あな》を掘《ほ》る方法《ほうほう》が紹介《しょうかい》されることがありますが、推奨《すいしょう》されていません。人《ひと》はトイレを我慢《がまん》できません。災害時《さいがいじ》も健康《けんこう》に過《す》ごすために、非常用《ひじょうよう》トイレの使《つか》い方《かた》を習得《しゅうとく》しておきましょう。

防災《ぼうさい》の豆知識《まめちしき》

トイレは恥《は》ずかしいものではなく、当《あ》たり前《まえ》の生理現象《せいりげんしょう》です。みなさんは携帯《けいたい》トイレを持《も》っていますか？　普段《ふだん》持《も》ち歩《ある》くランドセルやカバン、自動《じどう》車《しゃ》のなかにも入《い》れておくと安心《あんしん》です。持《も》っていなかったらいますぐ準備《じゅんび》を。

非常用《ひじょうよう》トイレの使《つか》い方《かた》

◀ 自宅《じたく》のトイレの便器《べんき》に下地袋《したじぶくろ》をかけて、養生《ようじょう》テープで固定《こてい》する。

◀ 便座《べんざ》をおろしてから排泄袋《はいせつぶくろ》をかけて用《よう》を足《た》し、使用方法《しようほうほう》を確認《かくにん》して凝固剤《ぎょうこざい》で固《かた》める。

◀ 排泄袋《はいせつぶくろ》を取《と》り出《だ》して空気《くうき》を抜《ぬ》いてしっかり縛《しば》り、ふた付《つ》きの容器《ようき》に保管《ほかん》してまとめて可燃《かねん》ゴミなど自治体《じちたい》に従《したが》って捨《す》てる。

トイレは 命《いのち》と人《ひと》の尊厳《そんげん》に関《かか》わる問題《もんだい》

阪神《はんしん》・淡路大震災《あわじだいしんさい》のときの避難所《ひなんじょ》ではトイレや手洗《てあら》い場《ば》まで排泄物《はいせつぶつ》であふれたそう。トイレの問題《もんだい》はメディアでも取《と》り上《あ》げられず、被災者《ひさいしゃ》も話《はな》しにくいので伝《つた》わらない。備《そな》えが超重要《ちょうじゅうよう》。

非常用《ひじょうよう》トイレの練習《れんしゅう》をしよう

▶ コーヒーを汚物《おぶつ》と見立《みた》てて、凝固剤《ぎょうこざい》を使《つか》って固《かた》める練習《れんしゅう》をしよう。消臭袋《しょうしゅうぶくろ》や防臭袋《ぼうしゅうぶくろ》など、臭《にお》いを抑《おさ》える袋《ふくろ》も準備《じゅんび》して使《つか》ってみて、効果《こうか》を確《たし》かめよう。

推奨《すいしょう》されていない方法《ほうほう》

ゴミ箱《ばこ》やバケツを使《つか》う方法《ほうほう》

便器以外《べんきいがい》では落《お》ち着《つ》いて用《よう》を足《た》せず、ひっくり返《かえ》ると大惨事《だいさんじ》に。どうしようもないとき以外《いがい》は非推奨《ひすいしょう》。

庭《にわ》などに穴《あな》を掘《ほ》る方法《ほうほう》

衛生上問題《えいせいじょうもんだい》があり、すぐに汚物《おぶつ》だらけになって大変《たいへん》なことに。環境《かんきょう》にも影響《えいきょう》するのでNG《エヌジー》。

45

断《だん》水《すい》したときに困《こま》らないための備《そな》え

水道《すいどう》が止《と》まる**断水《だんすい》**が起《お》こると、食事《しょくじ》などに必要《ひつよう》な飲料水《いんりょうすい》だけでなく、手洗《てあら》いや洗濯《せんたく》に必要《ひつよう》な生活用水《せいかつようすい》が使《つか》えなくなります。

台風接近時《たいふうせっきんじ》など断水《だんすい》の心配《しんぱい》があるときは、事前《じぜん》に**お風呂《ふろ》に水《みず》をためておく**と生活《せいかつ》用水《ようすい》に使《つか》えます。水道水《すいどうすい》を清潔《せいけつ》な容器《ようき》に汲《く》み置《お》きし、直射日光《ちょくしゃにっこう》を避《さ》ければ3日程度《かていど》は飲料水《いんりょうすい》としても使《つか》えます。断水時《だんすいじ》は、泥《どろ》や濁《にご》った水《みず》が水道管《すいどうかん》に入《はい》るのを防《ふせ》ぐために**水《すい》道《どう》の元栓《もとせん》を閉《し》める**こと、そして排水管《はいすいかん》が壊《こわ》れたときに汚水《おすい》が逆流《ぎゃくりゅう》するのを防《ふせ》ぐために**トイレに水《みず》を流《なが》さない**ことを覚《おぼ》えておいて。

断水時《だんすいじ》に自治体《じちたい》が開設《かいせつ》する**給水所《きゅうすいじょ》**の場所《ばしょ》をあらかじめ調《しら》べておきましょう。標識《ひょうしき》などを使《つか》っている自治体《じちたい》もあります。給水《きゅうすい》に必要《ひつよう》なポリタンクは100円《えん》ショップでも売《う》っていますし、ポリ袋《ぶくろ》を2枚重《まいかさ》ねて口《くち》をきつく結《むす》べば、台車《だいしゃ》やスーツケースなどで水《みず》を持《も》ち運《はこ》びしやすくなります。

水《みず》は私《わたし》たちの生活《せいかつ》に必要不可欠《ひつようふかけつ》なものです。自宅《じたく》の備《そな》えや地域《ちいき》の給水所《きゅうすいじょ》について、家族《かぞく》と確認《かくにん》してみましょう。

防災《ぼうさい》の豆知識《まめちしき》

雨水《あまみず》を集《あつ》めて災害《さいがい》に備《そな》える雨水《あまみず》タンクというものもあります。災害時《さいがいじ》の生活《せいかつ》用水《ようすい》として雨水《あまみず》を利用《りよう》できるのは心強《こころづよ》いですが、ボウフラがわかないように網《あみ》をするなど対策《たいさく》が必要《ひつよう》。日常的《にちじょうてき》に庭《にわ》に散水《さんすい》や洗車《せんしゃ》をするなら便利《べんり》かも。

水道水《すいどうすい》をポリタンクや
ペットボトルなどの
清潔《せいけつ》な容器《ようき》に入《い》れて、
飲料水《いんりょうすい》を確保《かくほ》！

お風呂《ふろ》に水《みず》をためて生活用水《せいかつようすい》に

◀ マンションの上層階《じょうそうかい》ではためられない場合《ばあい》も。水《みず》をためられる最新《さいしん》の給湯器《きゅうとうき》があればそちらを使《つか》おう。

⚠ 小《ちい》さな子《こ》どもはおぼれる危険《きけん》があるので、水《みず》をためるかどうかは状況《じょうきょう》に応《おう》じて判断《はんだん》。ためるなら浴室《よくしつ》に鍵《かぎ》をかけるなど対策《たいさく》を。

断水《だんすい》したときに気《き》をつけること

水道《すいどう》の元栓《もとせん》を閉《し》める

トイレ・給湯器《きゅうとうき》・洗濯機《せんたくき》の止水栓《しすいせん》も閉《し》めておこう。

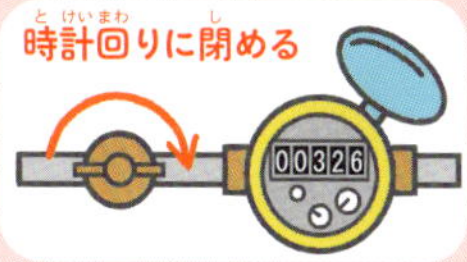

トイレに水《みず》は流《なが》さない

使《つか》えるか不安《ふあん》なときは業者《ぎょうしゃ》やマンションの管理《かんり》組合《くみあい》に確認《かくにん》を。

自治体《じちたい》の防災《ぼうさい》マップなどで給水所《きゅうすいじょ》を確認《かくにん》

各自治体《かくじちたい》のウェブサイトなどで防災《ぼうさい》マップに給水所《きゅうすいじょ》が掲載《けいさい》されているかをチェック！

▲ 東京都水道局《とうきょうとすいどうきょく》

▲ 神戸市水道局《こうべしすいどうきょく》

自治体《じちたい》によって給水所《きゅうすいじょ》のマークは違《ちが》うけど、だいたい雰囲気《ふんいき》はわかるよ！

ポリ袋《ぶくろ》2枚重《まいがさ》ねで水《みず》を運《はこ》ぶ

▲ ポリ袋《ぶくろ》を2枚重《まいかさ》ねて水《みず》を入《い》れてきつく結《むす》べば、台車《だいしゃ》に載《の》せた段《だん》ボールや、防水《ぼうすい》バッグに入《い》れてからリュックでも運《はこ》べる。

断水時《だんすいじ》に役立《やくだ》つアイテム

- □ 給水用《きゅうすいよう》ポリタンク
- □ 体《からだ》ふきシート・タオル
- □ 水《みず》なしシャンプー

46

身《み》近《ぢか》なものでできる！いざというときの防《ぼう》災《さい》術《じゅつ》

「災害《さいがい》でいろいろなものが足《た》りなくて困《こま》っている」――そんなときに役立《やくだ》ちそうな、**身《み》近《ちか》なものを使《つか》った防災術《ぼうさいじゅつ》**をご紹介《しょうかい》します。有名《ゆうめい》なのは即席《そくせき》ランタンです。水《みず》の入《はい》ったペットボトルに小麦粉《こむぎこ》を少《すこ》し入《い》れてライトで光《ひかり》をあてると、光《ひかり》が広《ひろ》がって広《ひろ》く明《あか》るくなります。ペットボトルや新聞紙《しんぶんし》などの紙《かみ》を切《き》って工夫《くふう》すれば、お皿《さら》もつくれます。

そしておすすめなのが、大《おお》きなポリ袋《ぶくろ》に丸《まる》めた新聞紙《しんぶんし》をたくさん入《い》れた簡易《かんい》ひざ掛《か》けです。とっても暖《あたた》かいので一度《いちど》試《ため》してみてください。食事面《しょくじめん》では、耐熱性《たいねつせい》のあるポリ袋《ぶくろ》に水《みず》とお米《こめ》を入《い》れて、ご飯《はん》を炊《た》く方法《ほうほう》があります。袋《ふくろ》に入《はい》っている状態《じょうたい》でご飯《はん》が炊《た》けるのでそのままおにぎりをつくれます。パスタも水《みず》につけて待《ま》つだけで水《みず》やガスを節約《せつやく》して調理《ちょうり》できます。

これらの防災術《ぼうさいじゅつ》はものがないときの非常《ひじょう》用《よう》のアイデアで、**自宅《じたく》の備蓄《びちく》や防災《ぼうさい》バッグに準備《じゅんび》するのがベスト**。防災術《ぼうさいじゅつ》の詳細《しょうさい》を、P111〜113にまとめました。まずは気《き》になったものを試《ため》してみてください。

防災《ぼうさい》の豆知識《まめちしき》

日常《にちじょう》で使《つか》うものを災害時《さいがいじ》に役立《やくだ》てようという考《かんが》え方《かた》があります（フェーズフリー）。計量《けいりょう》カップとして使《つか》える紙《かみ》コップや、内側《うちがわ》が撥水加工《はっすいかこう》されていてバケツ代《が》わりになるエコバッグなど、便利《べんり》な防災《ぼうさい》グッズもあるので探《さが》してみよう。

即席《そくせき》ランタン

▼水《みず》の入《はい》ったペットボトルに小麦粉《こむぎこ》を少《すこ》しまぜて、下《した》からライトで照《て》らすだけ！

◀小麦粉《こむぎこ》を入《い》れると光《ひかり》が周囲《しゅうい》に広《ひろ》がる。ライトにレジ袋《ぶくろ》をかぶせても即席《そくせき》ランタンに。

ペットボトルで簡易食器《かんいしょっき》

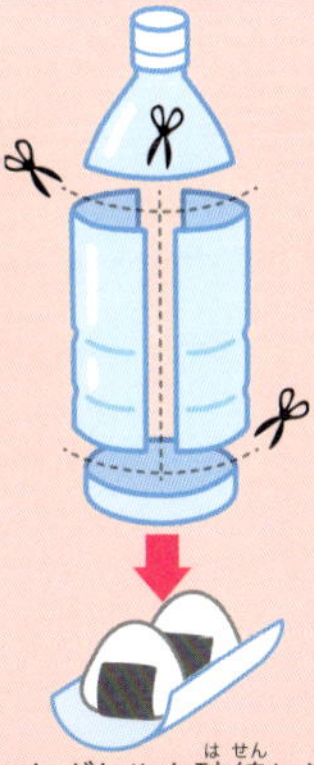

▲ペットボトルを破線《はせん》に沿《そ》って切《き》ると、2枚《まい》のお皿《さら》に早変《はやが》わり。

新聞紙《しんぶんし》などの紙《かみ》で簡易食器《かんいしょっき》

1. 正方形《せいほうけい》の紙《かみ》を三角形《さんかくけい》に折《お》る。
2. 左右《さゆう》の角《かど》を折《お》りたたむ。
3. 三角形《さんかくけい》の部分《ぶぶん》を外側《そとがわ》に折《お》る。
4. 広《ひろ》げてポリ袋《ぶくろ》をかぶせて完成《かんせい》。飲《の》み物《もの》や汁物《しるもの》を入《い》れられる。

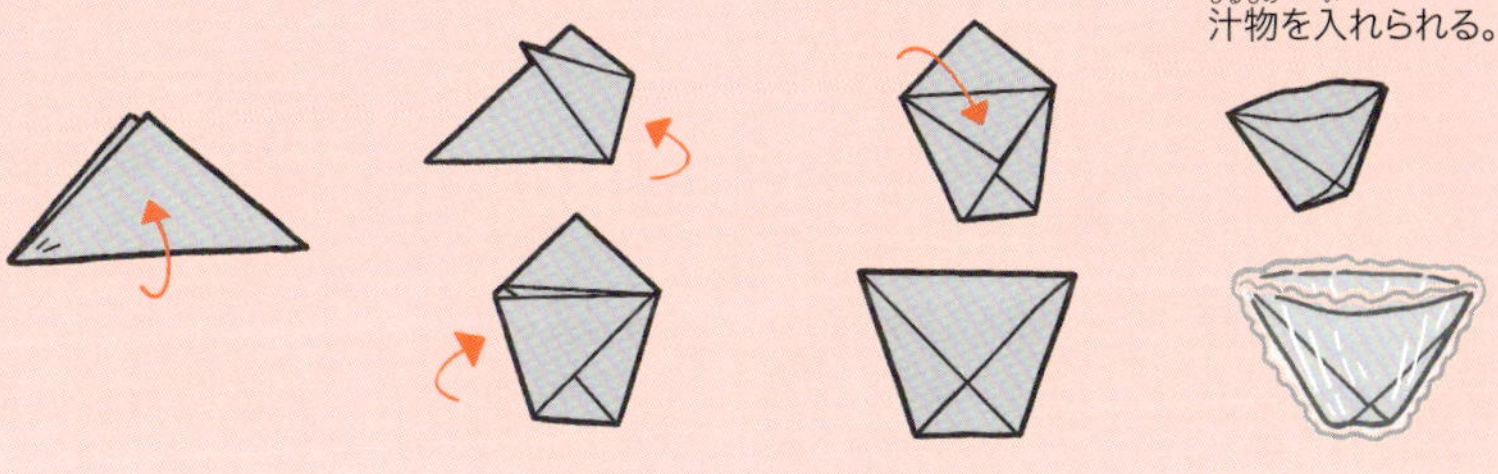

缶切《かんき》りなしで缶詰《かんづめ》を開《あ》ける

▶アスファルトやコンクリートなどのデコボコした地面《じめん》に缶《かん》の上部《じょうぶ》をゴリゴリすりつける。なかの汁《しる》が出《で》てきたら、缶《かん》のふちを押《お》しつぶすとふたが開《あ》く。

押《お》しつぶしても開《あ》かないときは、スプーンの柄《え》などをひっかけると開《あ》くよ！

ペットボトルでシャワー

▼ ペットボトルのふたに、画《が》びょうを使《つか》って小《ちい》さな穴《あな》をたくさん開《あ》けると、シャワーのできあがり。

画《が》びょうでケガをしないように注意《ちゅうい》！

ポリタンクで給湯器《きゅうとうき》

▼ ポリタンクに水道水《すいどうすい》を入《い》れて黒《くろ》いエコバッグをかぶせ、太陽《たいよう》の光《ひかり》があたるところに日中《にっちゅう》は放《ほう》置《ち》。夕方《ゆうがた》にはお湯《ゆ》のできあがり。

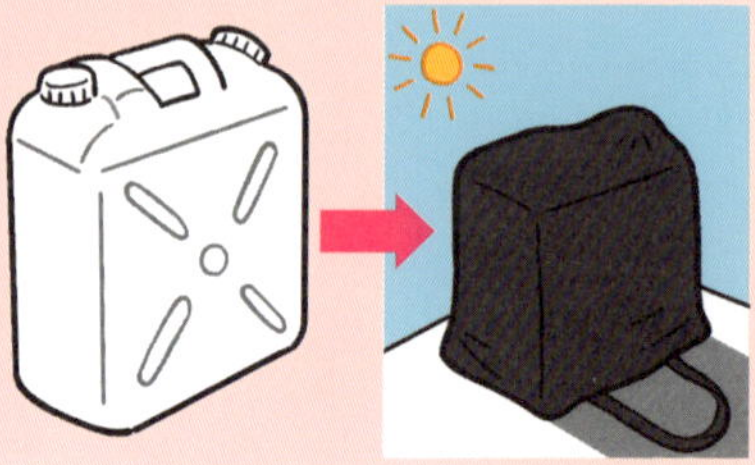

新聞紙《しんぶんし》でひざ掛《か》け

▼ 大《おお》きめのポリ袋《ぶくろ》に丸《まる》めた新聞紙《しんぶんし》をたくさん入《い》れて足《あし》を突《つ》っ込《こ》むだけ。毛布代《もうふが》わりにもなる。

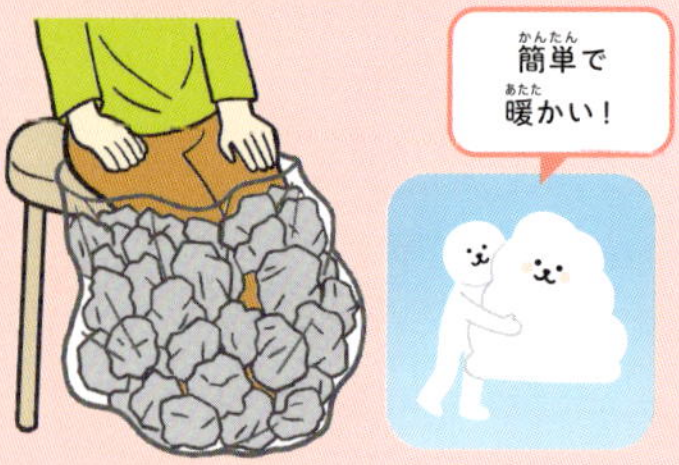

新聞紙《しんぶんし》でクッション

▼ 大《おお》きめのポリ袋《ぶくろ》に丸《まる》めた新聞紙《しんぶんし》をいっぱいになるまで入《い》れて、ポリ袋《ぶくろ》の空気《くうき》を抜《ぬ》いてテープで固定《こてい》。お尻《しり》が冷《ひ》えずに済《す》む。

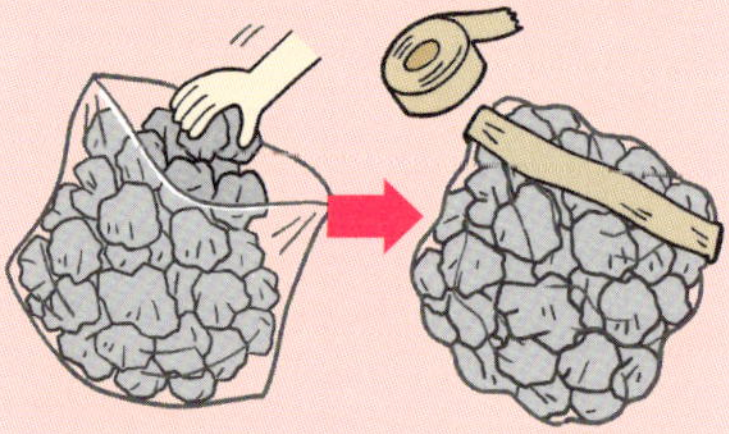

段《だん》ボール箱《ばこ》で座椅子《ざいす》

1 赤線《あかせん》に沿《そ》って切《き》り、箱《はこ》を開《ひら》く

2 赤線《あかせん》に沿《そ》って切《き》る。

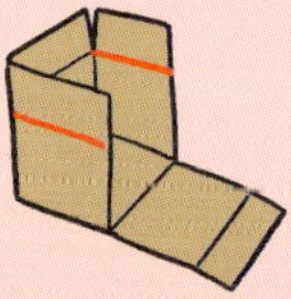

3 ②で切《き》ったパーツを置《お》き、赤《あか》線《せん》をカッターで軽《かる》くなぞる。

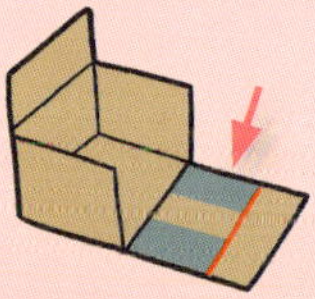

4 ③の切《き》れ目《め》を軽《かる》く折《お》り曲《ま》げて内《うち》側《がわ》に折《お》りたたむ。

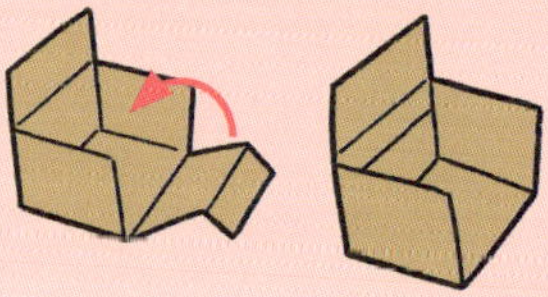

5 上部《じょうぶ》のでっぱりを折《お》り曲《ま》げて、テープなどで固《こ》定《てい》して完成《かんせい》。

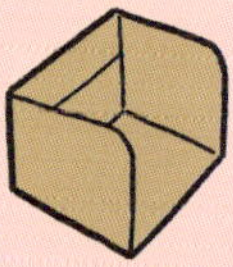

ポリ袋《ふくろ》でご飯《はん》を炊《た》く

1 お米《こめ》は洗《あら》わず、耐熱性《たいねつせい》のあるポリ袋《ふくろ》に水《みず》とお米《こめ》を同量《どうりょう》入《い》れ、空《く》気《き》を抜《ぬ》いてきつく縛《しば》る。

2 30分《ぷん》以《い》上《じょう》おいてから鍋《なべ》の底《そこ》に耐熱《たいねつ》皿《ざら》を敷《し》いて、袋《ふくろ》ごと15分《ふん》くらい煮《に》る。

3 火《ひ》を止《と》めて、余熱《よねつ》で10分《ぷん》ほど蒸《む》らして完成《かんせい》。

袋《ふくろ》に入《はい》っているのでそのままおにぎりをつくれるよ

水《みず》漬《づ》けパスタ

▼ チャック付《つ》きの保存袋《ほぞんぶくろ》や保存容器《ほぞんようき》にパスタの麺《めん》が浸《ひた》るくらいの水《みず》を入《い》れて待《ま》つだけ。

早《はや》ゆでパスタで40分《ぷん》くらい。具材《ぐざい》と一緒《いっしょ》に1分間《ぶんかん》ほど炒《いた》めて完成《かんせい》。水《みず》とガスの節約《せつやく》になります。

身《み》近《ぢか》なもので応急処置《おうきゅうしょち》

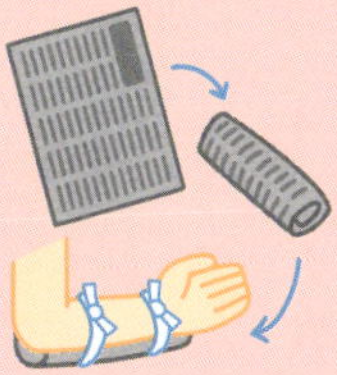

▶ レジ袋《ふくろ》の両側《りょうがわ》を破線《はせん》に沿《そ》って切《き》り開《ひら》き、手《て》で持《も》つ部分《ぶぶん》を首《くび》からかければ三角巾《さんかくきん》に。丸《まる》めた新聞《しんぶん》紙《し》を入《い》れれば添《そ》え木《ぎ》代《が》わりに。

◀ 足《あし》の骨折時《こっせつじ》など、ビニール傘《がさ》やバットなどをタオルやガムテープで固定《こてい》して添《そ》え木《ぎ》に。

▼ 傷《きず》の止血後《しけつご》にラップでくるむと包帯《ほうたい》代《が》わりに。

レジ袋《ふくろ》で簡易《かんい》おむつ

1 レジ袋《ふくろ》を破線《はせん》に沿《そ》って切《き》って広《ひろ》げ、タオルや古《ふる》い布《ぬの》などを敷《し》く。

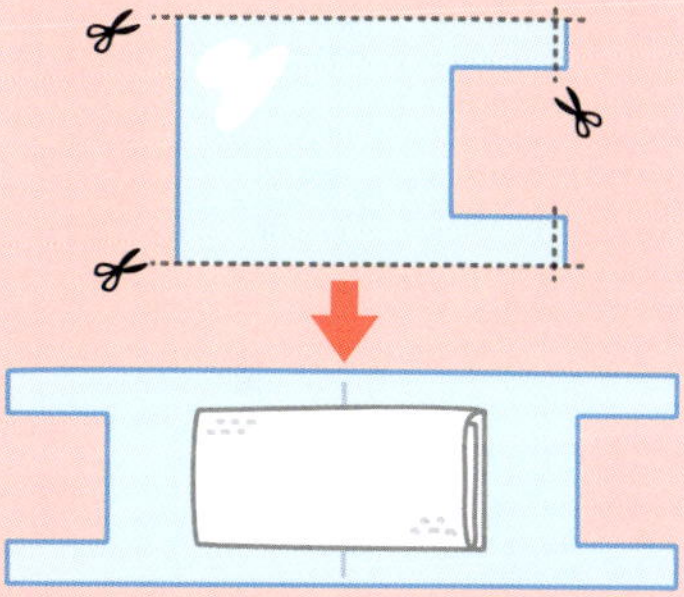

2 取《と》っ手《て》部分《ぶぶん》を太《ふと》ももに回《まわ》してから取《と》っ手《て》を結《むす》んで完成《かんせい》。

※この方法《ほうほう》だと蒸《む》れるのでおむつを多《おお》く準備《じゅんび》しておくのがいちばん良《よ》い

47

災害《さいがい》の発生《はっせい》しやすい場所《ばしょ》が一目瞭然《いちもくりょうぜん》な「ハザードマップ」

避難《ひなん》について考《かんが》えるとき、まず見《み》ておきたいのがハザードマップです。各種災害《かくしゅさいがい》の被災想定区域《ひさいそうていくいき》が色《いろ》で塗《ぬ》り分《わ》けられており、避難場所《ひなんばしょ》などの位置《いち》が表示《ひょうじ》された地図《ちず》のことです。ハザードマップを使《つか》えば、住《す》んでいる地域《ちいき》にどんな災害《さいがい》の危険性《きけんせい》があるか、避難場所《ひなんばしょ》はどこか、どんな経路《けいろ》で避難《ひなん》できるかを検討《けんとう》できます。

おすすめが国土交通省《こくどこうつうしょう》「**重《かさ》ねるハザードマップ**」。日本全国《にほんぜんこく》の洪水《こうずい》・内水氾濫《ないすいはんらん》による浸水《しんすい》、土砂災害《どしゃさいがい》、高潮《たかしお》、津波《つなみ》のそれぞれの災害《さいがい》に応《おう》じた想定最大規模《そうていさいだいきぼ》の被災区域《ひさいくいき》がわかります。避難場所《ひなんばしょ》に加《くわ》えて冠水《かんすい》しやすい道路《どうろ》や災害時《さいがいじ》に通行規制《つうこうきせい》になる道路《どうろ》も重《かさ》ねて表示《ひょうじ》できるだけでなく、その土地《とち》の特徴《とくちょう》や成《な》り立《た》ち、自然災害伝承碑《しぜんさいがいでんしょうひ》まで表示《ひょうじ》できるという優《すぐ》れものです。ほかにも自治体《じちたい》ごとに用意《ようい》されているハザードマップがあり、国土交通省《こくどこうつうしょう》「**わがまちハザードマップ**」にアクセス先《さき》がまとめられています。

自分《じぶん》の住《す》んでいる地域《ちいき》がどんなところなのか、ぜひ調《しら》べてみてください。

防災《ぼうさい》の豆知識《まめちしき》

自然災害伝承碑《しぜんさいがいでんしょうひ》は、過去《かこ》に発生《はっせい》した災害《さいがい》を後世《こうせい》に伝《つた》えるものです。住《す》まいの近《ちか》くにあれば、そこで災害《さいがい》があったということ。「重《かさ》ねるハザードマップ」も使《つか》ってこれを調《しら》べたらすごい自由研究《じゆうけんきゅう》や探究学習《たんきゅうがくしゅう》になりそう……！

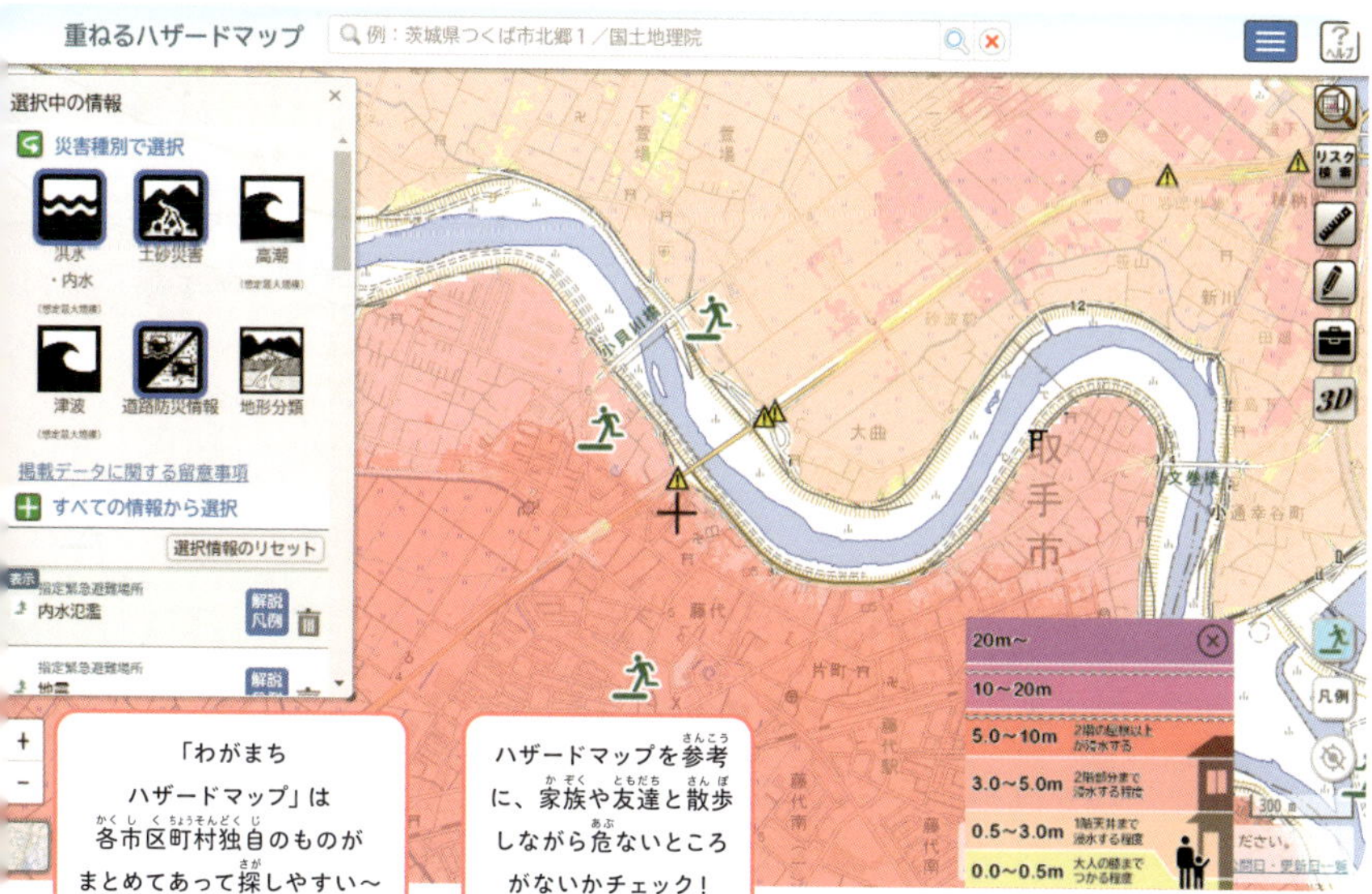

ハザードマップポータルサイト 検索《けんさく》

ハザードマップで白《しろ》くても絶対《ぜったい》に安全《あんぜん》というわけではなく、とくに地震《じしん》の後《あと》の雨《あめ》などでは水害《すいがい》に要注意《ようちゅうい》

ハザードマップを使《つか》ってできること

災害《さいがい》の危険性《きけんせい》を知《し》る

指定緊急避難場所《していきんきゅうひなんばしょ》を知《し》る

通行規制《つうこうきせい》の可能性《かのうせい》を知《し》る

48 家族《かぞく》との連絡手段《れんらくしゅだん》を確認《かくにん》しておこう

大規模《だいきぼ》な災害《さいがい》が発生《はっせい》すると、電話《でんわ》がつながらなくなることがあります。家族《かぞく》と離《はな》れているときに災害《さいがい》が発生《はっせい》した場合《ばあい》、どうやって連絡《れんらく》すればいいでしょうか。

スマホを持《も》っていれば、LINE《ライン》や登録《とうろく》できるSNS《エスエヌエス》など、電話以外《でんわいがい》の複数《ふくすう》の連絡《れんらく》手段《しゅだん》を準備《じゅんび》しておきましょう。過去《かこ》の災害《さいがい》では電話《でんわ》が通《つう》じなくてもLINE《ライン》が役立《やくだ》ちました。あらかじめ**避難場所《ひなんばしょ》**や避難経路《ひなんけいろ》を決《き》めておけば、その場所《ばしょ》で集合《しゅうごう》できます。

また、日《ひ》ごろの備《そな》えとして**SOS《エスオーエス》カード**をぜひつくっておいてください。好《す》きな紙《かみ》に名前《なまえ》や生年月日《せいねんがっぴ》、家族《かぞく》の連絡先《れんらくさき》、アレルギーや飲《の》んでいる薬《くすり》などの必要事項《ひつようじこう》を書《か》き込《こ》みましょう。その紙《かみ》をラミネート加工《かこう》や100円《えん》ショップにもあるカード入《い》れなどにとじて防水《ぼうすい》しておくと安心《あんしん》。カードをなくしたときにプライバシーを守《まも》るために、詳《くわ》しい住所《じゅうしょ》は省略《しょうりゃく》してもOK《オーケー》。これを毎日《まいにち》持《も》ち歩《ある》くカバンなどに入《い》れましょう。

災害時《さいがいじ》の連絡手段《れんらくしゅだん》について、改《あらた》めて家族《かぞく》と話《はな》し合《あ》ってみましょう。

防災《ぼうさい》の豆知識《まめちしき》

災害時《さいがいじ》には無料《むりょう》でインターネット接続《せつぞく》できるWi-Fi《ワイファイ》「00000JAPAN《ファイブゼロジャパン》」が開放《かいほう》されます。ほかにも災害用伝言掲示板《さいがいようでんごんけいじばん》や災害用伝言《さいがいようでんごん》ダイヤルで伝言《でんごん》を残《のこ》すことができ、休験《たいけん》できる期間《きかん》もあるので試《ため》してみましょう。

LINE《ライン》やSNS《エスエヌエス》でも連絡《れんらく》

LINE《ライン》や登録《とうろく》できるSNS《エスエヌエス》でも家族《かぞく》と連絡《れんらく》を取《と》り合《あ》えるようにしておこう。

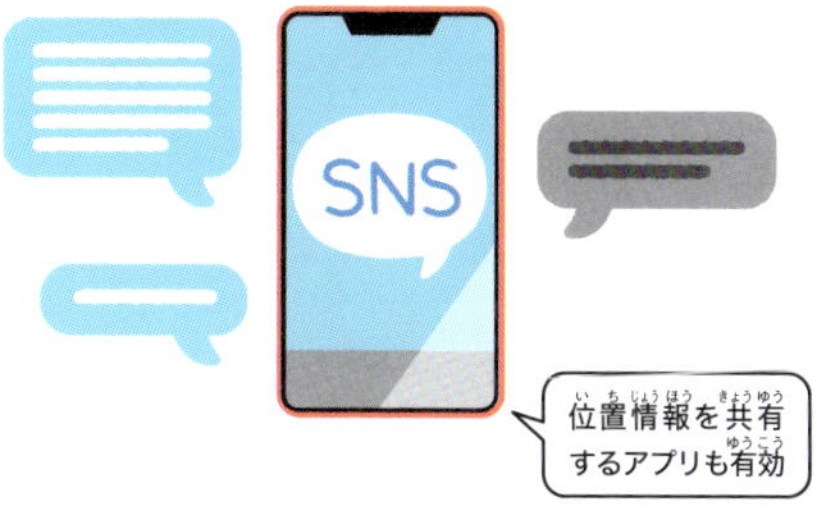

避難場所《ひなんばしょ》や避難経路《ひなんけいろ》を確認《かくにん》

家族《かぞく》で決《き》めた避難場所《ひなんばしょ》に集合《しゅうごう》。避難経路《ひなんけいろ》も話《はな》し合《あ》っておこう。

SOS《エスオーエス》カードをつくろう

▶ 毎日《まいにち》持《も》ち歩《ある》くランドセルや習《なら》いごとバッグなどに、記入《きにゅう》したSOS《エスオーエス》カードを入《い》れておこう。

- □ **名前《なまえ》（よみがな）**
- □ **性別《せいべつ》**
- □ **生年月日《せいねんがっぴ》**
- □ **住所《じゅうしょ》**
- □ **電話番号《でんわばんごう》**
- □ **学校名《がっこうめい》**
- □ **家族構成《かぞくこうせい》**
- □ **家族《かぞく》の名前《なまえ》・連絡先《れんらくさき》**
- □ **アレルギー**
- □ **飲《の》んでいる薬《くすり》**
- □ **特別《とくべつ》なケアが必要《ひつよう》な場合《ばあい》の配慮《はいりょ》**
- □ 好《す》きな食《た》べ物《もの》・おもちゃ
- □ 家族《かぞく》と決《き》めた避難場所《ひなんばしょ》
- □ 家族写真《かぞくしゃしん》

※ピンク太字《ふとじ》は必須項目《ひっすこうもく》

災害時《さいがいじ》に通信会社《つうしんがいしゃ》から提供《ていきょう》される通信《つうしん》・連絡手段《れんらくしゅだん》

無料《むりょう》Wi-Fi《ワイファイ》

「00000JAPAN《ファイブゼロジャパン》」でインターネット接続《せつぞく》できる。公共施設《こうきょうしせつ》やコンビニなどで開放《かいほう》される。

災害用伝言版《さいがいようでんごんばん》

「web《ウェブ》171」はインターネット上《じょう》で100文字《もじ》まで伝言《でんごん》を登録《とうろく》できるサービス。保存期間《ほぞんきかん》は最大《さいだい》6か月《げつ》。

災害用伝言《さいがいようでんごん》ダイヤル

「171」に電話《でんわ》して伝言《でんごん》を登録《とうろく》、1伝言《でんごん》30秒《びょう》まで、運用終了《うんようしゅうりょう》まで保存《ほぞん》。毎月《まいつき》1日《たち》と15日《にち》などに練習《れんしゅう》できる。

49

おうちの家具《かぐ》は大丈夫《だいじょうぶ》？ 地震《じしん》に備《そな》える自宅《じたく》の「家具転対策《かぐてんたいさく》」

近年《きんねん》の地震被害《じしんひがい》では、負傷者《ふしょうしゃ》の3~5割《わり》が屋内《おくない》での家具《かぐ》の転倒《てんとう》などが原因《げんいん》といわれています。自宅《じたく》の家具類《かぐるい》の転倒《てんとう》・落下《らっか》・移《い》動防止対策《どうぼうしたいさく》（**家具転対策《かぐてんたいさく》**）を確認《かくにん》しましょう。

まず最《もっと》も有効《ゆうこう》なのが、**生活空間《せいかつくうかん》の家具《かぐ》をできるだけ減《へ》らす**こと。クローゼットや備《そな》え付《つ》け収納家具《しゅうのうかぐ》に本《ほん》などを集中《しゅうちゅう》させる収納《しゅうのう》（集中収納《しゅうちゅうしゅうのう》）をすることで、普段生活《ふだんせいかつ》している場所《ばしょ》がより安全《あんぜん》になります。次《つぎ》に、家具《かぐ》の**レイアウトを工夫《くふう》**しましょう。寝《ね》る・座《すわ》る場所《ばしょ》にはなるべく家具《かぐ》を置《お》かず、置《お》く場《ば》合《あい》も自分《じぶん》のいる場所《ばしょ》に転倒《てんとう》しないように工《く》夫《ふう》を。避難経路《ひなんけいろ》や出入《でい》り口《ぐち》が家具《かぐ》の転倒《てんとう》でふさがれないようにするのも大切《たいせつ》です。その上《うえ》で、**家具《かぐ》や家電《かでん》を固定《こてい》**しましょう。ネジで止《と》めるL型金具《エルがたかなぐ》のほか、ベルト式《しき》やストラップ式《しき》、つっぱり棒《ぼう》など、複数《ふくすう》を組《く》み合《あ》わせると効果的《こうかてき》です。

自宅《じたく》の耐震性《たいしんせい》も要《よう》チェック。自治体《じちたい》などに相談窓口《そうだんまどぐち》もあります。**地震保険《じしんほけん》**も再確認《さいかくにん》を。いつかくる地震《じしん》に対《たい》して、自宅《じたく》の家具《かぐ》転対策《てんたいさく》などの備《そな》えを進《すす》めておきましょう。

防災《ぼうさい》の豆知識《まめちしき》

家具《かぐ》の固定《こてい》に耐震《たいしん》ゴム・ゲルを使用《しよう》する場合《ばあい》には、「耐震試験実験済《たいしんしけんじっけんず》み」の表記《ひょうき》、成分《せいぶん》、対象物《たいしょうぶつ》の重量《じゅうりょう》が書《か》かれているものがおすすめ。安価《あんか》な耐震《たいしん》マットのなかには性能《せいのう》が保証《ほしょう》されておらず、効果《こうか》が小《ち》さいものもあるので注意《ちゅうい》。

家具転対策《かぐてんたいさく》の方法《ほうほう》

生活空間《せいかつくうかん》の家具《かぐ》を減《へ》らそう

▶ クローゼットや備《そな》え付《つ》け家具《かぐ》に集中収納《しゅうちゅうしゅうのう》して、居住《きょじゅう》スペースと収納《しゅうのう》スペースを分《わ》けよう。

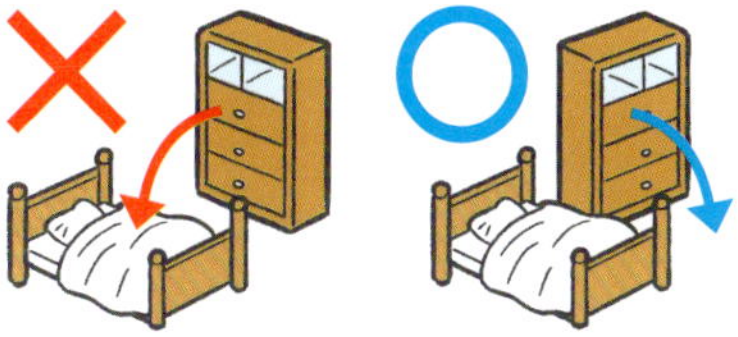

ベッドの上《うえ》に転倒《てんとう》　ベッドのないところへ転倒《てんとう》

レイアウトを工夫《くふう》しよう

◀ 寝《ね》る・座《すわ》る場所《ばしょ》にはなるべく家具《かぐ》を置《お》かず、置《お》く場合《ばあい》には置《お》き方《かた》の工夫《くふう》を。避難通路《ひなんつうろ》や出入《でい》り口《ぐち》付近《ふきん》には転倒《てんとう》しやすい家具《かぐ》はNG《エヌジー》。

家具《かぐ》を固定《こてい》しよう

▶ ネジで固定《こてい》するL型《エルがた》金具《かなぐ》のほか、穴《あな》を開《あ》けなくてもよい対策《たいさく》器具《きぐ》を2つ以上《いじょう》組《く》み合《あ》わせるのがおすすめ。ストッパーやマットは単体《たんたい》だと大《おお》きな家具《かぐ》には不向《ふむ》きなので注意《ちゅうい》。

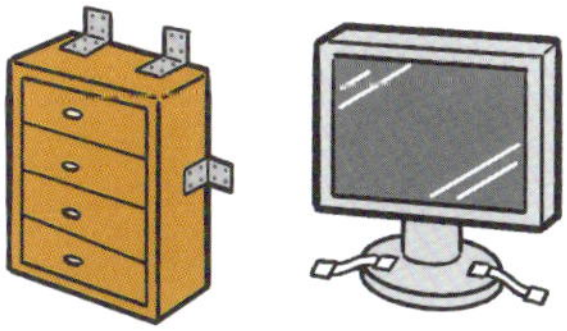

※東京消防庁『自宅の家具転対策』をもとに作成

自宅《じたく》の耐震性《たいしんせい》をチェック

あてはまる数《かず》が多《おお》かったら自治体《じちたい》などの相談窓口《そうだんまどぐち》へ。

- □ 1981年《ねん》5月《がつ》31日以前《にちいぜん》に建《た》てた家《いえ》
- □ 1981年《ねん》6月《がつ》1日《たち》～2000年《ねん》5月《がつ》31日《にち》に建《た》てた木造住宅《もくぞうじゅうたく》
- □ 増築《ぞうちく》を2回以上《かいいじょう》している／増築時《ぞうちくじ》に壁《かべ》や柱《はしら》を一部《いちぶ》撤去《てっきょ》している
- □ 過去《かこ》に浸水《しんすい》・火災《かさい》・地震《じしん》などの災害《さいがい》にあったことがある
- □ 埋立地《うめたてち》、低湿地《ていしっち》、造成地《ぞうせいち》に建《た》っている
- □ 建物《たてもの》の基礎《きそ》が鉄筋《てっきん》コンクリート以外《いがい》
- □ 一面《いちめん》が窓《まど》になっている壁《かべ》がある
- □ 屋根《やね》が瓦《かわら》でできていて1階《かい》に壁《かべ》が少《すく》ない
- □ 建物《たてもの》の平面《へいめん》がL型《エルがた》やT型《ティーがた》で凹凸《おうとつ》の多《おお》い造《つく》り
- □ 大《おお》きな吹《ふ》き抜《ぬ》けがある
- □ 建具《たてぐ》の立《た》て付《つ》けの悪《わる》さや柱《はしら》・床《ゆか》の傾《かたむ》きなどを感《かん》じる
- □ 壁《かべ》にひびが入《はい》っている
- □ ベランダやバルコニーが破損《はそん》している

※『東京防災』をもとに作成

50

台風《たいふう》がくる前《まえ》に確認《かくにん》したい自宅《じたく》の備《そな》え

台風《たいふう》による風水害《ふうすいがい》はこれまでも多《おお》く発生《はっせい》していますが、地球温暖化《ちきゅうおんだんか》の影響《えいきょう》で日本《にほん》にやってくる猛烈《もうれつ》な台風《たいふう》の割合《わりあい》が今後《こんご》増《ふ》えるといわれています。**台風接近《たいふうせっきん》が予想《よそう》されるときの自宅《じたく》の備《そな》え**を考《かんが》えてみます。

まず風《かぜ》が強《つよ》まる前《まえ》の備《そな》えです。マンション住《ず》まいの人《ひと》は、ベランダの物干《ものほ》し竿《ざお》を降《お》ろし、窓《まど》にひび割《わ》れやがたつきがないか確《かく》認《にん》を。窓《まど》に飛散防止《ひさんぼうし》フィルムを貼《は》るとガラスが割《わ》れたときに飛散《ひさん》を防《ふせ》げます。一軒家《いっけんや》ではテレビアンテナ、屋根瓦《やねがわら》、雨《あま》どいなどを点検《てんけん》して、庭木《にわき》は固定《こてい》し、植木鉢《うえきばち》などは家《いえ》のなかにしまいましょう。

雨《あめ》が強《つよ》まる前《まえ》には、水《みず》があふれないよう事前《じぜん》に**側溝《そっこう》や排水溝《はいすいこう》を掃除《そうじ》**しましょう。また、住《す》まいの入《い》り口《ぐち》などへの浸水防止《しんすいぼうし》に、**土《ど》のう**を積《つ》むのが有効《ゆうこう》です。家《いえ》のなかではトイレや排水溝《はいすいこう》からの下水《げすい》の逆流防止《ぎゃくりゅうぼうし》に、ビニール袋《ぶくろ》に水《みず》を入《い》れた**水《すい》のう**の設置《せっち》を。

自宅《じたく》のものが飛《と》ばされると、ほかの人《ひと》や家《いえ》を傷《きず》つけてしまうこともあります。自宅《じたく》でどんな備《そな》えが必要《ひつよう》か、要《よう》チェック！

防災《ぼうさい》の豆知識《まめちしき》

以前《いぜん》は台風進路《たいふうしんろ》右側《みぎがわ》を危険半円《きけんはんえん》、左側《ひだりがわ》を（航海可能《こうかいかのう》な）可航半円《かこうはんえん》といいましたが、左側《ひだりがわ》も安全《あんぜん》ではないので現在《げんざい》は使《つか》われません。台風《たいふう》の大《おお》きさのごく小《ちい》さい・小型《こがた》・中型《ちゅうがた》、勢力《せいりょく》の弱《よわ》い・並《なみ》の強《つよ》さも、誤解《ごかい》を招《まね》くため廃止《はいし》されました。

風《かぜ》が強《つよ》まる前《まえ》の自宅《じたく》のチェックポイント

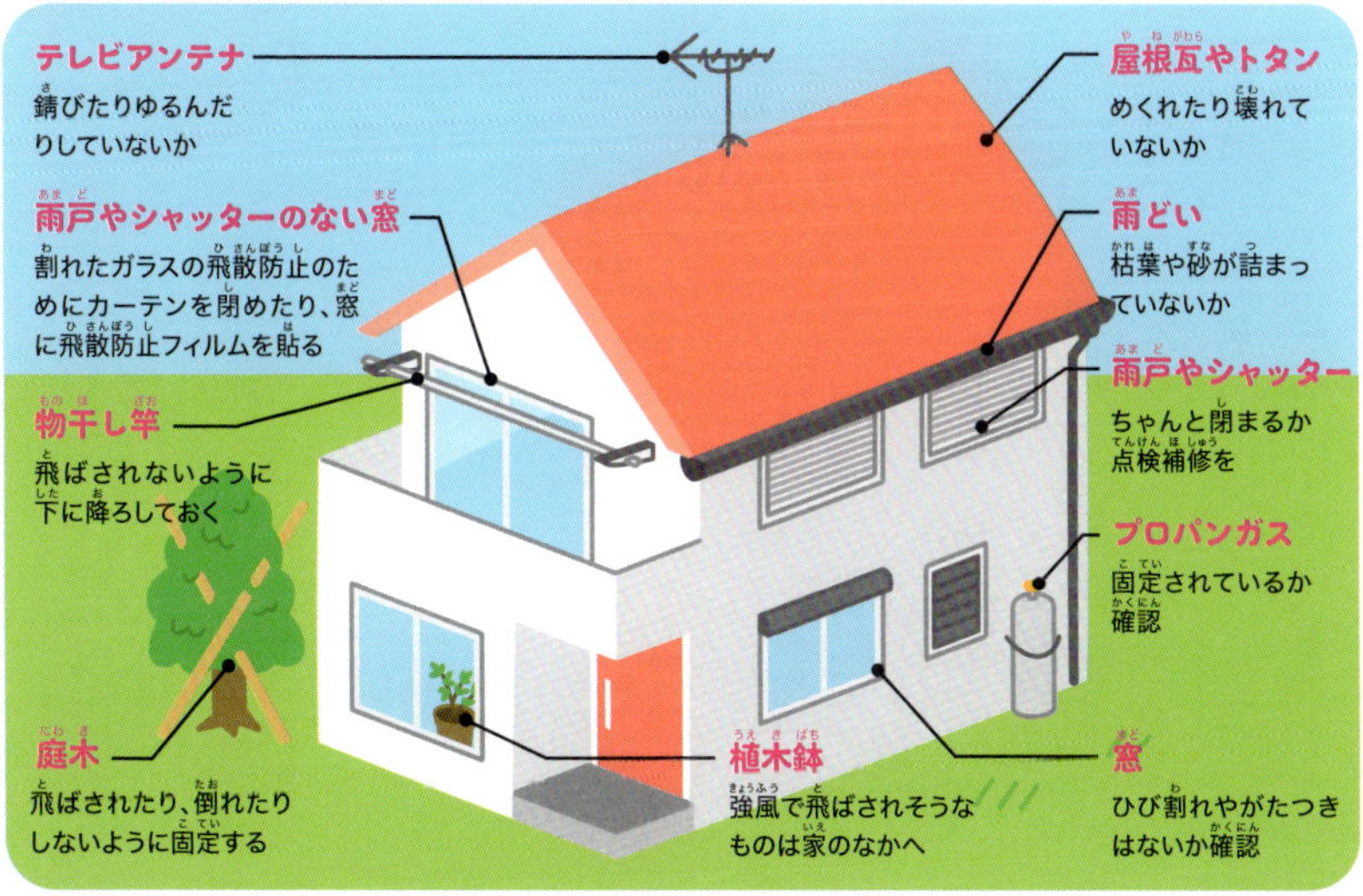

※内閣府政府広報オンライン『風が強まる前の家の対策』を参考に作成

雨《あめ》が強《つよ》まる前《まえ》の自宅《じたく》の備《そな》え

側溝《そっこう》・排水溝《はいすいこう》を掃除《そうじ》

水《みず》があふれないように、あらかじめゴミを取《と》り除《のぞ》いておこう。

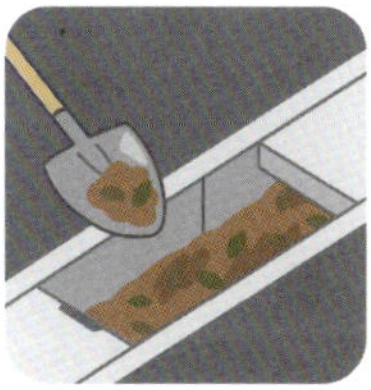

土《ど》のう・水《すい》のう

浸水《しんすい》しそうな場所《ばしょ》に土《ど》のうを積《つ》み、家《いえ》のなかのトイレ・排水溝《はいすいこう》には水《すい》のうを設置《せっち》しよう。

- ☐ ハザードマップ・避難場所《ひなんばしょ》の確認《かくにん》 P114
- ☐ 自宅《じたく》の備蓄《びちく》の確認《かくにん》 P102
- ☐ 防災《ぼうさい》バッグの確認《かくにん》 P100
- ☐ 家族《かぞく》と避難《ひなん》について話《はな》し合《あ》う P96
- ☐ 避難先《ひなんさき》を決《き》めておく P94
- ☐ 停電《ていでん》への備《そな》えの確認《かくにん》 P104
- ☐ 断水《だんすい》への備《そな》えの確認《かくにん》 P108
- ☐ 気象情報《きしょうじょうほう》の確認《かくにん》 P124

51 気象庁《きしょうちょう》と国交省《こっこうしょう》が合同《ごうどう》で緊急会見《きんきゅうかいけん》をするときはマジでヤバい

「気象情報《きしょうじょうほう》っていろいろあってよくわからない」——そんな人《ひと》にこれだけは覚《おぼ》えておいてほしいのが、**気象庁《きしょうちょう》と国土交通省《こくどこうつうしょう》が合同緊急会見《ごうどうきんきゅうかいけん》をするときはマジでヤバい**ということです。

合同緊急会見《ごうどうきんきゅうかいけん》は、台風《たいふう》に伴《ともな》う大雨《おおあめ》・暴風《ぼうふう》・高潮《たかしお》などによる大《おお》きな風水害《ふうすいがい》や、JPCZ《ジェーピーシーズィー》や南岸低気圧《なんがんていきあつ》に伴《ともな》う大雪《おおゆき》による大規模《だいきぼ》立《た》ち往生《おうじょう》などにより大《おお》きな社会的影響《しゃかいてきえいきょう》が予想《よそう》されるとき、またはすでに現象《げんしょう》が発生《はっせい》しているようなときに行《おこな》われます。大雨《おおあめ》や暴風《ぼうふう》については**特別警報級《とくべつけいほうきゅう》の現象《げんしょう》**です。

このような合同緊急会見《ごうどうきんきゅうかいけん》で**「不要不急《ふようふきゅう》の外出《がいしゅつ》を控《ひか》えて」**と呼《よ》びかけられることがあります。これは本当《ほんとう》に屋外活動《おくがいかつどう》が危険《きけん》な状況《じょうきょう》が見込《みこ》まれるためです。外出《がいしゅつ》しなくても事《こと》足《た》りるものや安全《あんぜん》な場所《ばしょ》からオンラインでできるもの（不要《ふよう》）、後日《ごじつ》に延期《えんき》できるもの（不急《ふきゅう》）かどうかを目安《めやす》に判断《はんだん》してください。

もし自分《じぶん》の住《す》んでいる地域《ちいき》を対象《たいしょう》に合同《ごうどう》緊急会見《きんきゅうかいけん》が行《おこな》われたら、本気《ほんき》で備《そな》えを確認《かくにん》してください。

防災《ぼうさい》の豆知識《まめちしき》

災害《さいがい》は局地的《きょくちてき》に起《お》こることも多《おお》く、正確《せいかく》な予測《よそく》が難《むずか》しいことも。合同緊急会見《ごうどうきんきゅうかいけん》などで散々注意喚起《さんざんちゅういかんき》されていたのにほとんど被害《ひがい》がなかったときは、ぷんすかせずに「何《なに》もなくてよかったね」と被害《ひがい》がなかったことを喜《よろこ》びましょう。

▲ 会見《かいけん》の様子《ようす》は気象庁《きしょうちょう》やメディアのYouTube《ユーチューブ》などで公開《こうかい》される。とくに記者《きしゃ》の質《しつ》問《もん》タイムは様々《さまざま》なことが聞《き》かれるので興味深《きょうみぶか》い。

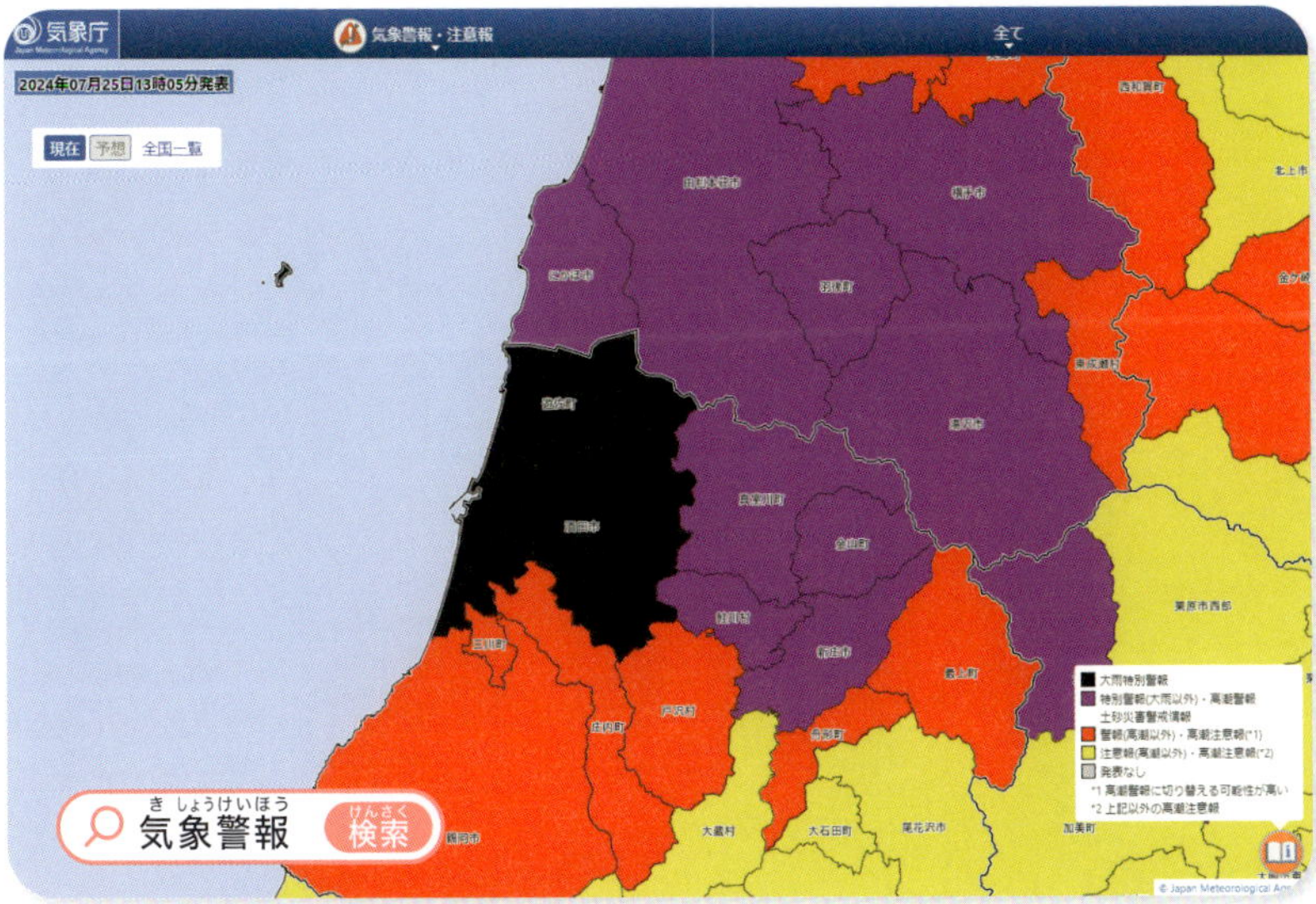

▲ 最新《さいしん》の気象情報《きしょうじょうほう》の発表状況《はっぴょうじょうきょう》は気象庁《きしょうちょう》ウェブサイトが便利《べんり》。自治体《じちたい》の避難情報《ひなんじょうほう》などは「Yahoo!Japan《ヤフージャパン》」をはじめ、とりまとめているメディアがある。

52

「特別警報《とくべつけいほう》が出《で》ていなければ安全《あんぜん》」というわけではない

「特別警報《とくべつけいほう》が警報《けいほう》に切《き》り替《か》わったからもう安全《あんぜん》」と思《おも》われることがありますが、これは大《おお》きな間違《まちが》いです。

特別警報《とくべつけいほう》は、数十年《すうじゅうねん》に一度級《いちどきゅう》の大雨《おおあめ》や大《おお》雪《ゆき》、台風《たいふう》や温帯低気圧《おんたいていきあつ》による暴風《ぼうふう》・暴風《ぼうふう》雪《せつ》・高波《たかなみ》・高潮《たかしお》の予想時《よそうじ》に発表《はっぴょう》されます。発表時《はっぴょうじ》には**すぐに安全《あんぜん》を確保《かくほ》しないと命《いのち》が危険《きけん》な状況《じょうきょう》**なのです。気象庁《きしょうちょう》は危険《きけん》な現象《げんしょう》が予想《よそう》されるとき、注意報《ちゅういほう》、警報《けいほう》、土砂災《どしゃさい》害警戒情報《がいけいかいじょうほう》、最後《さいご》に特別警報《とくべつけいほう》と段階的《だんかいてき》に防《ぼう》災気象情報《さいきしょうじょうほう》を発表《はっぴょう》します。これらは自治体《じちたい》の発令《はつれい》する**避難情報《ひなんじょうほう》**や災害発生《さいがいはっせい》の危険度《きけんど》を表《あらわ》す**警戒《けいかい》レベル**とおおむね対応《たいおう》しており、警戒《けいかい》レベル4「避難指示《ひなんしじ》」が発令《はつれい》されたら避難《ひなん》を完了《かんりょう》するのがベスト。実際《じっさい》、警戒《けいかい》レベル4でも災害《さいがい》は多《おお》く発生《はっせい》しており、洪水《こうずい》には特別警報《とくべつけいほう》がなく氾濫発生情報《はんらんはっせいじょうほう》が警戒《けいかい》レベル5相当《そうとう》なので、大雨特別警報《おおあめとくべつけいほう》から警報《けいほう》へ切《き》り替《か》え後《ご》に河川《かせん》が氾濫《はんらん》することも。防災気象情報《ぼうさいきしょうじょうほう》の種類《しゅるい》や、何《なに》がいつ発表《はっぴょう》されるのかを確認《かくにん》して、**危険《きけん》な状況《じょうきょう》になる前《まえ》に避難《ひなん》の判断《はんだん》と行動《こうどう》**をしてください。

防災《ぼうさい》の豆知識《まめちしき》

みなさんにぜひチェックしてほしいのが、5日《か》先《さき》までに警報級《けいほうきゅう》の現象《げんしょう》が予《よ》想《そう》されるときに発表《はっぴょう》される**早期注意情報《そうきちゅういじょうほう》**です。週間天気予報《しゅうかんてんきよほう》だけではわからない荒天《こうてん》の可能性《かのうせい》がわかります。予定《よてい》があるときなどにはぜひ確認《かくにん》を。

防災気象情報《ぼうさいきしょうじょうほう》とそのときの行動《こうどう》

※気象庁ウェブサイトをもとに作成

気象《きしょう》状況《じょうきょう》	防災気象情報《ぼうさいきしょうじょうほう》				避難情報《ひなんじょうほう》	とるべき行動《こうどう》	警戒《けいかい》レベル
			キキクル				
数十年《すうじゅうねん》に一度《いちど》の大雨《おおあめ》	大雨特別警報《おおあめとくべつけいほう》		災害切迫《さいがいせっぱく》	氾濫発生情報《はんらんはっせいじょうほう》	緊急《きんきゅう》 安全確保《あんぜんかくほ》 ※必《かなら》ず発令《はつれい》される情報《じょうほう》ではない	**命《いのち》の危険《きけん》 すぐに安全確保《あんぜんかくほ》！** すでに安全《あんぜん》な避難《ひなん》ができず、命《いのち》が危険《きけん》な状況《じょうきょう》。今《いま》いる場所《ばしょ》よりも安全《あんぜん》な場所《ばしょ》へすぐに移動するなど、命《いのち》を守《まも》る行動《こうどう》を。	5
	警戒《けいかい》レベル4までに必《かなら》ず避難《ひなん》！						
	土砂災害警戒情報《どしゃさいがいけいかいじょうほう》	高潮警報《たかしおけいほう》 高潮特別警報《たかしおとくべつけいほう》	危険《きけん》	氾濫危険情報《はんらんきけんじょうほう》	避難指示《ひなんしじ》	**危険《きけん》な場所《ばしょ》から 全員避難《ぜんいんひなん》** 台風《たいふう》などにより暴風《ぼうふう》が予想《よそう》される場合《ばあい》は、暴風《ぼうふう》が吹《ふ》き始《はじ》める前《まえ》に避難《ひなん》を完了《かんりょう》しておく。	4
大雨《おおあめ》の数時間《すうじかん》～2時間《じかん》程度前《ていどまえ》	大雨警報《おおあめけいほう》 洪水警報《こうずいけいほう》	高潮警報《たかしおけいほう》に切《き》り替《か》える可能性《かのうせい》が高《たか》い注意報《ちゅういほう》	警戒《けいかい》	氾濫警戒情報《はんらんけいかいじょうほう》	高齢者等《こうれいしゃとう》 避難《ひなん》	**危険《きけん》な場所《ばしょ》から 高齢者《こうれいしゃ》などは避難《ひなん》** 高齢者《こうれいしゃ》など以外《いがい》の人《ひと》も必要《ひつよう》に応《おう》じ、普段《ふだん》の行動《こうどう》を見合《みあ》わせ始《はじ》めたり、避難《ひなん》の準備《じゅんび》をしたり、自主的《じしゅてき》に避難《ひなん》する。	3
大雨《おおあめ》の半日《はんにち》～数時間前《すうじかんまえ》	大雨警報《おおあめけいほう》に切《き》り替《か》える可能性《かのうせい》が高《たか》い注意報《ちゅういほう》	高潮注意報《たかしおちゅういほう》	注意《ちゅうい》	氾濫注意情報《はんらんちゅういじょうほう》		**自《みずか》らの避難行動《ひなんこうどう》を確認《かくにん》** 自宅《じたく》の備蓄《びちく》や防災《ぼうさい》バッグの点検《てんけん》、避難先《ひなんさき》・避難《ひなん》のタイミング、気象情報《きしょうじょうほう》・避難情報《ひなんじょうほう》の入手先《にゅうしゅさき》などを再確認《さいかくにん》。	2
大雨《おおあめ》の数日《すうじつ》～約《やく》1日前《にちまえ》	大雨注意報《おおあめちゅういほう》 洪水注意報《こうずいちゅういほう》						
	早期注意情報《そうきちゅういじょうほう》 （警報級《けいほうきゅう》の可能性《かのうせい》）					災害《さいがい》への心構《こころがま》えを高《たか》める	1

※情報《じょうほう》がより伝《つた》わりやすくなるよう、警戒《けいかい》レベルと対応《たいおう》する情報《じょうほう》の名前《なまえ》の変更《へんこう》が検討《けんとう》されている

気象警報《きしょうけいほう》の種類《しゅるい》と対象《たいしょう》とする現象《げんしょう》・災害《さいがい》

気象警報《きしょうけいほう》の種類《しゅるい》		対象《たいしょう》とする現象《げんしょう》・災害《さいがい》
大雨《おおあめ》	特別警報《とくべつけいほう》	数十年《すうじゅうねん》に一度《いちど》の降雨量《こううりょう》となる大雨《おおあめ》。土砂災害《どしゃさいがい》と浸水害《しんすいがい》が対象《たいしょう》。
	警報《けいほう》	大雨《おおあめ》による重大《じゅうだい》な土砂災害《どしゃさいがい》や浸水害《しんすいがい》。
	注意報《ちゅういほう》	大雨《おおあめ》による土砂災害《どしゃさいがい》や浸水害《しんすいがい》。雨《あめ》が止《や》んでも土砂災害《どしゃさいがい》などのおそれがあれば発表《はっぴょう》を継続《けいぞく》。
洪水《こうずい》	警報《けいほう》	河川《かせん》の増水《ぞうすい》・氾濫《はんらん》や堤防《ていぼう》の損傷《そんしょう》・決壊《けっかい》、これらによる浸水害《しんすいがい》などの重大《じゅうだい》な洪水害《こうずいがい》。
	注意報《ちゅういほう》	河川《かせん》の増水《ぞうすい》や堤防《ていぼう》の損傷《そんしょう》、これらによる浸水害《しんすいがい》などの洪水害《こうずいがい》。
大雪《おおゆき》	特別警報《とくべつけいほう》	数十年《すうじゅうねん》に一度《いちど》の降雪量《こうせつりょう》となる大雪《おおゆき》。
	警報《けいほう》	降雪《こうせつ》や積雪《せきせつ》による住家等《じゅうかとう》の被害《ひがい》や交通障害《こうつうしょうがい》など、大雪《おおゆき》による重大《じゅうだい》な災害《さいがい》。
	注意報《ちゅういほう》	降雪《こうせつ》や積雪《せきせつ》による住家等《じゅうかとう》の被害《ひがい》や交通障害《こうつうしょうがい》など、大雪《おおゆき》による災害《さいがい》。
暴風《ぼうふう》	特別警報《とくべつけいほう》	数十年《すうじゅうねん》に一度《いちど》の強度《きょうど》の台風《たいふう》や同程度《どうていど》の温帯低気圧《おんたいていきあつ》による暴風《ぼうふう》。
	警報《けいほう》	暴風《ぼうふう》による重大《じゅうだい》な災害《さいがい》。
強風《きょうふう》	注意報《ちゅういほう》	強風《きょうふう》による災害《さいがい》。
暴風雪《ぼうふうせつ》	特別警報《とくべつけいほう》	数十年《すうじゅうねん》に一度《いちど》の強度《きょうど》の台風《たいふう》と同程度《どうていど》の温帯低気圧《おんたいていきあつ》による雪《ゆき》を伴《ともな》う暴風《ぼうふう》。
	警報《けいほう》	雪《ゆき》を伴《ともな》う暴風《ぼうふう》による重大《じゅうだい》な災害《さいがい》と、暴風《ぼうふう》で雪《ゆき》が舞《ま》って視界《しかい》が遮《さえぎ》られることによる重大《じゅうだい》な災害《さいがい》。
風雪《ふうせつ》	注意報《ちゅういほう》	雪《ゆき》を伴《ともな》う強風《きょうふう》による災害《さいがい》。強風《きょうふう》による災害《さいがい》と、強風《きょうふう》で雪《ゆき》が舞《ま》って視界《しかい》が遮《さえぎ》られることによる災害《さいがい》。
波浪《はろう》	特別警報《とくべつけいほう》	数十年《すうじゅうねん》に一度《いちど》の強度《きょうど》の台風《たいふう》や同程度《どうていど》の温帯低気圧《おんたいていきあつ》による高波《たかなみ》。
	警報《けいほう》	高波《たかなみ》による遭難《そうなん》や沿岸施設《えんがんしせつ》の被害《ひがい》などの重大《じゅうだい》な災害《さいがい》。
	注意報《ちゅういほう》	高波《たかなみ》による遭難《そうなん》や沿岸施設《えんがんしせつ》の被害《ひがい》などの災害《さいがい》。
高潮《たかしお》	特別警報《とくべつけいほう》	数十年《すうじゅうねん》に一度《いちど》の強度《きょうど》の台風《たいふう》や同程度《どうていど》の温帯低気圧《おんたいていきあつ》による高潮《たかしお》。
	警報《けいほう》	台風《たいふう》や低気圧等《ていきあつとう》による異常《いじょう》な潮位上昇《ちょういじょうしょう》による重大《じゅうだい》な災害《さいがい》。
	注意報《ちゅういほう》	台風《たいふう》や低気圧等《ていきあつとう》による異常《いじょう》な潮位上昇《ちょういじょうしょう》による災害《さいがい》。
雷《かみなり》	注意報《ちゅういほう》	積乱雲《せきらんうん》に伴《ともな》う落雷《らくらい》、急《きゅう》な強《つよ》い雨《あめ》、竜巻等《たつまきとう》の突風《とっぷう》、降雹《こうひょう》による人《ひと》や建物《たてもの》への被害《ひがい》。
濃霧《のうむ》	注意報《ちゅういほう》	濃《こ》い霧《きり》で見通《みとお》しが悪《わる》くなることによる交通障害等《こうつうしょうがいとう》の災害《さいがい》。
乾燥《かんそう》	注意報《ちゅういほう》	空気《くうき》の乾燥《かんそう》により火災《かさい》・延焼等《えんしょうとう》が発生《はっせい》する危険《きけん》が大《おお》きい気象条件《きしょうじょうけん》。
なだれ	注意報《ちゅういほう》	山《やま》などの斜面《しゃめん》に積《つ》もった雪《ゆき》が崩落《ほうらく》する雪崩《なだれ》による人《ひと》や建物《たてもの》の被害《ひがい》。
着氷《ちゃくひょう》	注意報《ちゅういほう》	水蒸気《すいじょうき》や水《みず》しぶきの付着《ふちゃく》・凍結《とうけつ》による通信線《つうしんせん》・送電線《そうでんせん》の断線《だんせん》、船体着氷《せんたいちゃくひょう》による転覆《てんぷく》・沈没等《ちんぼつとう》の被害《ひがい》。
着雪《ちゃくせつ》	注意報《ちゅういほう》	雪《ゆき》が付着《ふちゃく》することによる電線等《でんせんとう》の断線《だんせん》や送電鉄塔等《そうでんてっとうとう》の倒壊《とうかい》などの被害《ひがい》。
融雪《ゆうせつ》	注意報《ちゅういほう》	積雪《せきせつ》が融解《ゆうかい》することによる土砂災害《どしゃさいがい》や浸水害《しんすいがい》。
霜《しも》	注意報《ちゅういほう》	春《はる》・秋《あき》に気温《きおん》が下《さ》がって霜《しも》が発生《はっせい》することによる農作物《のうさくぶつ》や果実《かじつ》の被害《ひがい》。
低温《ていおん》	注意報《ちゅういほう》	低温《ていおん》による農作物《のうさくぶつ》の被害《ひがい》（冷夏《れいか》の場合《ばあい》も含《ふく》む）や水道管《すいどうかん》の凍結《とうけつ》や破裂《はれつ》による著《いちじる》しい被害《ひがい》。

早期《そうき》注意《ちゅうい》情報《じょうほう》（警報級《けいほうきゅう》の可能性《かのうせい》）

▶ 警報級《けいほうきゅう》の現象《げんしょう》が5日先《かさき》までに予想《よそう》されているときに、気象庁《きしょうちょう》から発《はっ》表《ぴょう》される。警報級《けいはっきゅう》の可能性《かのうせい》が高《たか》いと[高]、可能性《かのうせい》は高《たか》くないけど一《いっ》定《てい》程《てい》度《ど》認《みと》められると[中《ちゅう》]で表《あらわ》され、地図《ちず》上《じょう》や各《かく》地域《ちいき》でいつが対《たい》象《しょう》とされているのかを確認《かくにん》できる。

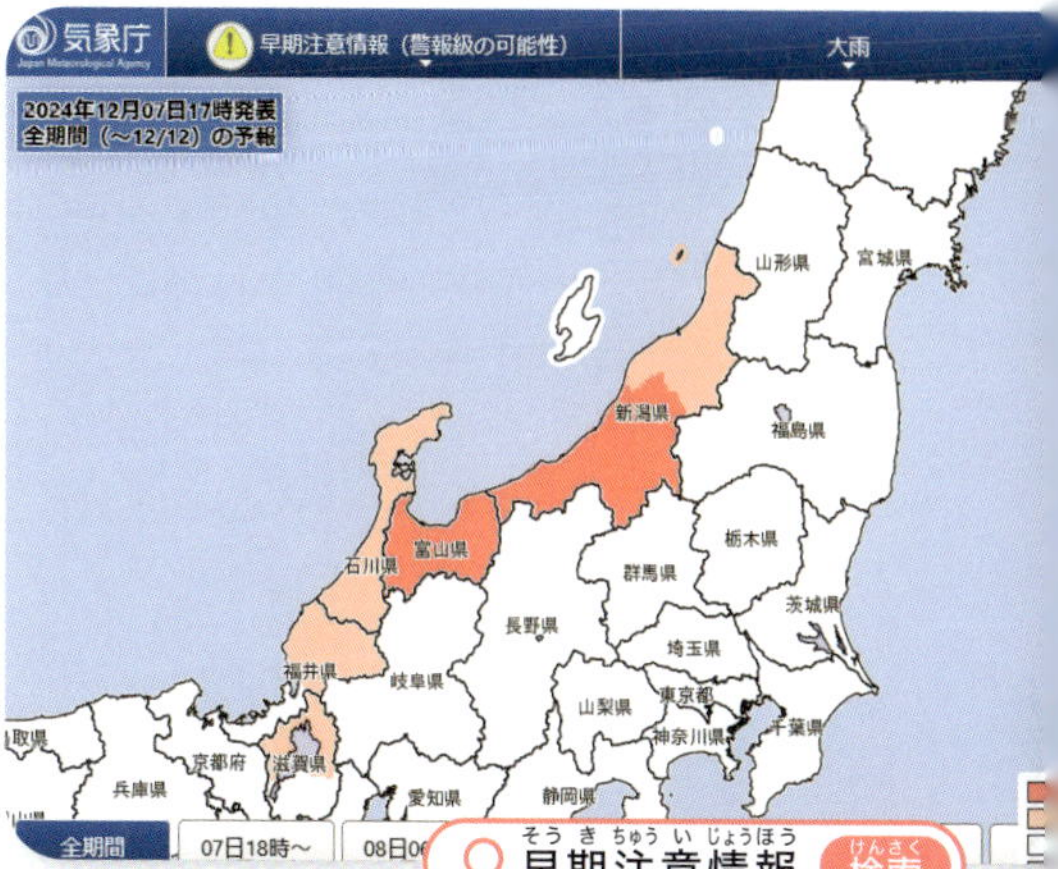

早期《そうき》注意《ちゅうい》情報《じょうほう》　検索《けんさく》

気象庁　早期注意情報

全国　愛媛県の早期注意情報

愛媛県の早期注意情報（警報級の可能性）

2024年08月28日16時　松山地方気象台　発表

中予では、２９日までの期間内に、大雨警報を発表する可能性が高い。また、２９日までの期間内に、暴風、波浪警報を発表する可能性がある。

東予では、２９日までの期間内に、大雨警報を発表する可能性が高い。また、２９日までの期間内に、暴風、波浪警報を発表する可能性がある。

南予では、２９日までの期間内に、大雨、暴風、波浪警報を発表する可能性が高い。

愛媛県中予			28日		29日			30日	31日	1日	2日
			12-18	18-24	00-06	06-12	12-24				
大雨	警報級の可能性		[中]	[中]		[高]		[高]	[高]	[中]	-
	1時間最大		30	30	40	50	50				
	3時間最大		45	45	60	70	70				
	24時間最大				150から200						
暴風(雪)	警報級の可能性		-	-		[中]		[高]	[高]	-	-
	最大風速	陸上	9以下	10	12	12	15				
		海上	10	12	15	15	20				
波浪	警報級の可能性		-	-		[中]		[高]	[高]	-	-
	波高		1	1	1.5	1.5	2				
高潮	警報級の可能性		-	-		-		[中]	[中]	-	-

■[高]　■[中]

住《す》まいの地域《ちいき》の気象警報《きしょうけいほう》の発表基準《はっぴょうきじゅん》や過去《かこ》の災害《さいがい》を調《しら》べてみよう

気象警報《きしょうけいほう》の発表基準《はっぴょうきじゅん》は地域《ちいき》によって異《こと》なるので、自分《じぶん》が住《す》んでいる地域《ちいき》の発表基準《はっぴょうきじゅん》をチェックしてみよう。過去《かこ》にどんな災害《さいがい》が起《お》こったことがあるのかを知《し》ると、備《そな》えを進《すす》めやすくなる。

気象警報《きしょうけいほう》　発表基準《はっぴょうきじゅん》　検索《けんさく》

53 いまどこが危《あぶ》ないのかを知《し》る便《べん》利《り》ツール「キキクル」

大雨《おおあめ》で水害《すいがい》が発生《はっせい》しそうかを確認《かくにん》できる便利《べんり》ツールがあります。それが気象庁《きしょうちょう》の**キキクル**（**危険度分布《きけんどぶんぷ》**）です。

雨《あめ》が降《ふ》ると雨水《あまみず》は地中《ちちゅう》に浸《し》み込《こ》んだり地《ち》表面《ひょうめん》を流《なが》れたりして低地《ていち》や川《かわ》に集《あつ》まります。大雨《おおあめ》の場合《ばあい》にはこれによって土砂災害《どしゃさいがい》や浸水害《しんすいがい》、洪水害《こうずいがい》が発生《はっせい》します。キキクルではこれらの雨水《あまみず》の動《うご》きを計算《けいさん》し、災害《さいがい》ごとに危険度《きけんど》がどのくらいかリアルタイムでわかります。危険度《きけんど》に応《おう》じて警戒《けいかい》レベルに相当《そうとう》する色付《いろづ》けがされており、**避難《ひなん》を完了《かんりょう》しておきたい警戒《けいかい》レベル4相当《そうとう》なのは紫《むらさき》**です。これを使《つか》えば、住《す》まいの地域《ちいき》がどのくらい危険《きけん》かがわかります。

自治体《じちたい》の避難情報《ひなんじょうほう》は必《かなら》ずしも気象庁《きしょうちょう》の防《ぼう》災気象情報《さいきしょうじょうほう》と同時《どうじ》に発令《はつれい》されるわけではなく、気象情報《きしょうじょうほう》やキキクルを使《つか》うことで早《はや》めの避難《ひなん》ができることも。スマホのアプリで危険度《きけんど》が高《たか》まったときに通知《つうち》がくるサービスもあります。地域《ちいき》の危険箇所《きけんかしょ》などをあらかじめ把握《はあく》しておき、キキクルと組《く》み合《あ》わせて避難判断《ひなんはんだん》・行動《こうどう》に利用《りよう》しましょう。

防災《ぼうさい》の豆知識《まめちしき》

数年《すうねん》に一度程度《いちどていど》しか発生《はっせい》しないような短時間《たんじかん》の大雨《おおあめ》が観測《かんそく》・解析《かいせき》されると**記録的短時間大雨情報《きろくてきたんじかんおおあめじょうほう》**、線状降水帯《せんじょうこうすいたい》が発生《はっせい》すると**顕著《けんちょ》な大雨《おおあめ》に関《かん》する気象情報《きしょうじょうほう》**が発表《はっぴょう》されます。そんなときにはキキクルを要《よう》チェック！

土砂災害《どしゃさいがい》・浸水害《しんすいがい》・洪水害《こうずいがい》の危険度《きけんど》がわかる

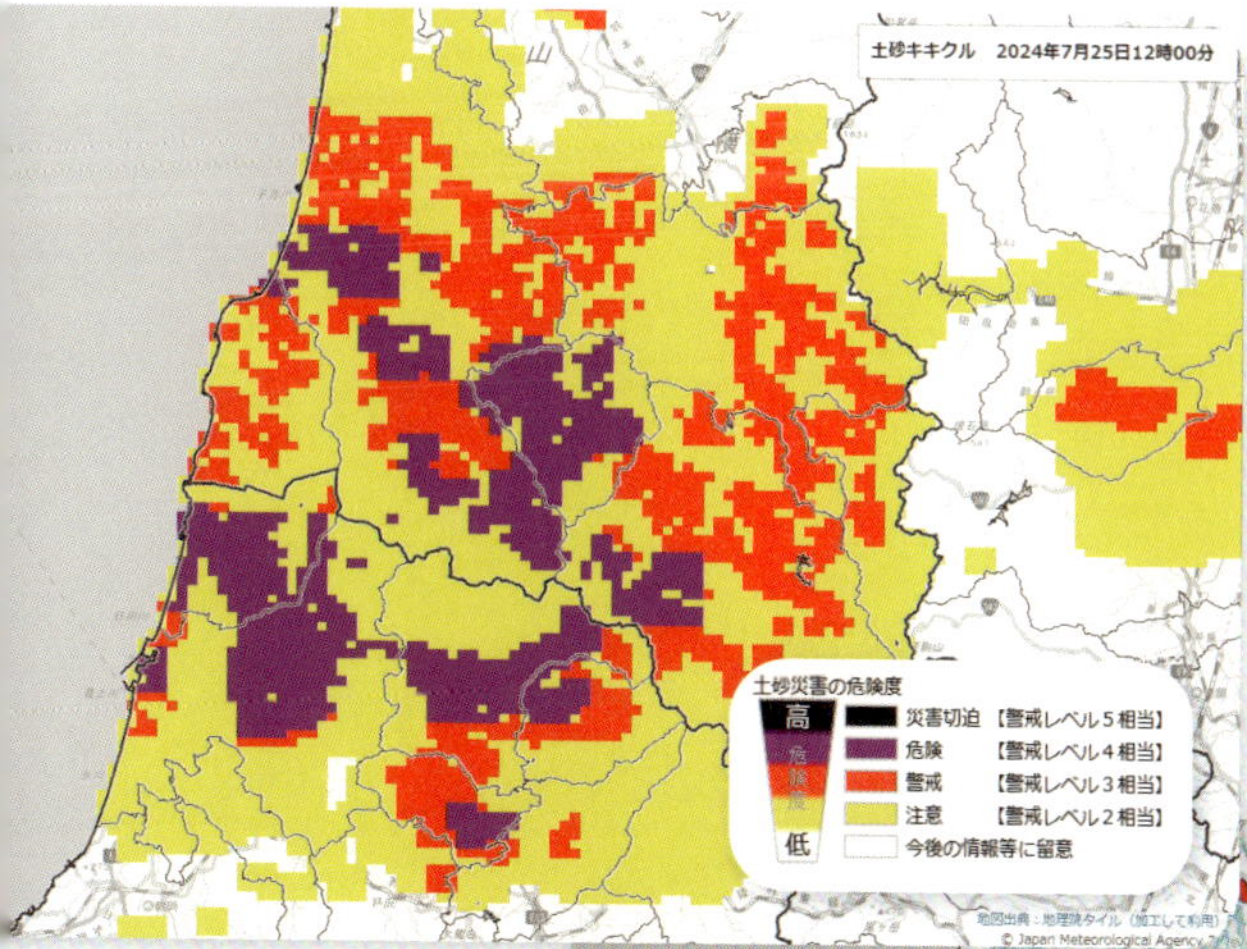

◀ 土砂災害《どしゃさいがい》のキキクル。土砂災害警戒区域等《どしゃさいがいけいかいくいきとう》も重《かさ》ねて表示《ひょうじ》できる。

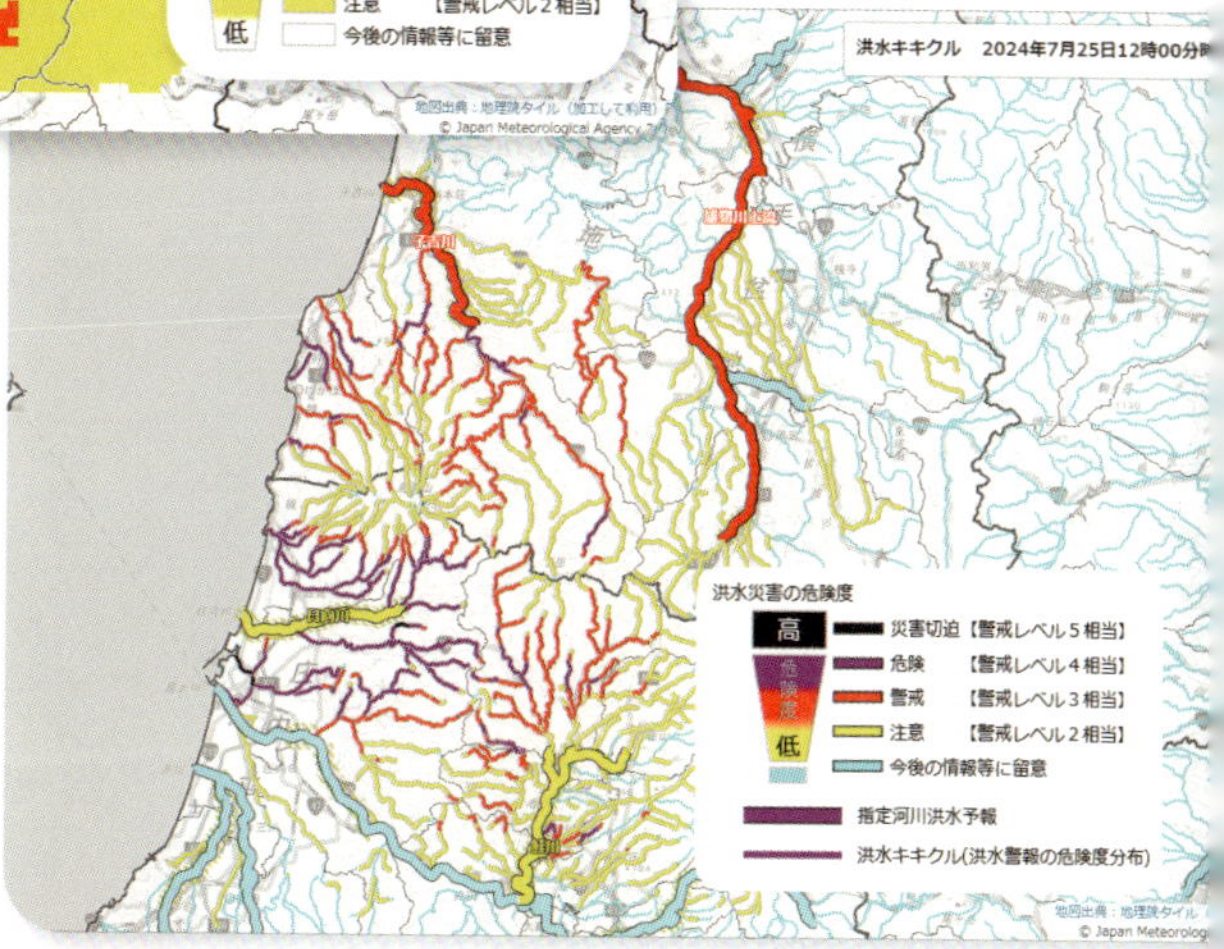

▶ 洪水害《こうずいがい》のキキクル。洪《こう》水《ずい》浸水《しんすい》想定《そうてい》区域《くいき》も重《かさ》ねられる。

キキクル　検索《けんさく》

通知《つうち》サービスを使《つか》おう

危険度《きけんど》が高《たか》まったときの
プッシュ通知《つうち》のサービスをチェック！

Yahoo!《ヤフー》防災速報《ぼうさいそくほう》　特務機関《とくむきかん》NERV《ネルフ》防災《ぼうさい》

近《ちか》くの川《かわ》が危《あぶ》なくなっている
という通知《つうち》がきたらライブカメラ
でもチェックしてみよう

キキクル　通知《つうち》　検索《けんさく》

54 台風《たいふう》の接近《せっきん》が予想《よそう》されているときの情報《じょうほう》の使《つか》い方《かた》

ニュースなどで台風《たいふう》の発生《はっせい》を知《し》ってから、実際《じっさい》に接近《せっきん》して危険《きけん》な状況《じょうきょう》になるまでに、どんな情報《じょうほう》を使《つか》って何《なに》をすればよいでしょうか。一緒《いっしょ》に予習《よしゅう》しておきましょう。

まず**台風情報《たいふうじょうほう》**です。気象庁《きしょうちょう》ウェブサイトなどで5日《か》先《さき》までの**台風進路予報《たいふうしんろよほう》**を確認《かくにん》できます。進路予報《しんろよほう》には**予報円《よほうえん》**が使《つか》われており、この予報円《よほうえん》の大《おお》きさ＝台風《たいふう》の大《おお》きさではありません。その時刻《じこく》に台風《たいふう》の中心《ちゅうしん》が入《はい》る確率《かくりつ》が70％の円《えん》で、予報円《よほうえん》が小《ちい》さいほど信頼性《しんらいせい》が高《たか》く、予報円《よほうえん》が大《おお》きければ不確実《ふかくじつ》で予報《よほう》が変《か》わりやすいことがわかります。

台風《たいふう》がやってきそうなら、ハザードマップや備蓄《びちく》の確認《かくにん》などを早《はや》めに済《す》ませましょう。気象庁《きしょうちょう》と国土交通省《こくどこうつうしょう》が合同緊急会見《ごうどうきんきゅうかいけん》を開《ひら》いていたらいよいよ避難《ひなん》の検討《けんとう》を。自分《じぶん》のいる場所《ばしょ》が台風《たいふう》の進路《しんろ》のどこにあたるかや危険《きけん》な時間《じかん》も要《よう》チェック。在宅避難《ざいたくひなん》か避難所避難《ひなんじょひなん》を決《き》めて、安全《あんぜん》を確保《かくほ》しましょう。

情報《じょうほう》の使《つか》い方《かた》や避難《ひなん》の例《れい》を載《の》せておきました（P132～133）。一連《いちれん》の流《なが》れをイメージしておきましょう。

防災《ぼうさい》の豆知識《まめちしき》

台風情報《たいふうじょうほう》で予報円《よほうえん》の中心《ちゅうしん》をつなぐ線《せん》も表示《ひょうじ》されることがありますが、ただつないでいるだけで台風中心《たいふうちゅうしん》が通《とお》る進路《しんろ》という意味《いみ》ではありません。台風《たいふう》接近時《せっきんじ》は予報円《よほうえん》が3時間《じかん》ごとに表示《ひょうじ》されるので予報円《よほうえん》で進路《しんろ》の確認《かくにん》を。

台風情報《たいふうじょうほう》の例《れい》

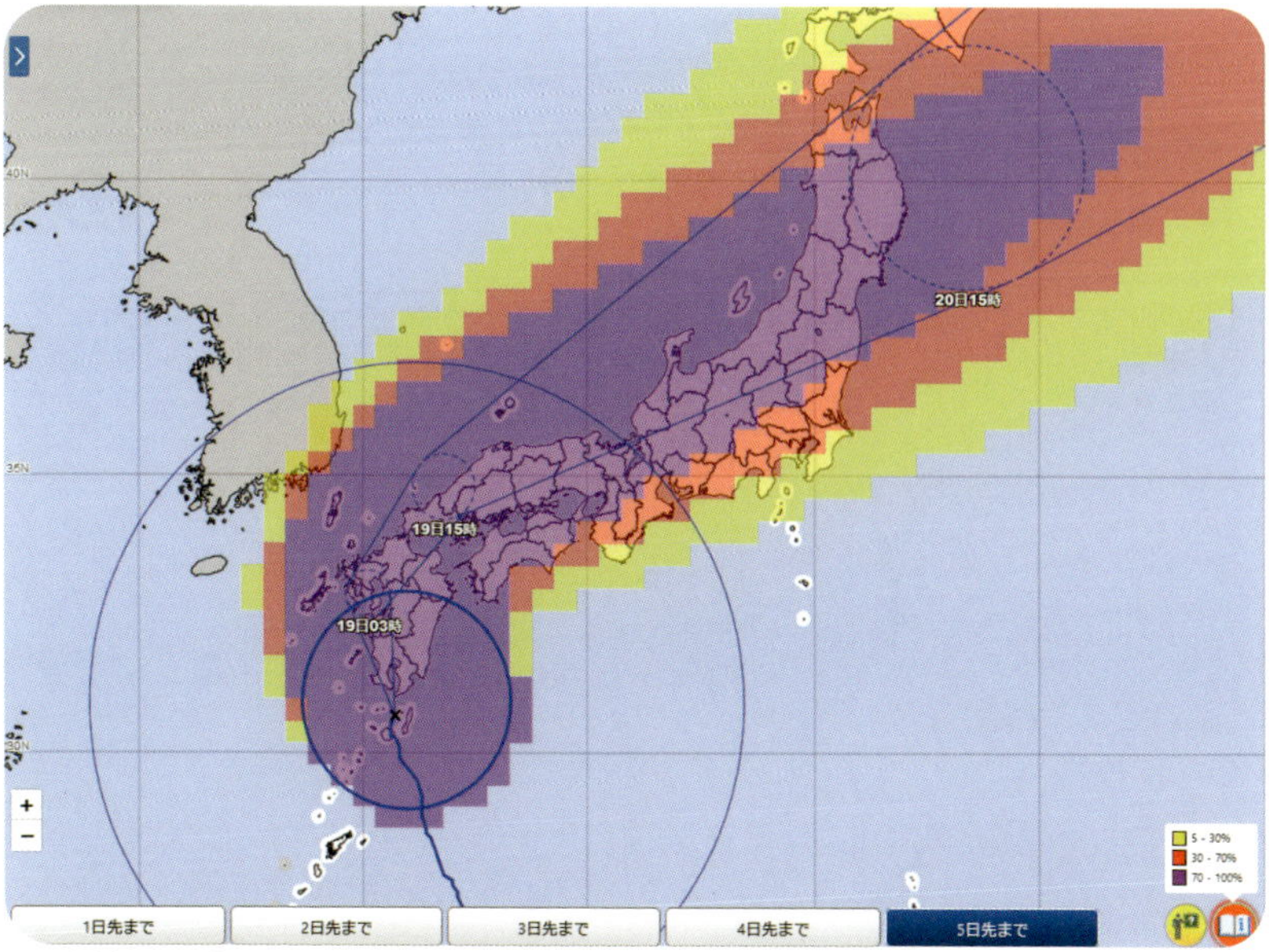

▲ 5日《か》先《さき》までに暴風域《ぼうふういき》に入《はい》る確率《かくりつ》も分布図《ぶんぷず》でチェック！　SNS《エスエヌエス》などでは海外《かいがい》の予報《よほう》センターの予測《よそく》が流《なが》れることがあるが、気象庁《きしょうちょう》の台風情報《たいふうじょうほう》はそれらも踏《ふ》まえて作成《さくせい》されたもの。気象庁《きしょうちょう》の防災情報《ぼうさいじょうほう》を参考《さんこう》に判断《はんだん》・行動《こうどう》しよう。

台風情報《たいふうじょうほう》の読《よ》み方《かた》

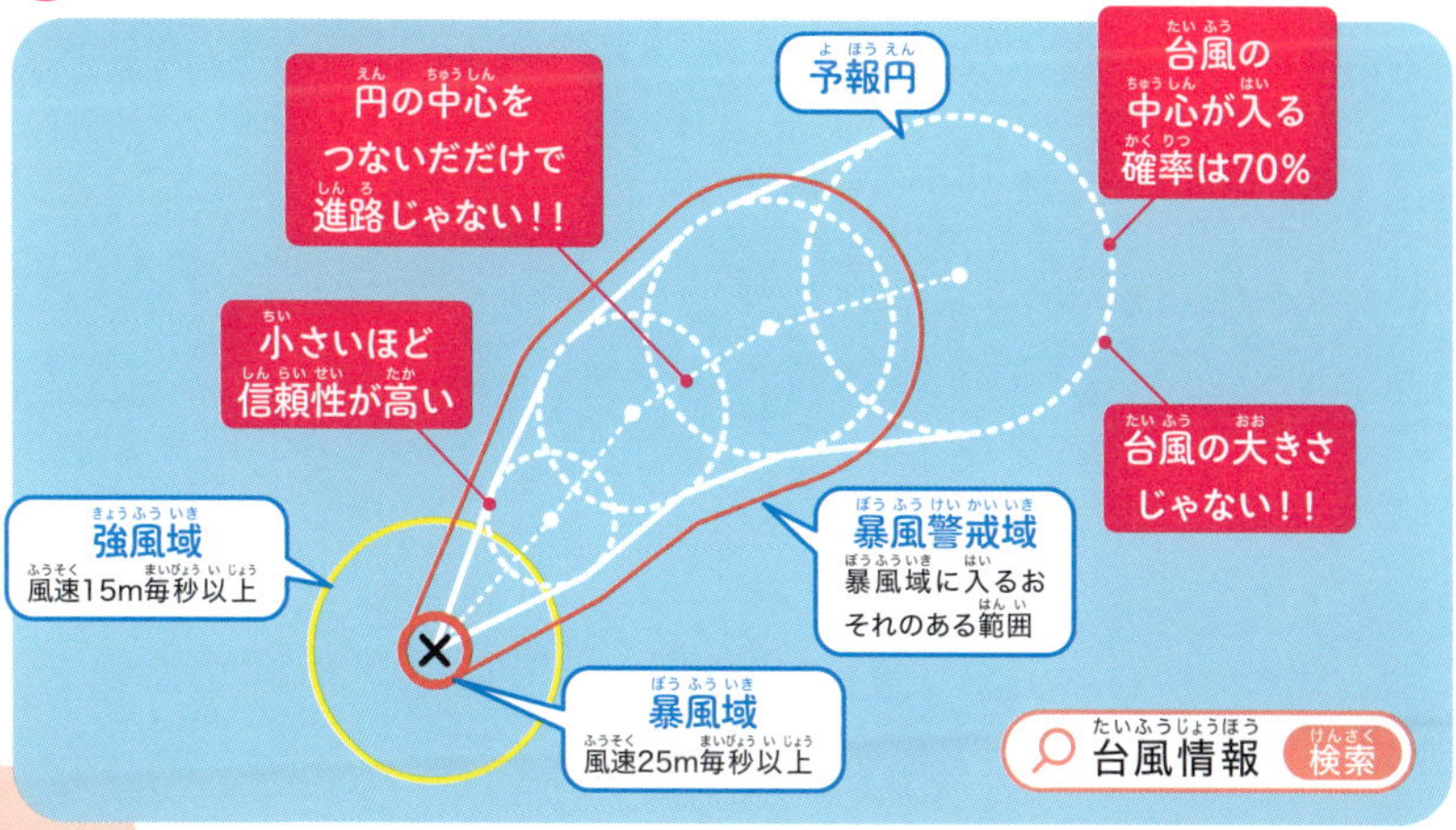

情報《じょうほう》をうまく使《つか》って台風《たいふう》に備《そな》えよう

台風発生後《たいふうはっせいご》にいつどんな判断《はんだん》・行動《こうどう》をするか、小《ち》さな赤《あか》ちゃんがいて犬《いぬ》を飼《か》っている5人家族《にんかぞく》を例《れい》に考《かんが》えてみよう。

1週間前《しゅうかんまえ》　台風《たいふう》が南《みなみ》の海上《かいじょう》で発生《はっせい》

- 最新《さいしん》の台風情報《たいふうじょうほう》をチェック P130

5日前《かまえ》　予報円《よほうえん》に入《はい》る予想《よそう》になった

- ハザードマップを確認《かくにん》 P114
- 自宅《じたく》の備蓄《びちく》を確認《かくにん》 P102
- 家族《かぞく》と避難《ひなん》について話《はな》し合《あ》う

  避難所《ひなんじょ》までの経路《けいろ》、ペットと一緒《いっしょ》に避難《ひなん》できるかなども含《ふく》めて確認《かくにん》。 P96

うちは赤《あか》ちゃんがいるから早《はや》めに避難《ひなん》したいところだね。今《いま》のうちに防災《ぼうさい》バッグや避難経路《ひなんけいろ》を確認《かくにん》しよう

- 大規模災害《だいきぼさいがい》の場合《ばあい》の避難先《ひなんさき》も検討《けんとう》

  離《はな》れた親戚《しんせき》や友人宅《ゆうじんたく》、ホテルなどへの避難《ひなん》も検討《けんとう》しておこう。 P94

犬《いぬ》が避難《ひなん》できるか確認《かくにん》しておこう。キャリーバッグや餌《えさ》も用意《ようい》しよう

3~2日前《かまえ》　最新《さいしん》の警報級《けいほうきゅう》の可能性《かのうせい》や台風情報《たいふうじょうほう》をチェック

- いつごろ荒《あ》れそうかなど最新情報《さいしんじょうほう》を確認《かくにん》
- 警報級《けいほうきゅう》の可能性《かのうせい》をチェック P127
- 気象庁《きしょうちょう》と国交省《こっこうしょう》が合同緊急会見《ごうどうきんきゅうかいけん》を開《ひら》いたら要注意《ようちゅうい》 P122
- 停電《ていでん》・断水《だんすい》への備《そな》えをチェック P104、108

極《きわ》めて危険《きけん》な予想《よそう》で広域避難《こういきひなん》になった

- 避難先《ひなんさき》を決《き》めて、荒《あ》れる前《まえ》に避難開始《ひなんかいし》

  台風《たいふう》の影響《えいきょう》の少《すく》ない避難先《ひなんさき》を選《えら》んで移動《いどう》を開始《かいし》。雨《あめ》や風《かぜ》が強《つよ》まる前《まえ》に避難《ひなん》を完了《かんりょう》しておこう。

危険《きけん》な状況《じょうきょう》で移動《いどう》できなくなる前《まえ》に避難完了《ひなんかんりょう》！

前日《ぜんじつ》 台風《たいふう》はどこを通《とお》るか？

- 最新《さいしん》の台風情報《たいふうじょうほう》を確認《かくにん》 P130
- 進路《しんろ》の右側《みぎがわ》で中心《ちゅうしん》に近《ちか》い地域《ちいき》にあたる場合《ばあい》、とくに暴風《ぼうふう》や高潮《たかしお》に警戒《けいかい》 P36
- 自宅《じたく》の台風対策《たいふうたいさく》をチェック P120

半日前《はんにちまえ》〜当日《とうじつ》 避難所避難《ひなんじょひなん》か在宅避難《ざいたくひなん》かを決《き》めて安全確保《あんぜんかくほ》

- 大雨《おおあめ》・暴風警報発表《ぼうふうけいほうはっぴょう》 P125
- 「今後《こんご》の雨《あめ》」で雨《あめ》の強《つよ》まる時間《じかん》も確認《かくにん》 P29
- 自治体《じちたい》の避難情報《ひなんじょうほう》を確認《かくにん》

避難《ひなん》で自宅《じたく》から離《はな》れるとき

- □ **防災《ぼうさい》バッグを持《も》つ**
  前日《ぜんじつ》までに点検《てんけん》しよう P100
- □ **ガスの元栓《もとせん》を閉《し》めて、ブレーカーを落《お》とす**
  避難前《ひなんまえ》に必《かなら》ず確認《かくにん》 P138

避難所避難《ひなんじょひなん》の場合《ばあい》

警報《けいほう》が発表《はっぴょう》された！
雨《あめ》や風《かぜ》が強《つよ》まる前《まえ》に
みんなで避難《ひなん》しよう

- **避難《ひなん》の身支度《みじたく》を整《ととの》える**
  動《うご》きやすい服装《ふくそう》で、防災《ぼうさい》バッグを持《も》とう。 P138
- **「雨雲《あまぐも》の動《うご》き」「キキクル」で住《す》まいの地域《ちいき》の状況《じょうきょう》を確認《かくにん》**
  水害《すいがい》の危険度《きけんど》が高《たか》まる前《まえ》に避難《ひなん》を判断《はんだん》。 P128
- **危険《きけん》な場所《ばしょ》に近《ちか》づかず、安全《あんぜん》な経路《けいろ》で避難《ひなん》しよう**
  川《かわ》や用水路《ようすいろ》など危険《きけん》な場所《ばしょ》は避《さ》ける P142。明《あか》るいうちに避難《ひなん》 P144。事前《じぜん》に決《き》めたルートでも、雨《あめ》や風《かぜ》の状況《じょうきょう》によって必《かなら》ずしも安全《あんぜん》とは限《かぎ》らない。風《かぜ》で飛《と》んでくるものにも要注意《ようちゅうい》。 P40

在宅避難《ざいたくひなん》の場合《ばあい》

- **最新《さいしん》の気象情報《きしょうじょうほう》を確認《かくにん》**
- **在宅避難《ざいたくひなん》できるか確認《かくにん》**
  自宅《じたく》の場所《ばしょ》や建物《たてもの》に危険《きけん》がなく備蓄《びちく》が十分《じゅうぶん》あり、自宅《じたく》で生活《せいかつ》できる状態《じょうたい》なら在宅避難《ざいたくひなん》へ。 P94
- **浸水《しんすい》したら垂直避難《すいちょくひなん》**
  もしも浸水《しんすい》したら2階以上《かいいじょう》の高《たか》い場所《ばしょ》へ避難《ひなん》。 P144

55

いつ何《なに》をするかをまとめた「マイ・タイムライン」をつくろう

みなさんが遠足《えんそく》や修学旅行《しゅうがくりょこう》に行《い》くとき、事前《じぜん》にいつどこに行《い》くといった予定《よてい》をまとめた、しおりをつくると思《おも》います。自然災害《しぜんさいがい》のときにどうするかのしおりは、**マイ・タイムライン**と呼《よ》ばれています。

マイ・タイムラインは台風《たいふう》や大雨《おおあめ》などの風水害用《ふうすいがいよう》と、地震《じしん》・津波用《つなみよう》、場所《ばしょ》によっては火山噴火用《かざんふんかよう》などを用意《ようい》すると便利《べんり》です。複数《ふくすう》の避難先《ひなんさき》の候補《こうほ》やそこに行《い》くまでにかかる時間《じかん》、ペットがいるか、避難情報《ひなんじょうほう》のうち高齢者等避難《こうれいしゃとうひなん》と避難指示《ひなんしじ》のどちらで避難《ひなん》するか、台風《たいふう》・大雨《おおあめ》なら浸水《しんすい》の被害想定《ひがいそうてい》や土砂災害警戒区域《どしゃさいがいけいかいくいき》かどうかなどをまずは確認《かくにん》して記入《きにゅう》。その上《うえ》で、各種情報発表《かくしゅじょうほうはっぴょう》のタイミングで何《なに》をするか書《か》き込《こ》みましょう。地震《じしん》・津波《つなみ》の場合《ばあい》には、日《ひ》ごろの備《そな》えと、発生《はっせい》してからの行動《こうどう》や確認《かくにん》することを書《か》き込《こ》んでおくのがおすすめです。

記入用《きにゅうよう》のマイ・タイムラインのデータを公開《こうかい》している自治体《じちたい》もあるので、使《つか》いやすいものを選《えら》びましょう。記入《きにゅう》したら部屋《へや》の見《み》えやすいところに貼《は》っておくと便利《べんり》です。

防災《ぼうさい》の豆知識《まめちしき》

「首都圏大規模水害広域避難《しゅとけんだいきぼすいがいこういきひなん》タイムライン」では、台風接近《たいふうせっきん》に伴《ともな》い広域避難《こういきひなん》が必要《ひつよう》な約《やく》250万人《まんにん》が、関係機関《かんけいきかん》の連携《れんけい》によりあらゆる手段《しゅだん》で避難《ひなん》できるようにする流《なが》れをまとめています。入念《にゅうねん》な事前《じぜん》の準備《じゅんび》、大切《たいせつ》ですね。

マイ・タイムライン(台風《たいふう》・大雨《おおあめ》)の記入例《きにゅうれい》

大空町《おおぞらまち》 パーセル 家《け》の避難行動計画《ひなんこうどうけいかく》　作成日《さくせいび》：2025年《ねん》XX月《がつ》YY日《にち》

避難先候補《ひなんさきこうほ》1	大空町第一小学校	移動時間《いどうじかん》 10分
避難先候補《ひなんさきこうほ》2	いとこの家	移動時間《いどうじかん》 40分

避難《ひなん》に支援《しえん》が必要《ひつよう》な人《ひと》(高齢者《こうれいしゃ》、乳幼児《にゅうようじ》、妊婦《にんぷ》など)が ☑ いる → 高齢者等避難《こうれいしゃとうひなん》の発令《はつれい》で避難《ひなん》！ ☐ いない → 避難指示《ひなんしじ》の発令《はつれい》で避難《ひなん》！	ペットは？ ☐ いる ☑ いない

台風《たいふう》・大雨《おおあめ》 自宅《じたく》の災害《さいがい》 リスクチェック		
	☑ 洪水《こうずい》 3.0〜5.0 mの浸水《しんすい》	☑ 土砂災害警戒区域《どしゃさいがいけいかいくいき》
	☐ 高潮《たかしお》 mの浸水《しんすい》	☐ 土砂災害特別警戒区域《どしゃさいがいとくべつけいかいくいき》

時間《じかん》	気象《きしょう》・避難情報《ひなんじょうほう》	マイ・タイムライン記入欄《きにゅうらん》
0時間《じかん》	警戒《けいかい》レベル5 緊急安全確保《きんきゅうあんぜんかくほ》、大雨特別警報《おおあめとくべつけいほう》、氾濫発生情報《はんらんはっせいじょうほう》	☐ 避難《ひなん》を続《つづ》けて身《み》の安全《あんぜん》を確保《かくほ》 ☐ ラジオやインターネットなどで最新《さいしん》の情報《じょうほう》を入手《にゅうしゅ》
3時間前《じかんまえ》	警戒《けいかい》レベル4 避難指示《ひなんしじ》、土砂災害警戒情報《どしゃさいがいけいかいじょうほう》、氾濫危険情報《はんらんきけんじょうほう》	☐ 避難《ひなん》を完了《かんりょう》して、身《み》の安全《あんぜん》を確保《かくほ》できている ☐ テレビやラジオで最新《さいしん》の情報《じょうほう》を確認《かくにん》 ☐ 土砂災害《どしゃさいがい》と洪水害《こうずいがい》の「キキクル」を確認《かくにん》
5時間前《じかんまえ》	警戒《けいかい》レベル3 高齢者等避難《こうれいしゃとうひなん》、大雨《おおあめ》・洪水警報《こうずいけいほう》、氾濫警戒情報《はんらんけいかいじょうほう》	☐ 土砂災害《どしゃさいがい》と洪水害《こうずいがい》の「キキクル」を確認《かくにん》 ☐ 「雨雲《あまぐも》の動《うご》き」で強《つよ》い雨《あめ》が降《ふ》っている場所《ばしょ》を確認《かくにん》 ☐ 避難所《ひなんじょ》の開設《かいせつ》など自治体《じちたい》の情報《じょうほう》をチェック ☐ エルダーとマチョオとパーセルくんが避難開始《ひなんかいし》 ☐ パーセルさんは隣町《となりまち》の力士《りきし》に連絡《れんらく》、必要《ひつよう》ならお迎《むか》え ☐ 雨《あめ》・風《かぜ》が激《はげ》しくなる前《まえ》に避難《ひなん》を完了《かんりょう》する
半日前《はんにちまえ》 1日前《にちまえ》	警戒《けいかい》レベル2 大雨《おおあめ》・洪水《こうずい》・高潮注意報《たかしおちゅういほう》、氾濫注意情報《はんらんちゅういじょうほう》	☐ 「今後《こんご》の雨《あめ》」の雨量予測《うりょうよそく》など最新《さいしん》の気象情報《きしょうじょうほう》を確認《かくにん》 ☐ 最新《さいしん》の台風情報《たいふうじょうほう》で自宅《じたく》が進路《しんろ》のどこにあたるか確認《かくにん》 ☐ 避難所《ひなんじょ》へ行《い》くか在宅避難《ざいたくひなん》かを決《き》めて避難準備開始《ひなんじゅんびかいし》 ☐ 外《そと》に出《だ》しているものをしまうなど自宅《じたく》の台風対策《たいふうたいさく》を確認《かくにん》 ☐ 車《くるま》のガソリンを満《まん》タンにしておくなど停電対策《ていでんたいさく》を確認《かくにん》 ☐ お風呂《ふろ》に水《みず》を張《は》っておくなど断水対策《だんすいたいさく》を確認《かくにん》
2日前《かまえ》 3日前《かまえ》	警戒《けいかい》レベル1 早期注意情報《そうきちゅういじょうほう》 (警報級《けいほうきゅう》の可能性《かのうせい》)	☐ 最新《さいしん》の台風情報《たいふうじょうほう》をチェック ☐ ハザードマップ、避難経路《ひなんけいろ》、避難場所《ひなんばしょ》の確認《かくにん》 ☐ 家族《かぞく》との連絡手段《れんらくしゅだん》を確認《かくにん》　☐ 防災《ぼうさい》バッグの点検《てんけん》 ☐ 自宅《じたく》の備蓄《びちく》(3日分《かぶん》〜1週間分《しゅうかんぶん》)を確認《かくにん》 (☐ 飲料水《いんりょうすい》・食品《しょくひん》 ☐ 生活用水《せいかつようすい》 ☐ 生活用品《せいかつようひん》 ☐ 非常用《ひじょうよう》トイレ)

家族《かぞく》の役割分担《やくわりぶんたん》も
話《はな》し合《あ》って
書《か》いておこう！

そのときどこにいるかで行動《こうどう》も変《か》わるね

マイ・タイムライン　検索《けんさく》

いろんなマイ・タイムラインの
様式《ようしき》があるから、使《つか》いやすいものを
ウェブで探《さが》してみよう！

Column 3

命《いのち》を守《まも》る「津波《つなみ》てんでんこ」の言《い》い習《なら》わし

東北《とうほく》・三陸《さんりく》での言《い》い習《なら》わしに「**津波《つなみ》てんでんこ**」があります。これは、「地震《じしん》が起《お》きたら津波《つなみ》がくるので、肉親《にくしん》にもかまわず各自《かくじ》ばらばらに高台《たかだい》に逃《に》げろ」というものです。2011年《ねん》の東日本大震災《ひがしにほんだいしんさい》のときに、岩手県《いわてけん》釜石市《かまいしし》の小中学生《しょうちゅうがくせい》がこれを実践《じっせん》して、多《おお》くの命《いのち》が助《たす》かりました。

津波《つなみ》てんでんこは「自分《じぶん》の命《いのち》は自分《じぶん》で守《まも》る」という**自助《じじょ》**の教《おし》えです。一《いっ》方《ぽう》、避難《ひなん》する人《ひと》の姿《すがた》を見《み》て地域全体《ちいきぜんたい》の避難行動《ひなんこうどう》につながるという、地《ち》域《いき》の住民同士《じゅうみんどうし》で助《たす》け合《あ》う**共助《きょうじょ》**の教《おし》えでもあるという考《かんが》え方《かた》もされています。これを実践《じっせん》するには、家族《かぞく》などが「それぞれで逃《に》げているはずだ」と思《おも》えるような信頼関係《しんらいかんけい》が必要《ひつよう》です。

津波《つなみ》てんでんこは「自分《じぶん》が助《たす》かれば他人《たにん》はどうなってもよい」といった自分勝手《じぶんかって》なものだと勘違《かんちが》いされることがありますが、これは間違《まちが》いです。それぞれが逃《に》げるという考《かんが》えを共有《きょうゆう》することで、互《たが》いに探《さが》して共倒《ともだお》れすることを防《ふせ》ぐ約束事《やくそくごと》なのです。日《ひ》ごろから家族《かぞく》や友人《ゆうじん》と避難《ひなん》について話《はな》し合《あ》っておきましょう。

▲「津波《つなみ》てんでんこ」の「てんでんこ」は、「各自《かくじ》」「めいめい」という意味《いみ》の「てんでん」に、東北《とうほく》の方言《ほうげん》などで語尾《ごび》につけることのある「こ」がついたもの。

第《だい》4章《しょう》

すごすぎる 避難《ひなん》と復旧《ふっきゅう》、支援《しえん》

災害《さいがい》では、危険《きけん》な状況《じょうきょう》になる前《まえ》に避難《ひなん》をして安全《あんぜん》を確保《かくほ》するのがベスト。大規模《だいきぼ》な災《さい》害《がい》では、その後《ご》に復旧《ふっきゅう》や復興《ふっこう》を考《かんが》えなくてはなりません。自分《じぶん》が被災《ひさい》していなくても、被災地《ひさいち》を支援《しえん》することで助《たす》け合《あ》えます。ここでは、避難《ひなん》と復旧《ふっきゅう》、そして支援《しえん》について取《と》り上《あ》げます。

56

避難《ひなん》する直前《ちょくぜん》に電気《でんき》・ガスを確認《かくにん》しないといけないワケ

「そろそろ避難所《ひなんじょ》に行《い》かなければ！」という状況《じょうきょう》になったら、自宅《じたく》を離《はな》れる前《まえ》に必《かなら》ず確認《かくにん》しておいてほしいことがあります。

まず、電気《でんき》の**ブレーカーを落《お》とす**こと。スイッチの入《はい》った状態《じょうたい》の家電《かでん》があると、停《てい》電《でん》からの復旧時《ふっきゅうじ》に火災《かさい》のおそれがあります。実際《じっさい》、阪神《はんしん》・淡路大震災《あわじだいしんさい》や東日本大震《ひがしにほんだいしん》災《さい》で発生《はっせい》した火災《かさい》のうち、6割以上《わりいじょう》が電気《でんき》関係《かんけい》によるものといわれています。また、震度《しんど》5相当以上《そうとういじょう》の地震発生時《じしんはっせいじ》などには、ガスメーターの安全装置《あんぜんそうち》が作動《さどう》して自動《じどう》でガスが止《と》まります。しかし、ガス管《かん》が壊《こわ》れると復旧時《ふっきゅうじ》にガス漏《も》れして爆発《ばくはつ》の危険《きけん》があるので、**ガスの元栓《もとせん》を閉《し》める**のもお忘《わす》れなく。

避難《ひなん》するときにあったらいいものも確認《かくにん》しておきましょう。動《うご》きやすい服装《ふくそう》で、頭《あたま》を守《まも》る帽子《ぼうし》や、手《て》を守《まも》る軍手《ぐんて》などもあると安心《あんしん》です。靴《くつ》の種類《しゅるい》は災害《さいがい》の状況《じょうきょう》に応《おう》じて判断《はんだん》を。自宅《じたく》を出《で》る前《まえ》に防災《ぼうさい》バッグを持《も》って、事前《じぜん》に考《かんが》えた安否《あんぴ》メモを残《のこ》しておきましょう。いざ避難《ひなん》というときに慌《あわ》てないよう、覚《おぼ》えておいてください。

防災《ぼうさい》の豆知識《まめちしき》

地震発生時《じしんはっせいじ》に電気《でんき》・ガス・水道《すいどう》が止《と》まると、電気《でんき》は比較的早《ひかくてきはや》く復旧《ふっきゅう》するものの水道《すいどう》やガスは時間《じかん》がかかりがち。首都直下地震等《しゅとちょっかじしんとう》による東京《とうきょう》の被害想定《ひがいそうてい》では、復旧目標日数《ふっきゅうもくひょうにっすう》は電気《でんき》6日《か》、上水道《じょうすいどう》30日《にち》、ガス55日《にち》。備《そな》えが必要《ひつよう》です。

自宅《じたく》から避難《ひなん》する直前《ちょくぜん》に気《き》をつけること

ブレーカーを落《お》とす

電気《でんき》が通《とお》るようになったときの火災《かさい》を防《ふせ》ごう。

ガスの元栓《もとせん》を閉《し》める

ガス漏《も》れはとても危険《きけん》なので必《かなら》ず対策《たいさく》を。

家族《かぞく》に連絡《れんらく》

電話《でんわ》、LINE《ライン》、SNS《エスエヌエス》など連絡《れんらく》できる方法《ほうほう》で。

P116

事前《じぜん》に考《かんが》えた安否《あんぴ》メモを残《のこ》す

「無事《ぶじ》」「大丈夫《だいじょうぶ》」と書《か》いたマグネットシートを玄関《げんかん》に貼《は》るなど、地域《ちいき》やマンションの避難訓練《ひなんくんれん》に参加《さんか》して考《かんが》えておこう。

避難《ひなん》するときにあったらいいもの

- □ **動《うご》きやすい服装《ふくそう》**
  暑《あつ》さ・寒《さむ》さに合《あ》わせる
- □ **帽子《ぼうし》**
- □ **軍手《ぐんて》や厚手《あつで》の手袋《てぶくろ》**
- □ **履《は》き慣《な》れた底《そこ》の厚《あつ》い靴《くつ》**
  滑《すべ》りにくく脱《ぬ》げにくい運動靴《うんどうぐつ》、すでに浸水《しんすい》していたら水《みず》に入《はい》れるウェットスーツ素材《そざい》の靴《くつ》、まだ浸水《しんすい》していなければ長靴《ながぐつ》など
- □ **防災《ぼうさい》バッグ**

⚠ 津波《つなみ》や土砂災害《どしゃさいがい》など緊急時《きんきゅうじ》は服装《ふくそう》や持《も》ち物《もの》は気《き》にせずすぐ避難《ひなん》！

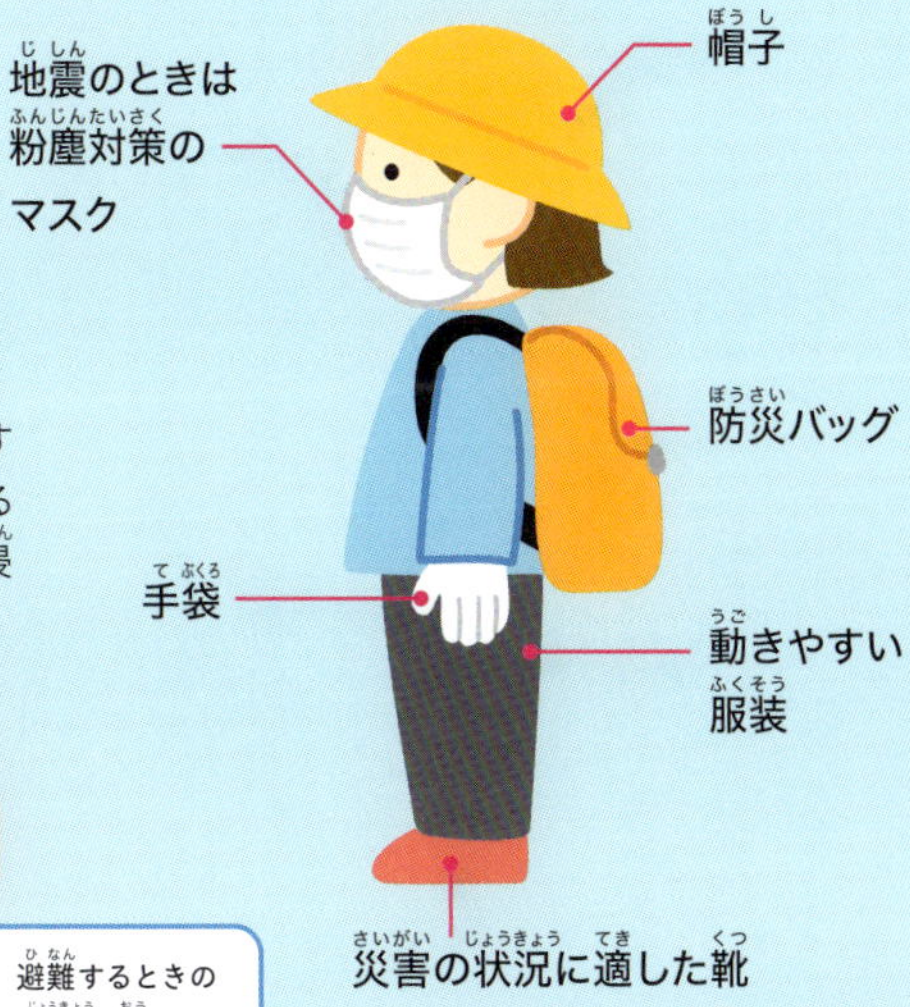

※『防災アクションガイド』を参考に作成

57

水害《すいがい》のときに水《みず》に入《はい》るのは超危険《ちょうきけん》!!

大雨《おおあめ》では、建物《たてもの》などが水《みず》に浸《つ》かる**浸水《しんすい》**や、道路《どうろ》や地面《じめん》が水《みず》に覆《おお》われる**冠水《かんすい》**が起《お》こります。このとき、**水《みず》に入《はい》るのは超危険《ちょうきけん》**です。

流《なが》れのない水《みず》では、歩行困難《ほこうこんなん》になる水深《すいしん》は成人男性《せいじんだんせい》で70㎝、成人女性《せいじんじょせい》で50㎝、小学《しょうがく》生《せい》で20㎝といわれています。しかし、水《みず》に流《なが》れがある場合《ばあい》には流《なが》れの速《はや》さ（流速《りゅうそく》）が大《おお》きいほど移動《いどう》できる水深《すいしん》は浅《あさ》くなり、身《しん》長《ちょう》160㎝の人《ひと》では流速《りゅうそく》2m毎秒《まいびょう》だと水深《すいしん》30㎝で移動《いどう》できなくなります。津波《つなみ》の速《はや》さは約《やく》10m毎秒《まいびょう》なので、浅《あさ》くても流《なが》されます。水《みず》の深《ふか》さによってはドアも開《あ》けられなくなります。外開《そとびら》きのドアの場合《ばあい》には水深《すいしん》約《やく》25㎝、内開《うちびら》きだと約《やく》50㎝が限度《げんど》です。また、階段《かいだん》の上《うえ》から水《みず》が流《なが》れてきている場《ば》合《あい》、水深《すいしん》が20㎝で上《のぼ》れなくなります。

冠水時《かんすいじ》の避難《ひなん》は足元《あしもと》が見《み》えず、また漂流《ひょうりゅう》物《ぶつ》でケガをする危険《きけん》も。さらに下水《げすい》もあふれるので非常《ひじょう》に汚《よご》れており、水《みず》に入《はい》ると感《かん》染症《せんしょう》の危険《きけん》もあります。水害時《すいがいじ》の水《みず》にはやむをえない場合《ばあい》を除《のぞ》いて絶対《ぜったい》に入《はい》らないで。**浸水前《しんすいまえ》に安全確保《あんぜんかくほ》する**のが大切《たいせつ》です。

防災《ぼうさい》の豆知識《まめちしき》

冠水時《かんすいじ》の水《みず》は本当《ほんとう》に汚《きたな》く、多《おお》くの家庭《かてい》でトイレに流《なが》した下水《げすい》がちょっと薄《うす》まって泥水《どろみず》と混《ま》ざっているようなイメージです。まるでプールのようで気《き》になるかもしれませんが、水《みず》に入《はい》るのは衛生的《えいせいてき》なプールにしておいてください。

流《なが》れのない水《みず》で歩行困難《ほこうこんなん》になる水深《すいしん》

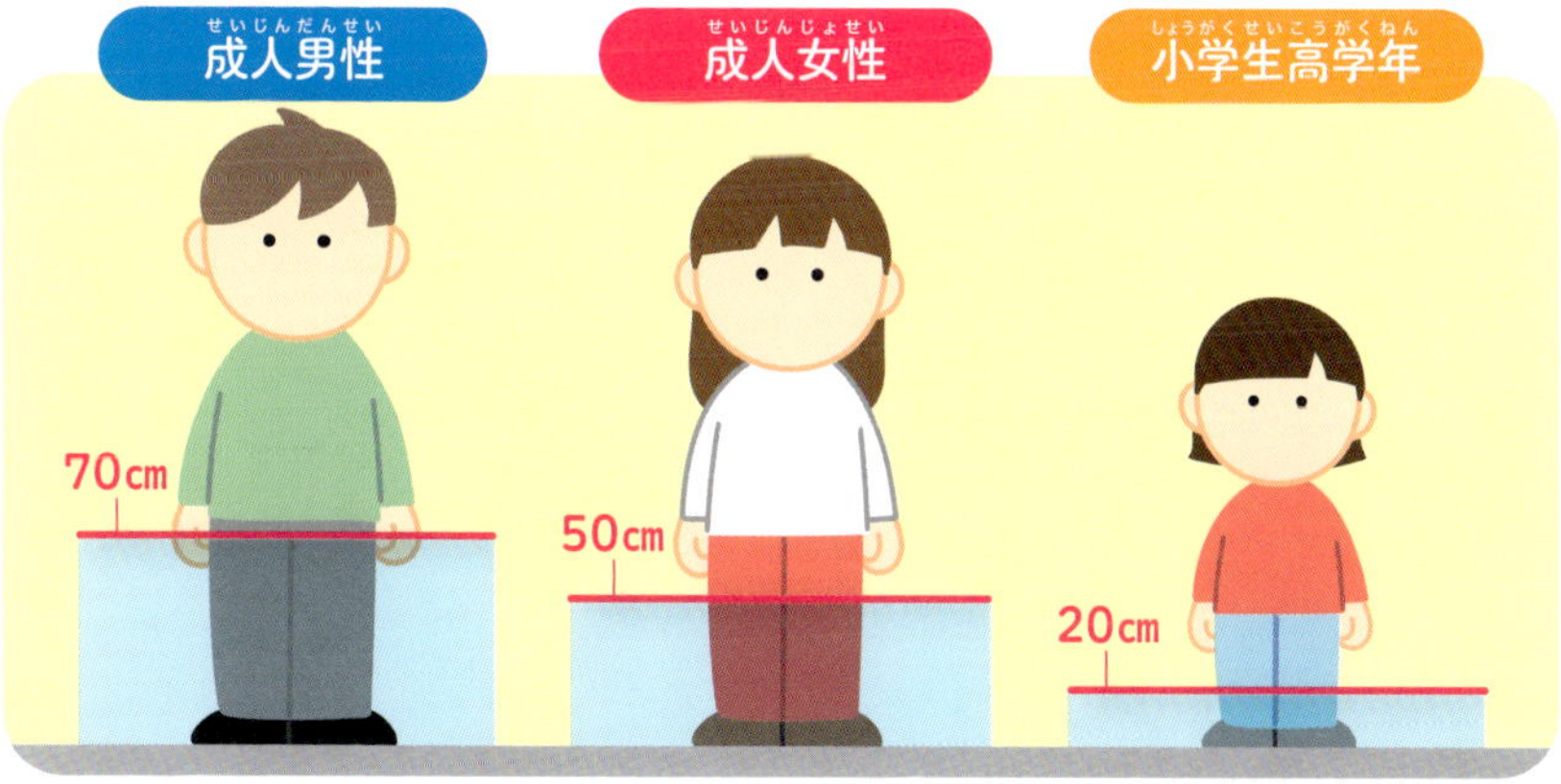

流《なが》れのある水《みず》はさらに危険《きけん》

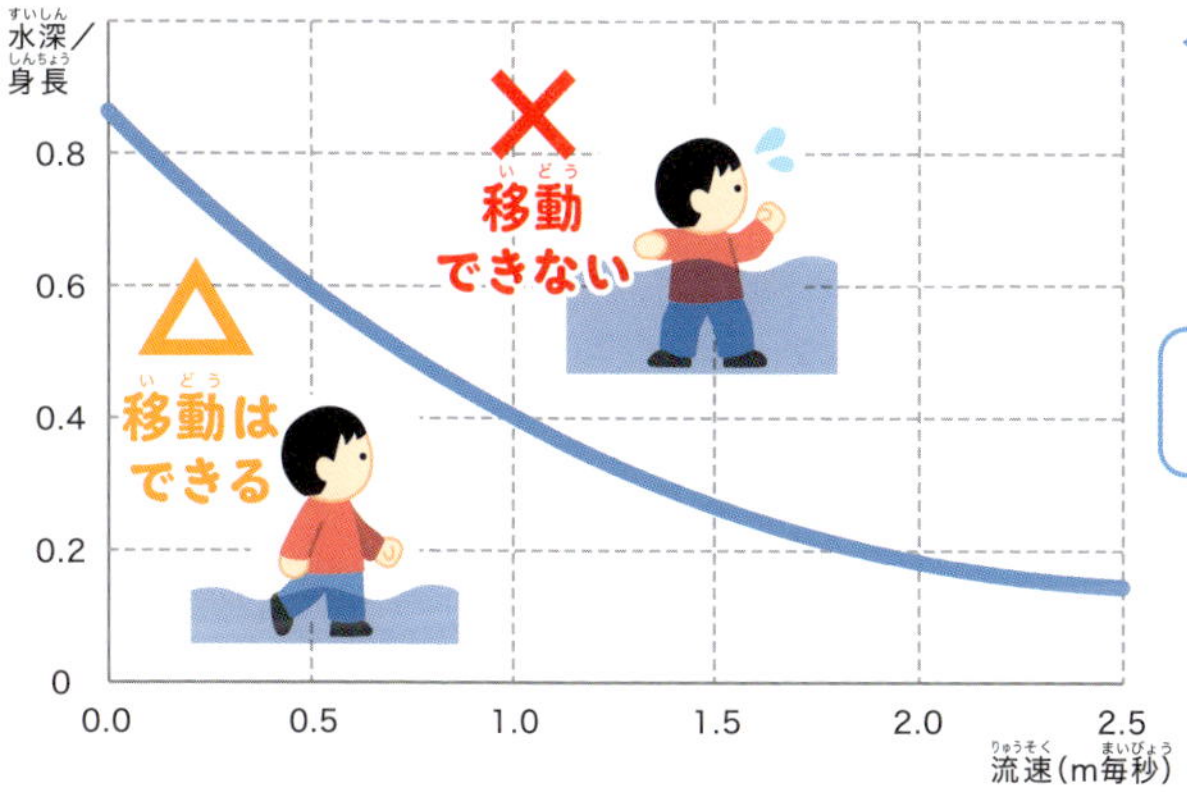

◀横軸《よこじく》は流速《りゅうそく》(m毎秒《まいびょう》)、縦《たて》軸《じく》は水深《すいしん》(cm)÷身長《しんちょう》(cm)。縦軸《たてじく》に自分《じぶん》の身長《しんちょう》をかけると移動《いどう》できない水《すい》深《しん》の目安《めやす》がわかる。

ドアが開《ひら》かなくなる水深《すいしん》

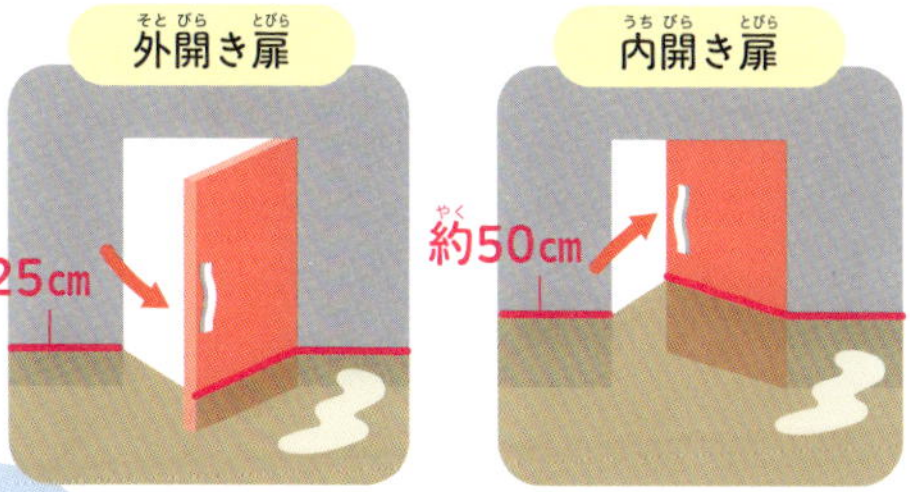

階段《かいだん》を上《のぼ》れなくなる水深《すいしん》

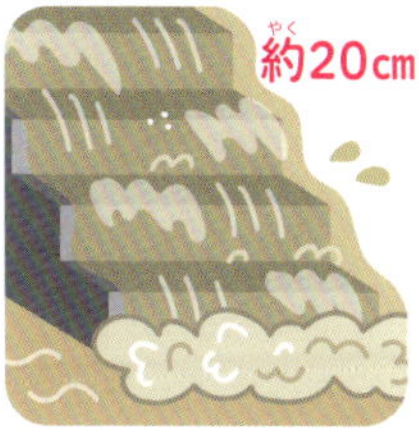

※国土交通省『地下空間における浸水対策ガイドライン』を参考に作成

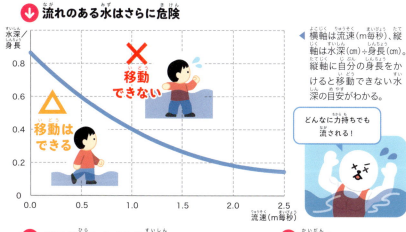

58

大雨《おおあめ》のときに絶対《ぜったい》に近《ちか》づいてはいけない場所《ばしょ》

大雨《おおあめ》のときには、気《き》になっても**絶対《ぜったい》に近《ちか》づいてはいけない場所《ばしょ》**があります。

まず、**河川《かせん》**や**用水路《ようすいろ》**、田《た》んぼです。増水《ぞうすい》して転落《てんらく》するおそれがあります。そして**崖《がけ》**は、土砂災害《どしゃさいがい》の危険《きけん》があります。**地下《ちか》**も水《みず》が流《なが》れ込《こ》みやすく冠水《かんすい》の危険《きけん》があります。自動車《じどうしゃ》に乗《の》っていたら、冠水《かんすい》しやすい**アンダーパス**には近《ちか》づかないでください。

ニュースの映像《えいぞう》では冠水《かんすい》している場所《ばしょ》を車《くるま》が通行《つうこう》しようとしている様子《ようす》が流《なが》れることがありますが、かなり危険《きけん》な状況《じょうきょう》です。

車《くるま》の床面《ゆかめん》くらいまで水位《すいい》があると車内《しゃない》に水《みず》が入《はい》り故障《こしょう》する可能性《かのうせい》があり、速《はや》く走《はし》るほどエンジンの吸気口《きゅうきこう》から水《みず》が入《はい》りやすく、エンジン停止《ていし》のおそれもあります。万《まん》が一《いち》冠水《かんすい》した道《みち》に入《はい》ってしまったら速度《そくど》を抑《おさ》えて走行《そうこう》を。タイヤが水没《すいぼつ》する水位《すいい》では車体《しゃたい》が浮《う》いて流《なが》されます。脱出用《だっしゅつよう》ハンマーやシートベルトカッターの準備《じゅんび》があると安心《あんしん》。

冠水時《かんすいじ》は急激《きゅうげき》に水位《すいい》が上《あ》がることもあるので、**冠水《かんすい》した道《みち》は避《さ》けて**ください。危険《きけん》な場所《ばしょ》には近《ちか》づかず、早《はや》めの安全確保《あんぜんかくほ》を。

防災《ぼうさい》の豆知識《まめちしき》

危険《きけん》なのに川《かわ》や外《そと》の様子《ようす》を見《み》に行《い》きたくなることをスカウティングといい、男《だん》性《せい》に多《おお》いそう。使命感《しめいかん》や責任感《せきにんかん》が関係《かんけい》するため、もし見《み》に行《い》こうとしている人《ひと》がいたら「万《まん》が一《いち》命《いのち》を失《うしな》ったら家族《かぞく》や地域《ちいき》にすごく迷惑《めいわく》」と伝《つた》えてあげて。

大雨《おおあめ》のときに危険《きけん》な場所《ばしょ》

河川《かせん》

増水《ぞうすい》・氾濫《はんらん》に巻《ま》き込《こ》まれることも

用水路《ようすいろ》

場所《ばしょ》がわかりにくくとても危険《きけん》

崖《がけ》

土砂災害《どしゃさいがい》は急激《きゅうげき》に状況《じょうきょう》が
悪化《あっか》するので離《はな》れる

地下施設《ちかしせつ》

地下《ちか》は低《ひく》いので、
水《みず》が流《なが》れ込《こ》んで冠水《かんすい》しやすい

アンダーパス

周囲《しゅうい》の地面《じめん》よりも低《ひく》い
道路《どうろ》には水《みず》がたまる

車《くるま》での移動《いどう》は危険《きけん》

※国土交通省報道発表資料を参考に作成

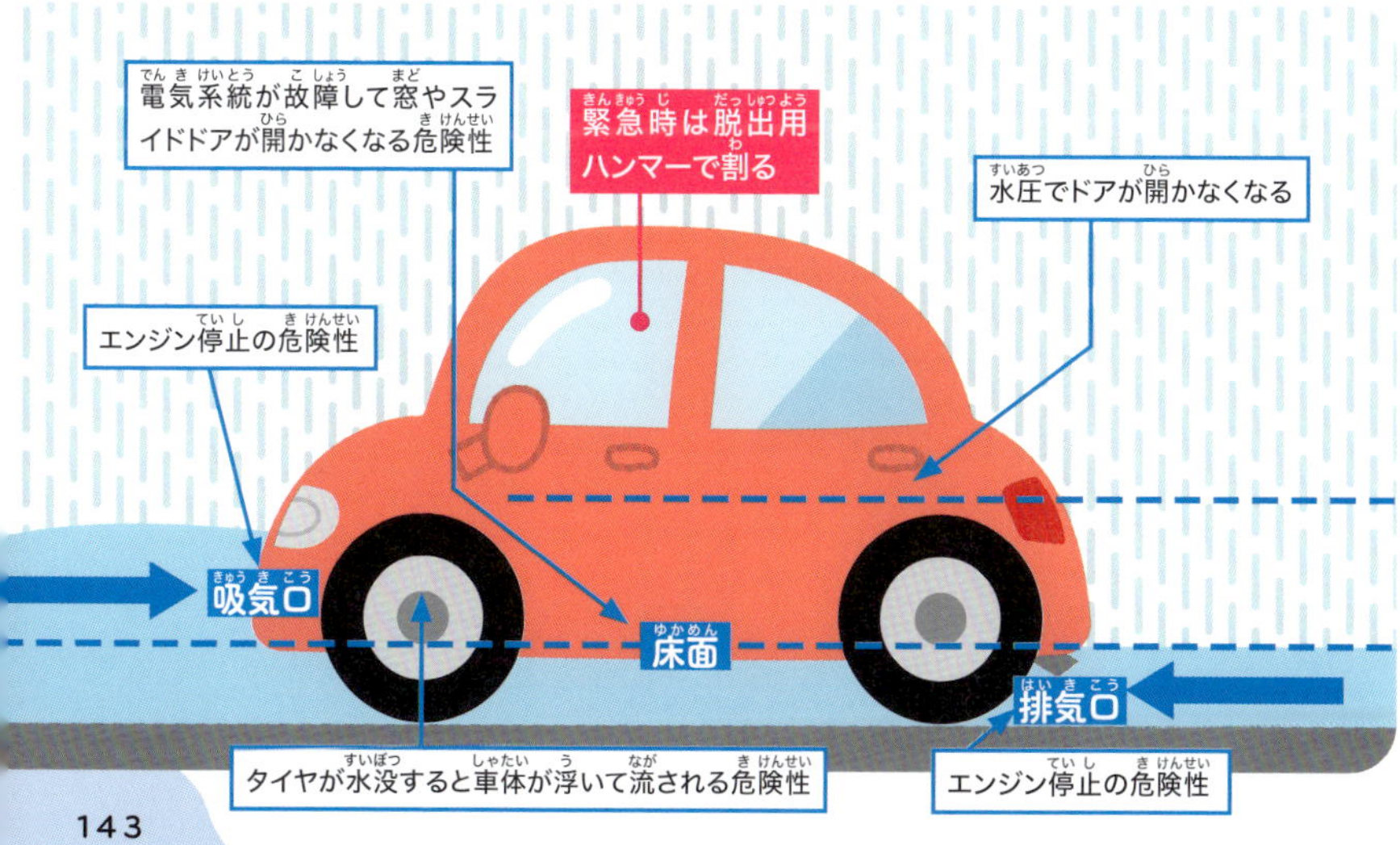

59 すでに浸水《しんすい》がはじまっていたら 高《たか》い場所《ばしょ》に逃《に》げる「垂直避難《すいちょくひなん》」

もし大雨《おおあめ》で浸水《しんすい》したら、移動《いどう》は困難《こんなん》です。そのようなときは屋内《おくない》のより高《たか》い場所《ばしょ》で安《あん》全《ぜん》を確保《かくほ》する**垂直避難《すいちょくひなん》**をしてください。浸水前《しんすいまえ》に安全《あんぜん》な避難場所《ひなんばしょ》などに移動《いどう》する避難《ひなん》は、**水平避難《すいへいひなん》**といわれます。これに対《たい》して垂直避難《すいちょくひなん》は、すでに浸水《しんすい》がはじまっている状況《じょうきょう》での避難《ひなん》です。山《やま》や崖《がけ》が近《ちか》くにある場合《ばあい》には土砂災害《どしゃさいがい》のおそれもあるので、**2階以上《かいいじょう》で山《やま》や崖《がけ》から離《はな》れた部屋《へや》**に避難《ひなん》を。川《かわ》の氾濫《はんらん》で家《いえ》が壊《こわ》れず、床《ゆか》の高《たか》さがハザードマップの想定浸水深《そうていしんすいしん》よりも高《たか》く、浸《しん》水《すい》が長《なが》く続《つづ》かないなら垂直避難《すいちょくひなん》も選択肢《せんたくし》のひとつです。避難指示《ひなんしじ》はまだ出《で》ていないけど夜間《やかん》にけっこうな大雨《おおあめ》になりそう……というときは、念《ねん》のため2階以上《かいいじょう》の部屋《へや》で寝《ね》るということも選《えら》べます。

ただし、**浸水《しんすい》する前《まえ》に水平避難《すいへいひなん》をしておくのがベスト**です。夜《よる》は周囲《しゅうい》がわかりにくいので明《あか》るいうちに、そして状況《じょうきょう》が悪化《あっか》する前《まえ》に避難《ひなん》を完了《かんりょう》して安全確保《あんぜんかくほ》しましょう。そのためにも地域《ちいき》の水害《すいがい》の危険性《きけんせい》を把握《はあく》し、気象情報《きしょうじょうほう》をうまく使《つか》うことが大切《たいせつ》です。

防災《ぼうさい》の豆知識《まめちしき》

線状降水帯《せんじょうこうすいたい》などにより、夜間《やかん》に急激《きゅうげき》に状況《じょうきょう》が悪化《あっか》するということもあります。水害《すいがい》の危険《きけん》のある地域《ちいき》では、就寝前《しゅうしんまえ》にどの情報《じょうほう》が出《で》ていたらどんな避難行動《ひなんこうどう》をとるか、あらかじめ家族《かぞく》で話《はな》し合《あ》って決《き》めておきましょう。

垂直避難《すいちょくひなん》のイメージ

浸水《しんすい》する前《まえ》に水平避難《すいへいひなん》をしよう

明《あか》るいうちに避難《ひなん》

夜間《やかん》は周囲《しゅうい》の状況《じょうきょう》がわかりにくく、足元《あしもと》も見《み》えにくいため、ものすごく危険《きけん》。

状況《じょうきょう》が悪化《あっか》する前《まえ》に避難《ひなん》

台風《たいふう》などがくることがわかっていたら、移動《いどう》できる安全《あんぜん》なうちに水平避難《すいへいひなん》を。

避難場所《ひなんばしょ》への移動《いどう》が難《むずか》しいとき

川《かわ》や崖《がけ》から少《すこ》しでも離《はな》れた近《ちか》くの頑丈《がんじょう》な建物《たてもの》の2階以上《かいいじょう》のフロアへ避難《ひなん》。

危《あぶ》なくなる前《まえ》に水平避難《すいへいひなん》がベスト！
ハザードマップで水害《すいがい》の危険性《きけんせい》を調《しら》べた上《うえ》で、
気象情報《きしょうじょうほう》と組《く》み合《あ》わせて早《はや》めに安全《あんぜん》を確保《かくほ》しよう

P114 P124 P134

60 避難所《ひなんじょ》ってどんなところ？気《き》をつけること総《そう》まとめ

災害時《さいがいじ》の**避難所《ひなんじょ》**は、避難《ひなん》を経験《けいけん》しないと想像《そうぞう》しにくいと思《おも》います。避難所《ひなんじょ》で気《き》をつけることを予習《よしゅう》しておきましょう。

まず、トイレは我慢《がまん》しないでください。我慢《がまん》すると体調《たいちょう》をくずします。季節《きせつ》によっては食中毒防止《しょくちゅうどくぼうし》のために、食事《しょくじ》の際《さい》に工夫《くふう》を。人《ひと》が多《おお》くいる空間《くうかん》のため、清潔《せいけつ》を保《たも》って感染症対策《かんせんしょうたいさく》を。具合《ぐあい》が悪《わる》いと感《かん》じたら、我慢《がまん》せず周囲《しゅうい》に伝《つた》えて助《たす》けを求《もと》めましょう。また、じっとしていると血流《けつりゅう》が悪《わる》くなるので適度《てきど》な運動《うんどう》やストレッチがおすすめ。

避難所《ひなんじょ》は避難者《ひなんしゃ》が自分《じぶん》たちで運営《うんえい》するのが原則《げんそく》で、**支援団体《しえんだんたい》や自治体《じちたい》などと協力《きょうりょく》して運営《うんえい》**します。高齢者《こうれいしゃ》や乳幼児《にゅうようじ》などに配慮《はいりょ》し、トラブルを防《ふせ》ぎ快適《かいてき》に過《す》ごせるルールを話《はな》し合《あ》って決《き》めましょう。過去《かこ》には避難《ひなん》所《じょ》で犯罪《はんざい》もあったので対策《たいさく》を。夏《なつ》は熱中症《ねっちゅうしょう》や虫対策《むしたいさく》、冬《ふゆ》は低体温症《ていたいおんしょう》への対策《たいさく》も。

車《くるま》に泊《と》まる**車中泊《しゃちゅうはく》**はキャンピングカーだと快適《かいてき》です。一般車両《いっぱんしゃりょう》では夏《なつ》は熱中症《ねっちゅうしょう》になりやすく危険《きけん》。体調管理《たいちょうかんり》には要注意《ようちゅうい》です。避難時《ひなんじ》に困《こま》らないように覚《おぼ》えておいて。

防災《ぼうさい》の豆知識《まめちしき》

非常口《ひじょうぐち》のマークは、白地《しろじ》に緑《みどり》のピクトグラムがお馴染《なじ》みです。これが緑《みどり》なのは、緑《みどり》が赤《あか》に対《たい》して最《もっと》も見《み》えやすい色《いろ》（補色《ほしょく》）のため。火災《かさい》が発生《はっせい》して赤《あか》い炎《ほのお》に包《つつ》まれていても、非常口《ひじょうぐち》を見《み》つけやすい色《いろ》が使《つか》われているのです。

避難所生活《ひなんじょせいかつ》で気《き》をつけること

□ トイレを我慢《がまん》しない

我慢《がまん》すると病気《びょうき》になったり、最悪《さいあく》の場合《ばあい》は命《いのち》を落《お》としたりすることも。P106

□ 食中毒《しょくちゅうどく》に注意《ちゅうい》

食事《しょくじ》のときなどに工《く》夫《ふう》をして食中毒《しょくちゅうどく》を防《ふせ》ごう。P148

□ 感染症《かんせんしょう》に注意《ちゅうい》

マスクを着用《ちゃくよう》するほか、清潔《せいけつ》を保《たも》つ工夫《くふう》をしよう。P148

□ 体調《たいちょう》・健康管理《けんこうかんり》

運動《うんどう》やストレッチをして健康《けんこう》を保《たも》とう。P150

□ 協力《きょうりょく》して避難所運営《ひなんじょうんえい》

みんなで快適《かいてき》に過《す》ごせるよう話《はな》し合《あ》おう。高齢者《こうれいしゃ》や乳幼児《にゅうようじ》、妊《にん》婦《ぷ》などにも配慮《はいりょ》を。

□ 犯罪《はんざい》への対策《たいさく》を

犯罪《はんざい》が起《お》こらない工《く》夫《ふう》と避難所運営《ひなんじょうんえい》をしよう。P152

車中泊《しゃちゅうはく》で気《き》をつけること

□ 安全《あんぜん》な場所《ばしょ》に車《くるま》を駐車《ちゅうしゃ》する

□ 昼間《ひるま》はなるべく外《そと》で体《からだ》を動《うご》かす

□ 高齢者《こうれいしゃ》や幼児《ようじ》のいる家庭《かてい》はとくに体調《たいちょう》に注意《ちゅうい》

夏《なつ》

□ 標高《ひょうこう》の高《たか》い涼《すず》しい場所以《ばしょい》外《がい》は非推奨《ひすいしょう》

冬《ふゆ》

□ 段《だん》ボールや銀《ぎん》マットで断《だん》熱性《ねつせい》を確保《かくほ》

◀ キャンピングカーなら車中《しゃちゅう》泊《はく》でも快適《かいてき》。

季節《きせつ》ごとの対策《たいさく》

夏《なつ》

□ 熱中症対策《ねっちゅうしょうたいさく》

□ 食中毒対策《しょくちゅうどくたいさく》

□ ペットボトルは1日《にち》で飲《の》みきる

□ 虫対策《むしたいさく》

冬《ふゆ》

低体温症対策《ていたいおんしょうたいさく》

□ 服《ふく》を着込《きこ》む

□ 湯《ゆ》たんぽなどで保温《ほおん》

□ 寝《ね》るときも段《だん》ボールやマットを敷《し》いて保温《ほおん》

61 避難所《ひなんじょ》での感染症《かんせんしょう》に注意《ちゅうい》！清潔《せいけつ》を保《たも》つためのコツ

避難所《ひなんじょ》では、普段《ふだん》の生活《せいかつ》とは大《おお》きく異《こと》なるので、戸惑《とまど》うことが多《おお》いと思《おも》います。避難所《ひなんじょ》は人《ひと》が多《おお》く、**感染症《かんせんしょう》**の危険性《きけんせい》も高《たか》まります。どんな対策《たいさく》ができるでしょうか。

まずは**清潔《せいけつ》を保《たも》つ**ことが大切《たいせつ》です。居住《きょじゅう》スペースではスリッパを使《つか》い、履物《はきもの》を内《うち》と外《そと》で使《つか》い分《わ》けましょう。マスクも常《つね》に着用《ちゃくよう》しておくと安心《あんしん》です。食事《しょくじ》をする際《さい》には、使《つか》い捨《す》ての食器《しょっき》や、食器《しょっき》にラップをかけて使《つか》うのが有効《ゆうこう》です。コップや箸《はし》の使《つか》い回《まわ》しは感染《かんせん》の可能性《かのうせい》が高《たか》まるので自分《じぶん》のものを使《つか》いましょう。洗面所《せんめんじょ》では、人《ひと》と離《はな》れて丁寧《ていねい》に歯磨《はみが》きを。タオルは使《つか》い回《まわ》さず、自分《じぶん》のものも使用後《しようご》は洗濯《せんたく》を。また、居住《きょじゅう》スペースに戻《もど》る前《まえ》やトイレの後《あと》、食事前《しょくじまえ》など、何《なに》かをする前《まえ》に必《かなら》ず手洗《てあら》いや手《て》の消毒《しょうどく》をするようにしてください。

避難生活《ひなんせいかつ》などで病気《びょうき》になって亡《な》くなることを、**災害関連死《さいがいかんれんし》**といいます。数《かず》ある災害《さいがい》関連死《かんれんし》の誘因《ゆういん》のひとつである感染症《かんせんしょう》を防《ふせ》ぐには、体調管理《たいちょうかんり》や清潔《せいけつ》を保《たも》つことが大切《たいせつ》。手洗《てあら》いや消毒《しょうどく》は、普段《ふだん》から習慣《しゅうかん》づけよう。

防災《ぼうさい》の豆知識《まめちしき》

口腔《こうくう》ケアが不十分《ふじゅうぶん》だと口腔内《こうくうない》で細菌《さいきん》が増殖《ぞうしょく》し、肺炎《はいえん》になる危険《きけん》も。阪神《はんしん》・淡路大震災《あわじだいしんさい》の災害関連死《さいがいかんれんし》の24%は肺炎《はいえん》で、東日本大震災《ひがしにほんだいしんさい》でも地震発生《じしんはっせい》から1〜2週間後《しゅうかんご》の死亡原因《しぼうげんいん》は肺炎《はいえん》が最多《さいた》。必《かなら》ず口腔内《こうくうない》の清潔《せいけつ》を保《たも》とう。

居住《きょじゅう》スペースでのコツ

スリッパを使《つか》う

履物《はきもの》を内《うち》と外《そと》で使《つか》い分《わ》けよう。

丁寧《ていねい》に掃除《そうじ》しよう

1日《にち》1回程度《かいていど》、居住《きょじゅう》スペースを掃除《そうじ》しよう。

マスクをしよう

避難所《ひなんじょ》は人《ひと》が多《おお》いので常《つね》にマスクを着用《ちゃくよう》。

食事《しょくじ》や洗面所《せんめんじょ》などでのコツ

使《つか》い捨《す》ての食器《しょっき》・ラップを使《つか》う

水《みず》が使《つか》えないときは使《つか》い捨《す》ての食器《しょっき》を使《つか》おう。ない場合《ばあい》は食器《しょっき》にラップを巻《ま》くと便利《べんり》。

自分《じぶん》のコップを使《つか》う

もしほかの人《ひと》と共用《きょうよう》する場合《ばあい》は使《つか》ったら必《かなら》ず洗剤《せんざい》でよく洗《あら》おう。

自分《じぶん》の箸《はし》を使《つか》う

箸《はし》の使《つか》い回《まわ》しはせずに、自分《じぶん》の箸《はし》や使《つか》い捨《す》ての割《わ》り箸《ばし》を使《つか》おう。

歯《は》みがきは人《ひと》と離《はな》れて丁寧《ていねい》に

勢《いきお》いよく歯《は》を磨《みが》くと、口《くち》から飛《と》び散《ち》った泡《あわ》や唾液《だえき》で感染《かんせん》が広《ひろ》がる危険性《きけんせい》も。

自分《じぶん》のタオルの清潔《せいけつ》を保《たも》つ

タオルは自分《じぶん》のものを使用《しよう》し、使用後《しようご》は忘《わす》れずに洗濯《せんたく》しよう。

こまめに手《て》を清潔《せいけつ》に

居住《きょじゅう》スペースに戻《もど》る前《まえ》、トイレの後《あと》、食事前《しょくじまえ》など、何《なに》かをする前《まえ》に手洗《てあら》いと消毒《しょうどく》を。

※『防災アクションガイド』を参考に作成

62 避難生活《ひなんせいかつ》でとくに注意《ちゅうい》が必要《ひつよう》な「エコノミークラス症候群《しょうこうぐん》」

みなさんは**エコノミークラス症候群《しょうこうぐん》**という言葉《ことば》を聞《き》いたことはありますか？

水分《すいぶん》が足《た》りない状態《じょうたい》で長時間同《ちょうじかんおな》じ姿勢《しせい》でいると、足《あし》の血管《けっかん》のなかに血《ち》のかたまり（血栓《けっせん》）ができ、それが肺《はい》の血管《けっかん》に詰《つ》まる病気《びょうき》（肺血栓塞栓症《はいけっせんそくせんしょう》）のことです。足《あし》の腫《は》れや痛《いた》み、息切《いきぎ》れ、胸《むね》や背中《せなか》の痛《いた》みなどの症状《しょうじょう》があり、悪化《あっか》すると命《いのち》に危険《きけん》が及《およ》ぶことも。水分《すいぶん》が不足《ふそく》しがちで狭《せま》い場所《ばしょ》にじっとしていることが多《おお》くなる、車中泊《しゃちゅうはく》や避難所《ひなんじょ》での生活《せいかつ》ではとくに要注意《ようちゅうい》です。

おすすめの対策《たいさく》は、**定期的《ていきてき》な足《あし》のマッサージやストレッチ、足《あし》を使《つか》う運動《うんどう》や散歩《さんぽ》**です。気分転換《きぶんてんかん》にもなります。また脱水《だっすい》にならないよう、こまめに水分《すいぶん》をとりましょう。トイレに行《い》きづらいからと水分《すいぶん》を我慢《がまん》するのは禁物《きんもつ》です。利尿作用《りにょうさよう》のあるお茶《ちゃ》や、大人《おとな》はお酒《さけ》もなるべく避《さ》けましょう。血栓予防《けっせんよぼう》には、年齢《ねんれい》や性別《せいべつ》にかかわらず弾《だん》性《せい》ストッキングを着用《ちゃくよう》するのも効果的《こうかてき》です。

避難生活中《ひなんせいかつちゅう》の心《こころ》と身体《しんたい》の健康《けんこう》のため、適《てき》度《ど》な運動《うんどう》や体調管理《たいちょうかんり》を心《こころ》がけましょう。

防災《ぼうさい》の豆知識《まめちしき》

避難生活《ひなんせいかつ》では、何《なに》かと「みんな我慢《がまん》しているから自分《じぶん》も我慢《がまん》しなくてはいけない」と思《おも》いがちです。ただし、それと心身《しんしん》の健康管理《けんこうかんり》は別問題《べつもんだい》。体《からだ》を動《うご》かすことで気分転換《きぶんてんかん》にもなります。周囲《しゅうい》にも声《こえ》をかけて運動《うんどう》しましょう。

エコノミークラス症候群《しょうこうぐん》の対策《たいさく》

1 足《あし》の指《ゆび》でグーをつくる

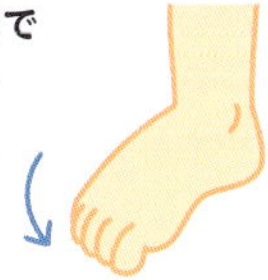

2 足《あし》の指《ゆび》を開《ひら》く

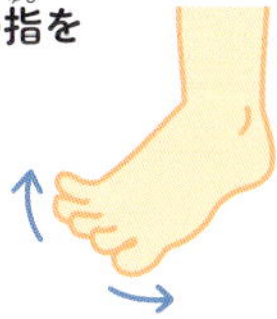

3 足《あし》を上下《じょうげ》につま先立《さきだ》ちする

4 つま先《さき》を引《ひ》き上《あ》げる

5 ひざを両手《りょうて》で抱《かか》え、足《あし》の力《ちから》を抜《ぬ》いて足首《あしくび》を回《まわ》す

6 ふくらはぎを軽《かる》くもむ

※厚生労働省『エコノミークラス症候群の予防のために』をもとに作成

ストレッチをしよう

1 背伸《せの》び脱力《だつりょく》

2 体側伸《たいそくの》ばし（左右《さゆう》）

3 肩甲骨開《けんこうこつひら》き

4 上体《じょうたい》ひねり（左右《さゆう》）

5 胸反《むねそ》らし

6 腰反《こしそ》らし

7 足裏伸《あしうらの》ばし（左右《さゆう》）

8 ふくらはぎ・アキレス腱《けん》（左右《さゆう》）

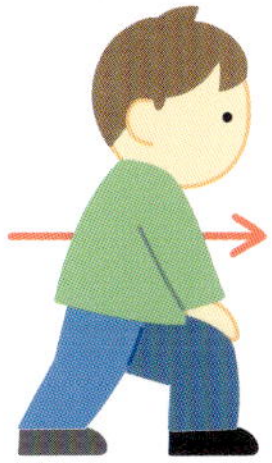

※『東京防災』をもとに作成

63

避難所《ひなんじょ》での犯罪《はんざい》から身《み》を守《まも》ろう

過去《かこ》の災害《さいがい》では、避難所《ひなんじょ》で盗難《とうなん》や性犯罪《せいはんざい》などが起《お》こっています。**避難所《ひなんじょ》での犯罪《はんざい》から身《み》を守《まも》る**方法《ほうほう》について考《かんが》えます。

まず財布《さいふ》やカード、スマホも含《ふく》めて、貴《き》重品《ちょうひん》を常《つね》に持《も》ち歩《ある》くことが盗難《とうなん》の防止《ぼうし》になります。そして、何《なに》かあったときに周囲《しゅうい》に助《たす》けを求《もと》められるように、**防犯《ぼうはん》ブザー**や笛《ふえ》を持《も》ち歩《ある》きましょう。日中《にっちゅう》でも子《こ》どもだけでの外出《がいしゅつ》は危《あぶ》ないこともあるので、**大人《おとな》と一緒《いっしょ》に複数人《ふくすうにん》で行動《こうどう》**を。人《ひと》の目《め》の届《とど》かない死角《しかく》になる場所《ばしょ》は避《さ》けましょう。

避難所《ひなんじょ》での犯罪《はんざい》は子《こ》どもや女性《じょせい》だけが考《かんが》えないといけない問題《もんだい》ではなく、**安全《あんぜん》・安《あん》心《しん》な避難所生活《ひなんじょせいかつ》のために老若男女《ろうにゃくなんにょ》で向《む》き合《あ》う問題《もんだい》**です。困《こま》ったことは抱《かか》え込《こ》まずに周《しゅう》囲《い》や運営《うんえい》に相談《そうだん》し、みんなで解決《かいけつ》を。また、トイレの場所《ばしょ》を男女《だんじょ》で離《はな》したり入《い》り口《ぐち》に自動点灯《じどうてんとう》の明《あ》かりをつけたりするなど運《うん》営《えい》に相談《そうだん》を。避難所運営《ひなんじょうんえい》に女性《じょせい》が関《かか》わると、女性《じょせい》の安全《あんぜん》が保《たも》たれやすいことがわかっています。避難所《ひなんじょ》での犯罪《はんざい》が起《お》こらないように、みんなで安全《あんぜん》な状況《じょうきょう》をつくりましょう。

防災《ぼうさい》の豆知識《まめちしき》

信頼関係《しんらいかんけい》の築《きず》けていない人《ひと》とのスキンシップは、善意《ぜんい》であっても不快《ふかい》・不安《ふあん》に感《かん》じさせてしまう場合《ばあい》があります。とくに乳幼児《にゅうようじ》や異性《いせい》とのふれあいは注《ちゅう》意《い》。非常時《ひじょうじ》だからこそ、相手《あいて》がどう思《おも》うかを想像《そうぞう》して配慮《はいりょ》のある行動《こうどう》を。

犯罪《はんざい》が起《お》こらないようにするために

□ 貴重品《きちょうひん》を肌身《はだみ》離《はな》さず持《も》つ

財布《さいふ》やカードだけでなく、スマホなども持《も》ち歩《ある》こう。

□ 防犯《ぼうはん》ブザーを持《も》ち歩《ある》く

老若男女《ろうにゃくなんにょ》問《と》わず、外《がい》出時《しゅつじ》は防犯《ぼうはん》ブザーや笛《ふえ》などを携帯《けいたい》。

過去《かこ》には男性《だんせい》が性犯《せいはん》罪《ざい》にあうケースも

□ 暗《くら》くなったら外出《がいしゅつ》しない

暗《くら》い場所《ばしょ》は犯罪《はんざい》に巻《ま》き込《こ》まれやすいので、夜《よる》は居住《きょじゅう》スペースにいよう。

□ 日中《にっちゅう》でも大人《おとな》と複数人《ふくすうにん》で行動《こうどう》

子《こ》どもだけだと危《あぶ》ないことも。大人《おとな》と一緒《いっしょ》に行動《こうどう》しよう。

□ 死角《しかく》になる場所《ばしょ》は警戒《けいかい》

人《ひと》の目《め》が届《とど》かないところにはなるべく近《ちか》づかないようにしよう。

□ 困《こま》ったことは我慢《がまん》せず相談《そうだん》する

ひとりで抱《かか》え込《こ》まずに、大人《おとな》や運営《うんえい》スタッフに伝《つた》えよう。

□ トイレの場所《ばしょ》や明《あ》かりの工夫《くふう》

男女《だんじょ》のトイレをできるだけ離《はな》す、入《い》り口《ぐち》に自動点灯《じどうてんとう》の明《あ》かりをつけるなど。

□ 女性《じょせい》も避難所《ひなんじょ》の運営《うんえい》に関《かか》わる

女性《じょせい》の安全《あんぜん》が保《たも》たれやすくなることがわかっているので、積極的《せっきょくてき》に女性《じょせい》も参《さん》加《か》を。

防犯《ぼうはん》ブザーや痴漢撃退《ちかんげきたい》の機能《きのう》がある防犯《ぼうはん》アプリもおすすめ！

防犯《ぼうはん》アプリ デジポリス 検索《けんさく》

自分《じぶん》の身《み》を自分《じぶん》で守《まも》るだけでなく、そもそも犯罪《はんざい》が起《お》こらないような避難所《ひなんじょ》になるようにみんなで相談《そうだん》しよう

被害《ひがい》にあいそうになったら、迷《まよ》わず相談窓口《そうだんまどぐち》や自治体《じちたい》、警察《けいさつ》へ連絡《れんらく》！

64

自宅《じたく》が被災《ひさい》したら何《なに》をする？生活再建《せいかつさいけん》の第一歩《だいいっぽ》は「動画撮影《どうがさつえい》」

「自宅《じたく》が災害《さいがい》にあって、何《なに》から手《て》をつけたらいいかわからない」——万《まん》が一《いち》被災《ひさい》してしまったときに、必《かなら》ずやってほしいのが**動画撮影《どうがさつえい》**です。これは、自治体《じちたい》が住宅《じゅうたく》の被害《ひがい》の程度《ていど》を認定《にんてい》して修理費用《しゅうりひよう》などを補助《ほじょ》するための**罹災証明書《りさいしょうめいしょ》**の申請《しんせい》に役立《やくだ》つからです。

被災後《ひさいご》、まずは**建物《たてもの》や周囲《しゅうい》に危険《きけん》がないか確認《かくにん》**してください。危険《きけん》がなければスマホやタブレットで家《いえ》の外《そと》をぐるっとまわって動画撮影《どうがさつえい》を。水害《すいがい》なら浸水《しんすい》の深《ふか》さがわかるように比較対象《ひかくたいしょう》を並《なら》べて撮影《さつえい》しましょう。地震《じしん》で家《いえ》が傾《かたむ》いていたら家《いえ》の傾《かたむ》き加減《かげん》もわかるようにして、屋根瓦《やねがわら》のずれや壁《かべ》と基礎《きそ》のひびなども撮影《さつえい》。建物内《たてものない》も安全《あんぜん》に入《はい》れれば、すべての部屋《へや》の全景《ぜんけい》と、キッチン、洗面台《せんめんだい》、家具《かぐ》や家電《かでん》を近《ちか》くで撮影《さつえい》します。家電《かでん》はメーカー製造番号《せいぞうばんごう》もチェック。

これらの**動画《どうが》から必要《ひつよう》な場面《ばめん》をキャプチャして写真《しゃしん》にした資料《しりょう》**で、罹災証明書《りさいしょうめいしょ》の交付《こうふ》がスムーズになります。生活《せいかつ》の再建《さいけん》のために、安全《あんぜん》を確認《かくにん》した上《うえ》で動画撮影《どうがさつえい》をして、罹災証明書《りさいしょうめいしょ》の申請《しんせい》をしましょう。

防災《ぼうさい》の豆知識《まめちしき》

自治体《じちたい》の被害認定《ひがいにんてい》には、罹災証明書《りさいしょうめいしょ》の他《ほか》に被災証明書《ひさいしょうめいしょ》もあり、これは車《くるま》や家《いえ》などが被災《ひさい》した事実《じじつ》を証明《しょうめい》するもので、保険《ほけん》の請求《せいきゅう》などに使《つか》えます。これとは別《べつ》に保険会社《ほけんがいしゃ》が被害調査《ひがいちょうさ》をすることも。違《ちが》いを把握《はあく》して活用《かつよう》を。

自宅《じたく》が被災《ひさい》したあとに行《おこな》うこと

災害《さいがい》発生《はっせい》

1. 被害《ひがい》の動画《どうが》を撮《と》る
2. 片づけ方法《ほうほう》を確認《かくにん》 P156
3. 罹災証明書《りさいしょうめいしょ》を申請《しんせい》
4. 保険会社《ほけんがいしゃ》に連絡《れんらく》

自宅《じたく》の被害状況《ひがいじょうきょう》を動画撮影《どうがさつえい》

1. 家《いえ》の外《そと》を動画《どうが》でぐるっと撮影《さつえい》

※浸水《しんすい》した場合《ばあい》は**最《もっと》も低《ひく》い浸水《しんすい》の深《ふか》さが基準《きじゅん》**になって床上浸《ゆかうえしん》水《すい》や半壊《はんかい》などが認定《にんてい》される

2. 浸水《しんすい》の深《ふか》さがわかるよう撮影《さつえい》

屋根瓦《やねがわら》のずれ、壁《かべ》と基礎《きそ》のひびなどを撮影《さつえい》

3. すべての部屋全景《へやぜんけい》と、キッチン、洗面台《せんめんだい》、家具《かぐ》・家電類《かでんるい》を近《ちか》くで撮影《さつえい》

⚠ 家電類《かでんるい》はメーカー製造《せいぞう》番号《ばんごう》もわかるように

罹災証明書《りさいしょうめいしょ》を申請《しんせい》しよう

自治体《じちたい》が住宅《じゅうたく》の被害《ひがい》を認定《にんてい》するもので、修理費《しゅうりひ》などの補助《ほじょ》のために必要《ひつよう》。

- □ 自宅《じたく》の被害状況《ひがいじょうきょう》がわかる写真等《しゃしんとう》が必要《ひつよう》
- □ 動画《どうが》をキャプチャして必要《ひつよう》な写真《しゃしん》を用意《ようい》
- □ 交付《こうふ》まで時間《じかん》がかかることも
- □ 認定内容《にんていないよう》に納得《なっとく》できないときは再調査《さいちょうさ》も申請《しんせい》できる

被災後《ひさいご》、近《ちか》くの人《ひと》がどうしたらいいかわからなくなっていたら、教《おし》えてあげよう

※『防災アクションガイド』を参考に作成

65 被災《ひさい》した自宅《じたく》の片《かた》づけはどのように進《すす》めればいいのか

自宅《じたく》が被災《ひさい》して、罹災証明書申請《りさいしょうめいしょしんせい》のための動画撮影等《どうがさつえいとう》が済《す》んだら、次《つぎ》は片《かた》づけです。

気《き》をつけてほしいのは、**建物《たてもの》や周囲《しゅうい》が安全《ぜん》であることを確認《かくにん》してから片《かた》づける**ということです。地震《じしん》の場合《ばあい》は、地震発生後《じしんはっせいご》の数日程度以内《すうじつていどいない》に、申請《しんせい》しなくても自治体《じちたい》が建物《たてもの》の安全性《あんぜんせい》を調査《ちょうさ》して**応急危険度判定《おうきゅうきけんどはんてい》**の紙《かみ》を貼《は》っていきます。紙《かみ》の色《いろ》が緑《みどり》なら継続《けいぞく》利用可能《りようかのう》ですが、黄《き》なら要注意《ようちゅうい》、赤《あか》なら危《き》険《けん》です。黄《き》と赤《あか》では在宅避難《ざいたくひなん》はできず、赤《あか》は片《かた》づけもできません。紙《かみ》に危《あぶ》ない箇所《かしょ》などが書《か》いてあるので確認《かくにん》を。

自宅《じたく》の片《かた》づけはケガの危険《きけん》があるので、**自治体《じちたい》や災害《さいがい》ボランティアセンターなどに相談《そうだん》**しましょう。壊《こわ》れた屋根《やね》や壁《かべ》などを覆《おお》うブルーシートは自治体《じちたい》が提供《ていきょう》してくれるので相談《そうだん》を。自分《じぶん》で片《かた》づけるときには、防《ぼう》塵《じん》マスクやゴム手袋《てぶくろ》など、必要《ひつよう》なものを入《にゅう》念《ねん》に準備《じゅんび》してください。片《かた》づけで出《で》た災害《さいがい》ゴミは自治体《じちたい》の指示《しじ》に従《したが》って処分《しょぶん》します。

被災直後《ひさいちょくご》はとても大変《たいへん》ですが、ひとつひとつ進《すす》めて、生活《せいかつ》を再建《さいけん》しましょう。

防災《ぼうさい》の豆知識《まめちしき》

災害《さいがい》ボランティアに参加《さんか》するときは、自身《じしん》のケガや、被災者《ひさいしゃ》のものを破損《はそん》してしまう場合《ばあい》に備《そな》えてボランティア活動保険《かつどうほけん》に登録《とうろく》を。参加前《さんかまえ》には受《う》け入《い》れ体制《たいせい》があるかについて災害《さいがい》ボランティアセンターなどに確認《かくにん》しましょう。

地震《じしん》の後《あと》に片《かた》づけできるかの判断《はんだん》に「応急危険度判定《おうきゅうきけんどはんてい》」

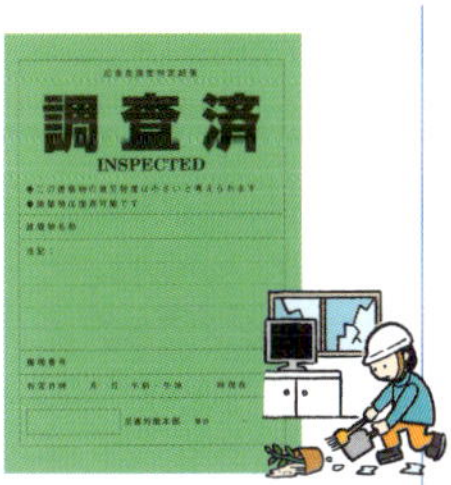

- ○ 立《た》ち入《い》っても大丈夫《だいじょうぶ》
- ○ 片《かた》づけをしても大丈夫《だいじょうぶ》
- ○ 在宅避難《ざいたくひなん》をしても大丈夫《だいじょうぶ》

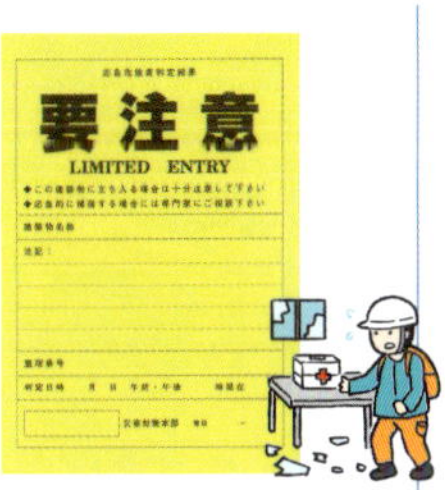

- △ 一時的《いちじてき》な立《た》ち入《い》りはOK《オーケー》
- △ 片《かた》づけは短時間《たんじかん》で
- × 在宅避難《ざいたくひなん》はできない

- × 立《た》ち入《い》りはできない
- × 片《かた》づけはできない
- × 在宅避難《ざいたくひなん》はできない

安全《あんぜん》に気《き》をつけて片《かた》づけよう

準備《じゅんび》するもの

- □ ほうき
- □ モップ
- □ 雑巾《ぞうきん》
- □ スコップ
- □ バール
- □ トンカチ
- □ チリトリ
- □ ノコギリ
- □ ペンチ
- □ ゴミ袋《ぶくろ》

⚠ 子《こ》どもだけで片《かた》づけはしないでください

片《かた》づけの服装《ふくそう》

ヘッドライト
床下《ゆかした》や暗《くら》いときの清掃《せいそう》に便利《べんり》。

防塵《ぼうじん》マスク

長袖《ながそで》シャツ

長《なが》ズボン
瓦礫《がれき》で切《き》らないように、厚手《あつで》の長《なが》袖《そで》、長《なが》ズボンを着《き》よう。

ヘルメット・帽子《ぼうし》

ゴーグル
薬品《やくひん》を使《つか》うときは着用《ちゃくよう》しおう。

ゴム手袋《てぶくろ》

作業《さぎょう》しやすい靴《くつ》
釘《くぎ》などの踏《ふ》み抜《ぬ》きに備《そな》えてインソールを入れよう。

⚠ 裸足《はだし》は絶対《ぜったい》にNG《エヌジー》です

災害《さいがい》ボランティアセンターに相談《そうだん》

片《かた》づけを手伝《てつだ》ってくれたり、片《かた》づけ方《かた》を教《おし》えてくれたりするので、相談《そうだん》しよう。

災害《さいがい》ゴミを処分《しょぶん》

普段《ふだん》のゴミ出《だ》し方法《ほうほう》と違《ちが》い、災害時《さいがいじ》の自治体《じちたい》のルールに従《したが》って分別《ぶんべつ》して仮置《かりお》き場《ば》へ。

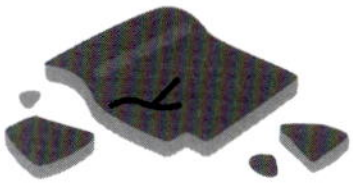

※『防災アクションガイド』をもとに作成

66

生活《せいかつ》の再建《さいけん》のための支援制度《しえんせいど》を遠慮《えんりょ》なく使《つか》おう

　被災《ひさい》したとき、自分《じぶん》だけで生活《せいかつ》と住《す》まいを再建《さいけん》するのはとても難《むずか》しいことです。被《ひ》災者《さいしゃ》を支《ささ》えるために様々《さまざま》な支援制度《しえんせいど》があるのですが、**過去《かこ》の災害《さいがい》では制度《せいど》を知《し》らずに支援《しえん》を受《う》けられなかった人《ひと》がいます。**

　自宅《じたく》が壊《こわ》れたときには、返済不要《へんさいふよう》の被災《ひさい》者生活再建支援金《しゃせいかつさいけんしえんきん》をはじめとするお金《かね》の支《し》援《えん》に加《くわ》えて、家《いえ》の片《かた》づけなどの災害《さいがい》ボランティアの支援《しえん》を受《う》けられます。さらに、自《じ》治体《ちたい》の仮設住宅《かせつじゅうたく》などには光熱費《こうねつひ》の負担《ふたん》のみで入居《にゅうきょ》できます。家族《かぞく》や親族《しんぞく》が亡《な》くなったりケガをしたりしたときには災害弔慰金《さいがいちょういきん》などの見舞金《みまいきん》、生活費《せいかつひ》が足《た》りないときは災害《さいがい》援護資金《えんごしきん》や生活福祉資金《せいかつふくししきん》があり、自宅《じたく》や車《くるま》のローンがあるときは減額《げんがく》される制度《せいど》も。税金《ぜいきん》や医療保険《いりょうほけん》についても費用《ひよう》が少《すく》なくなることがあります。

　主《おも》な支援制度《しえんせいど》をまとめました（P160～161）。災害《さいがい》の状況《じょうきょう》によっては制度《せいど》が更《こう》新《しん》されることもあるので、最新《さいしん》の制度《せいど》を自《じ》治体《ちたい》などで確認《かくにん》を。**支援制度《しえんせいど》をしっかり把《は》握《あく》して、遠慮《えんりょ》せずに活用《かつよう》しましょう。**

防災《ぼうさい》の豆知識《まめちしき》

SNS《エスエヌエス》で支援《しえん》を募集《ぼしゅう》する方法《ほうほう》もあります。たとえばAmazon《アマゾン》「ほしい物《もの》リスト」をつくって発信《はっしん》して、必要《ひつよう》なものの支援《しえん》を受《う》けられる場合《ばあい》も。リスト作《さく》成時《せいじ》に個人情報《こじんじょうほう》の公開範囲《こうかいはんい》も設定《せってい》でき、必要《ひつよう》な個数《こすう》を管理《かんり》できて便利《べんり》。

支援制度《しえんせいど》を受《う》けられる状況《じょうきょう》

自宅《じたく》が壊《こわ》れたとき

被災者生活再建支援金《ひさいしゃせいかつさいけんしえんきん》をはじめお金《かね》の支援《しえん》などを受《う》けられる。

家族《かぞく》や親族《しんぞく》が亡《な》くなった・ケガをしたとき

災害弔慰金《さいがいちょういきん》などの見舞金《みまいきん》が支払《しはら》われる。

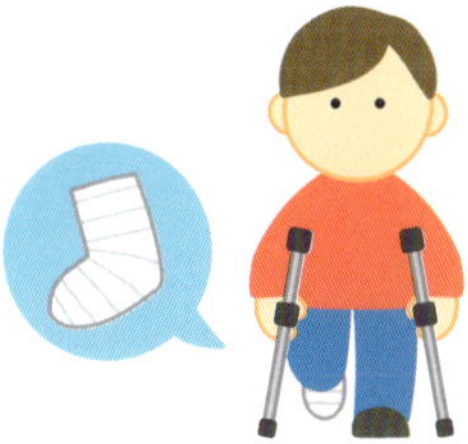

生活費《せいかつひ》が足《た》りないとき

災害援護資金《さいがいえんごしきん》など有利《ゆうり》な条件《じょうけん》で貸付《かしつけ》を受《う》けられる。

自宅《じたく》のローンがあるとき

住宅《じゅうたく》ローンなどが免除《めんじょ》・軽減《けいげん》されることがある。

税金《ぜいきん》などが負担《ふたん》なとき

税金《ぜいきん》や公共料金《こうきょうりょうきん》が免除《めんじょ》・軽減《けいげん》されることがある。

※『防災アクションガイド』をもとに作成

被災状況《ひさいじょうきょう》に応《おう》じた支援内容《しえんないよう》と相談先一覧《そうだんさきいちらん》

自宅《じたく》が壊《こわ》れたとき

災害《さいがい》ボランティア支援《しえん》	もの・サービス	罹災証明書《りさいしょうめいしょ》は不要《ふよう》	市区町村《しくちょうそん》に設置《せっち》された災害《さいがい》ボランティアセンター	被災地支援《ひさいちしえん》のボランティアが無償《むしょう》で家《いえ》の片《かた》づけなどを手伝《てつだ》ってくれる。
応急仮設住宅《おうきゅうかせつじゅうたく》	もの・サービス	罹災証明書《りさいしょうめいしょ》が必要《ひつよう》	市区町村役場《しくちょうそんやくば》	自治体《じちたい》が建設《けんせつ》する仮設住宅《かせつじゅうたく》や、民間賃貸住宅《みんかんちんたいじゅうたく》を借《か》り上《あ》げる「みなし仮設《かせつ》」に入居《にゅうきょ》できる。家賃《やちん》は無《む》料《りょう》、光熱費《こうねつひ》は負担《ふたん》。
応急修理《おうきゅうしゅうり》	もの・サービス	罹災証明書《りさいしょうめいしょ》が必要《ひつよう》	市区町村役場《しくちょうそんやくば》	屋根《やね》や台所《だいどころ》など日常生活《にちじょうせいかつ》に欠《か》かせない部分《ぶぶん》の修理費用《しゅうりひよう》を、自治体《じちたい》に負担《ふたん》してもらえる。大規模半《だいきぼはん》壊《かい》、中規模半壊《ちゅうきぼはんかい》、半壊《はんかい》のとき、706000円以内《えんいない》、準半壊《じゅんはんかい》のとき343000円以内《えんいない》。自治体《じちたい》が業者《ぎょうしゃ》に修《しゅう》理《り》を発注《はっちゅう》する。
被災者生活《ひさいしゃせいかつ》再建支援金《さいけんしえんきん》	お金《かね》（返済不要《へんさいふよう》）	罹災証明書《りさいしょうめいしょ》が必要《ひつよう》	市区町村役場《しくちょうそんやくば》	自宅《じたく》の被害《ひがい》の程度《ていど》に応《おう》じて基礎支援金《きそしえんきん》（最大《さいだい》100万円《まんえん》）、住宅《じゅうたく》の再建方法《さいけんほうほう》に応《おう》じて加算支援金《かさんしえんきん》（最《さい》大《だい》200万円《まんえん》）で合計最大《ごうけいさいだい》300万円《まんえん》を受《う》け取《と》れる。基礎支援金《きそしえんきん》はすぐに支払《しはら》われる。賃貸住宅《ちんたいじゅうたく》で被《ひ》災《さい》された居住者《きょじゅうしゃ》にも支払《しはら》われる。
災害《さいかい》復興融資《ふっこうゆうし》	お金《かね》（要返済《ようへんさい》）	罹災証明書《りさいしょうめいしょ》が必要《ひつよう》	住宅金融支援機構《じゅうたくきんゆうしえんきこう》か沖縄振興開発金融公庫《おきなわしんこうかいはつきんゆうこうこ》	自宅《じたく》が壊《こわ》れた場合《ばあい》に、再建《さいけん》のために最大《さいだい》5500万円《まんえん》を借《か》りられる。金利《きんり》は1.5%程度《ていど》。
災害《さいがい》公営住宅《こうえいじゅうたく》	もの・サービス	罹災証明書《りさいしょうめいしょ》が必要《ひつよう》	市区町村役場《しくちょうそんやくば》	自宅《じたく》の再建《さいけん》が難《むずか》しいときは、自治体《じちたい》が用意《ようい》する災害公営住宅《さいがいこうえいじゅうたく》に入居《にゅうきょ》できる。家賃《やちん》は収入《しゅうにゅう》に合《あ》わせて決《き》まる。
義援金《ぎえんきん》	お金《かね》（返済不要《へんさいふよう》）	罹災証明書《りさいしょうめいしょ》が必要《ひつよう》	市区町村役場《しくちょうそんやくば》	被災《ひさい》した際《さい》に直接受《ちょくせつう》け取《と》れる義援金《ぎえんきん》は、日本赤十字社《にほんせきじゅうじしゃ》、中央共同募金会《ちゅうおうきょうどうぼきんかい》など義援金受《ぎえんきんう》け入《い》れ団体《だんたい》を通《つう》じて届《とど》けられる。金額《きんがく》は県《けん》に設置《せっち》した配分委員会《はいぶんいいんかい》で定《さだ》めた基準《きじゅん》で配分《はいぶん》されて指定口座《していこうざ》に振《ふ》り込《こ》まれる。
地震保険《じしんほけん》	お金《かね》（返済不要《へんさいふよう》）	罹災証明書《りさいしょうめいしょ》は不要《ふよう》	損害保険会社《そんがいほけんがいしゃ》	火災保険《かさいほけん》と一緒《いっしょ》に入《はい》るもので、政府《せいふ》が支援《しえん》しているため、保険料《ほけんりょう》は各社同一《かくしゃどういつ》。最大《さいだい》で家屋《かおく》5000万《まん》円《えん》、家財《かざい》1000万円《まんえん》の保険金《ほけんきん》が支払《しはら》われる。

親族《しんぞく》が亡《な》くなったとき

災害弔慰金《さいがいちょういきん》	お金《かね》（返済不要《へんさいふよう》）	罹災証明書《りさいしょうめいしょ》は不要《ふよう》	市区町村役場《しくちょうそんやくば》	遺族《いぞく》は、生計維持者《せいけいいじしゃ》が死亡《しぼう》した場合《ばあい》、最大《さいだい》500万円《まんえん》、そのほかの人《ひと》が死亡《しぼう》した場合《ばあい》には250万円《まんえん》を受《う》け取《と》れる。

※『防災アクションガイド』をもとに作成（2025年1月15日現在）

親族《しんせき》または自分《じぶん》がケガをしたとき

災害《さいがい》障害見舞金《しょうがいみまいきん》	お金《かね》（返済不要《へんさいふよう》）	罹災証明書《りさいしょうめいしょ》は不要《ふよう》	市区町村役場《しくちょうそんやくば》	生計維持者《せいけいいじしゃ》が重度《じゅうど》のケガをした場合《ばあい》は最大《さいだい》250万円《まんえん》、そのほかの人《ひと》が重度《じゅうど》のケガをした場合《ばあい》には125万円《まんえん》を受《う》け取《と》れる。

生活費《せいかつひ》が足《た》りないとき

災害《さいがい》援護資金《えんごしきん》	お金《かね》（要返済《ようへんさい》）	罹災証明書《りさいしょうめいしょ》が必要《ひつよう》	市区町村役場《しくちょうそんやくば》	自宅《じたく》の壊《こわ》れ具合《ぐあい》に応《おう》じて、最大《さいだい》350万円《まんえん》を借《か》りられる。利率《りりつ》は3%以下《いか》。 ※東日本大震災《ひがしにほんだいしんさい》では保証人《ほしょうにん》がいれば無利子《むりし》、いない場合《ばあい》には1.5%
生活《せいかつ》福祉資金《ふくししきん》	お金《かね》（要返済《ようへんさい》）	罹災証明書《りさいしょうめいしょ》は不要《ふよう》	都道府県《とどうふけん》か市区町村《しくちょうそん》の社会福祉協議会《しゃかいふくしきょうぎかい》	生活費《せいかつひ》が足《た》りないときは「緊急小口募金《きんきゅうこぐちぼきん》（最大《さいだい》10万円《まんえん》、無利子《むりし》）」を借《か》りられる。低所得者《ていしょとくしゃ》・高齢者《こうれいしゃ》等《とう》は「住宅補修費《じゅうたくほしゅうひ》（最大《さいだい》250万円《まんえん》）」「災害援護費《さいがいえんごひ》（最大《さいだい》150万円《まんえん》）」も。利率《りりつ》は、保証人《ほしょうにん》がいる場合《ばあい》は無利子《むりし》、保証人《ほしょうにん》がいない場合《ばあい》は1.5%。
義援金《ぎえんきん》	お金《かね》（返済不要《へんさいふよう》）	罹災証明書《りさいしょうめいしょ》が必要《ひつよう》	市区町村役場《しくちょうそんやくば》	被災《ひさい》した際《さい》に直接《ちょくせつ》受《う》け取《と》れる義援金《ぎえんきん》は、日本赤十字社《にほんせきじゅうじしゃ》、中央共同募金会《ちゅうおうきょうどうぼきんかい》など義援金《ぎえんきん》受《う》け入《い》れ団体《だんたい》を通《つう》じて届《とど》けられる。金額《きんがく》は県《けん》に設置《せっち》した配分委員会《はいぶんいいんかい》で定《さだ》めた基準《きじゅん》で配分《はいぶん》されて指定口座《していこうざ》に振《ふ》り込《こ》まれまる。

自宅《じたく》のローンがあるとき

被災《ひさい》ローン減免制度《げんめんせいど》 自然災害《しぜんさいがい》による被災《ひさい》者《しゃ》の債務整理《さいむせいり》に関《かん》するガイドライン	お金《かね》（返済不要《へんさいふよう》）	罹災証明書《りさいしょうめいしょ》が必要《ひつよう》な場合《ばあい》も	金融機関《きんゆうきかん》、地元《じもと》の弁護士会《べんごしかい》	災害《さいがい》の影響《えいきょう》で既存《きぞん》の住宅《じゅうたく》ローンの支払《しはら》いなどが困難《こんなん》になった場合《ばあい》、住宅《じゅうたく》ローン、カーローンなどが免除《めんじょ》・軽減《けいげん》される。預貯金《よちょきん》が最大《さいだい》500万円残《まんえんのこ》せるなど、通常《つうじょう》の裁判所《さいばんしょ》の手続《てつづ》きよりも優遇《ゆうぐう》される。

税金《ぜいきん》などが負担《ふたん》なとき

税金《ぜいきん》の特別措置《とくべつそち》	お金《かね》（返済不要《へんさいふよう》）	罹災証明書《りさいしょうめいしょ》が必要《ひつよう》な場合《ばあい》も	税務署《ぜいむしょ》、県《けん》、市区町村《しくちょうそん》の税担当《ぜいたんとう》	申告期限《しんこくきげん》の延長《えんちょう》、納税猶予《のうぜいゆうよ》、税《ぜい》の軽減《けいげん》が受《う》けられる場合《ばあい》がある。
医療保険《いりょうほけん》・介護保険料等《かいごほけんりょうとう》の減免《げんめん》	お金《かね》（返済不要《へんさいふよう》）	罹災証明書《りさいしょうめいしょ》は不要《ふよう》	保険組合《ほけんくみあい》、市区町村《しくちょうそん》など医療保険者《いりょうほけんしゃ》、介護保険《かいごほけん》	医療保険《いりょうほけん》・介護保険料《かいごほけんりょう》、窓口負担《まどぐちふたん》が減免《げんめん》されることがある。
公共料金等《こうきょうりょうきんとう》の特別措置《とくべつそち》	お金《かね》（返済不要《へんさいふよう》）	罹災証明書《りさいしょうめいしょ》は不要《ふよう》	都道府県《とどうふけん》、市区町村《しくちょうそん》、各種事業者《かくしゅじぎょうしゃ》	都道府県《とどうふけん》、市区町村《しくちょうそん》が運営《うんえい》している水道《すいどう》、保育所《ほいくしょ》などの料金《りょうきん》が減免《げんめん》されることがある。電気《でんき》、ガス、電話《でんわ》なども料金《りょうきん》が減免《げんめん》されることがある。
放送受信料《ほうそうじゅしんりょう》の免除《めんじょ》	お金《かね》（返済不要《へんさいふよう》）	罹災証明書《りさいしょうめいしょ》は不要《ふよう》	日本放送協会《にほんほうそうきょうかい》	NHK《エヌエイチケー》の放送受信料《ほうそうじゅしんりょう》が一定期間免除《いっていきかんめんじょ》されることがある。

67 「災害《さいがい》デマ」に振《ふ》り回《まわ》されないための知識《ちしき》

災害後《さいがいご》には、間違《まちが》ったことで不安《ふあん》をあおる話《はなし》や、いいかげんなうわさ話《ばなし》の**災害《さいがい》デマ**が流《なが》れがちです。

典型的《てんけいてき》なデマが「**地震雲《じしんぐも》**」。雲《くも》は地震《じしん》の前兆《ぜんちょう》にはならないので地震《じしん》が不安《ふあん》なら備《そな》えの確認《かくにん》を。現代《げんだい》の科学《かがく》では日時《にちじ》や場所《ばしょ》を指《し》定《てい》した**地震予知《じしんよち》**は難《むずか》しく、すべてデマです。自然災害《しぜんさいがい》を「人工的《じんこうてき》に引《ひ》き起《お》こされた」といって不安《ふあん》や対立《たいりつ》をあおる**陰謀論《いんぼうろん》**にも注《ちゅう》意《い》。災害直後《さいがいちょくご》には、**うその救助要請《きゅうじょようせい》**や、直《ちょく》接関係《せつかんけい》しない過去《かこ》の災害《さいがい》や生成《せいせい》ＡＩ《エーアイ》による**フェイク動画《どうが》・画像《がぞう》**が流《なが》れることも。「避《ひ》難所《なんじょ》を出《で》たら仮設住宅《かせつじゅうたく》への入居資格《にゅうきょしかく》がなくなる」「被災地《ひさいち》に外国人窃盗団《がいこくじんせっとうだん》がきている」などの被災地《ひさいち》に関《かか》わるデマもあります。

デマの可能性《かのうせい》が高《たか》いのは、不安《ふあん》をあおる内容《ないよう》で、公的機関《こうてききかん》や報道《ほうどう》にない情報《じょうほう》、発信《はっしん》者《しゃ》が実名《じつめい》ではなく、これまでにも疑《うたが》わしい発信《はっしん》をしている場合《ばあい》などです。なかには善《ぜん》意《い》で誰《だれ》かに伝《つた》えたくなるものもあるかもしれませんが、**伝《つた》える前《まえ》にひと息《いき》ついて冷静《れいせい》に**なり、デマを広《ひろ》げないようにしましょう。

防災《ぼうさい》の豆知識《まめちしき》

災害《さいがい》デマを広《ひろ》める行為《こうい》は犯罪《はんざい》です。うその救助要請《きゅうじょようせい》がSNS《エスエヌエス》に投稿《とうこう》されると救助隊等《きゅうじょたいとう》の活動《かつどう》が混乱《こんらん》し、本来救助《ほんらいきゅうじょ》できる被災者《ひさいしゃ》を救《すく》えなくなる危《き》険《けん》があり、業務妨害《ぎょうむぼうがい》などの罪《つみ》にも。災害《さいがい》デマを拡散《かくさん》しないよう注意《ちゅうい》です。

災害《さいがい》デマに惑《まど》わされないための知識《ちしき》

□ 雲《くも》は地震《じしん》の前兆《ぜんちょう》にならない

地震《じしん》が不安《ふあん》なら備《そな》えを。雲《くも》は愛《め》でよう（図鑑《ずかん》1／P54）。

□ 地震予知《じしんよち》は信用《しんよう》できない

日時《にちじ》や場所《ばしょ》を指定《してい》した地震予知《じしんよち》はすべてデマ。

□ 陰謀論《いんぼうろん》に気《き》をつけよう

「人工台風《じんこうたいふう》・人工地震《じんこうじしん》」で不安《ふあん》や対立《たいりつ》をあおる人《ひと》は、相手《あいて》にしないようにしよう。

□ うその救助要請《きゅうじょようせい》もある

災害時《さいがいじ》のSNS《エスエヌエス》での救助要請《きゅうじょようせい》は、ほかに同《おな》じ文章《ぶんしょう》の投稿《とうこう》がないか検索《けんさく》を。

□ フェイク動画《どうが》・画像《がぞう》に注意《ちゅうい》

画像検索《がぞうけんさく》でまったく同《おな》じものがあれば、直接関係《ちょくせつかんけい》しないものだとわかる。

□ 被災地《ひさいち》の情報《じょうほう》は自治体《じちたい》から

被災地《ひさいち》の不安《ふあん》をあおる話《はなし》を聞《き》いたら、自治体《じちたい》の情報《じょうほう》を確認《かくにん》しよう。

デマの可能性《かのうせい》が高《たか》い情報《じょうほう》の傾向《けいこう》

- □ 不安《ふあん》をあおる内容《ないよう》になっている
- □ 公的機関《こうてききかん》の情報《じょうほう》ではなく、同《おな》じ内容《ないよう》の報道《ほうどう》もない
- □ 実名《じつめい》の人《ひと》による発信《はっしん》ではない
  ※実名《じつめい》なら検索《けんさく》するとプロフィールが出《で》てくる
- □ これまでにも疑《うたが》わしい発信《はっしん》をしている

▲ 自治体《じちたい》や国《くに》などの情報《じょうほう》を確認《かくにん》しよう。

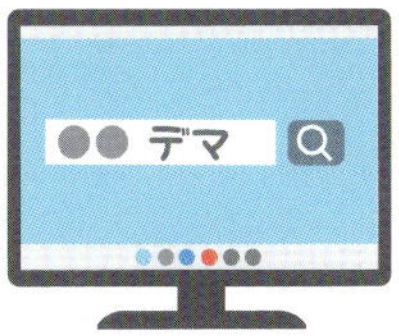

▲ ネットで「○○　デマ」などで調《しら》べるとデマかどうかわかる場合《ばあい》も。

68 ほんの少《すこ》しでも「お金《かね》を送《おく》る」ことが被災地《ひさいち》の大《おお》きな支援《しえん》につながる

大《おお》きな災害発生後《さいがいはっせいご》、「自分《じぶん》にも何《なに》かできることはあるかな」と思《おも》ったら、ほんの少《すこ》しでも被災地《ひさいち》にお金《かね》を送《おく》るのが有効《ゆうこう》です。被災地《ひさいち》へのお金《かね》の支援《しえん》には、種類《しゅるい》があります。ひとつは、**支援金《しえんきん》**。これは災害発生《さいがいはっせい》直後《ちょくご》に緊急性《きんきゅうせい》の高《たか》い救命《きゅうめい》や復旧《ふっきゅう》の活動《かつどう》など、支援団体《しえんだんたい》の活動《かつどう》に使《つか》われるお金《かね》です。支援金《しえんきん》はその団体《だんたい》の判断《はんだん》と責任《せきにん》で柔軟《じゅうなん》に使《し》用《よう》されるため、すぐに被災地《ひさいち》の支援《しえん》につながります。もうひとつは**義援金《ぎえんきん》**で、寄付金《きふきん》がすべて公平《こうへい》・平等《びょうどう》に被災者《ひさいしゃ》に配布《はいふ》されます。被災者《ひさいしゃ》の数《かず》などを確認《かくにん》したあとに配布《はいふ》されるため、支援《しえん》までに時間《じかん》がかかります。義援金《ぎえんきん》には手数料等《てすうりょうとう》は一切《いっさい》ありませんが、支援金《しえんきん》では支援団体《しえんだんたい》が被災地《ひさいち》で活動《かつどう》するために必要《ひつよう》な経費《けいひ》を手数料《てすうりょう》としてまかなう場合《ばあい》も。手数料《てすうりょう》は団体《だんたい》によって異《こと》なり、支援活動《しえんかつどう》の内容《ないよう》を調《しら》べるのがおすすめです。

お金《かね》の支援《しえん》は、**ひとりひとりは少額《しょうがく》でも多《おお》くの人《ひと》が参加《さんか》すれば大《おお》きな支援《しえん》**に。ただこれは支援《しえん》の方法《ほうほう》のひとつなので、無理《むり》なく自分《じぶん》にあった方法《ほうほう》で支援《しえん》しましょう。

防災《ぼうさい》の豆知識《まめちしき》

自治体《じちたい》などが銀行口座《ぎんこうこうざ》の情報《じょうほう》を公開《こうかい》して、義援金《ぎえんきん》を募集《ぼしゅう》することがあります。一方《いっぽう》、公的機関《こうてききかん》や実在《じつざい》する団体《だんたい》を装《よそお》い、電話《でんわ》や直接訪問《ちょくせつほうもん》などで義援金《ぎえんきん》とうそをついた振《ふ》り込《こ》め詐欺《さぎ》も。自分《じぶん》で調《しら》べて確認《かくにん》してから支援《しえん》を。

支援金《しえんきん》と義援金《ぎえんきん》の違《ちが》い

支援金《しえんきん》

災害直後《さいがいちょくご》の緊急性《きんきゅうせい》の高《たか》い救命《きゅうめい》や復旧《ふっきゅう》など、各団体《かくだんたい》の支援活動《しえんかつどう》に使用《しよう》される。

お金《かね》の流《なが》れ

支援《しえん》団体《だんたい》（NPO《エヌピーオー》、助成《じょせい》団体《だんたい》など）への寄付金《きふきん》

→ 支援《しえん》団体《だんたい》 →

被災地《ひさいち》に届《とど》く時間《じかん》

すぐに支援《しえん》につながる

支援団体《しえんだんたい》の判断《はんだん》と責任《せきにん》で柔軟《じゅうなん》に使用《しよう》される

寄付先《きふさき》

- ネット募金《ぼきん》
- 災害支援団体《さいがいしえんだんたい》のウェブサイト
- 赤《あか》い羽根共同募金《はねきょうどうぼきん》・災害支援《さいがいしえん》「ボラサポ」
- クラウドファンディング

義援金《ぎえんきん》

寄付金《きふきん》の100％が公平《こうへい》・平等《びょうどう》に被災者《ひさいしゃ》に配布《はいふ》される。

お金《かね》の流《なが》れ

被災者《ひさいしゃ》への直接的《ちょくせつてき》な寄付金《きふんきん》

→ 募金《ぼきん》団体《だんたい》 →

被災地《ひさいち》に届《とど》く時間《じかん》

時間《じかん》がかかる

被災者数《ひさいしゃすう》などを正確《せいかく》に把握《はあく》した後《あと》に公平《こうへい》に分配《ぶんぱい》する

寄付先《きふさき》

- 日本赤十字社《にほんせきじゅうじしゃ》
- 赤《あか》い羽根共同募金《はねきょうどうぼきん》
- 自治体《じちたい》のウェブサイト
- テレビ局《きょく》、新聞《しんぶん》などのメディアの寄付金《きふきん》

※日本財団『支援金と義援金の違い』／『防災アクションガイド』を参考に作成

被災地《ひさいち》支援《しえん》の募金《ぼきん》っていろいろあるけど、
どの団体《だんたい》が何《なに》に使《つか》っているのかな？
インターネットで調《しら》べてみよう！

69

物資《ぶっし》の支援《しえん》は自分《じぶん》が要《い》らないものを送《おく》ることじゃない

被災地《ひさいち》への支援《しえん》として、物資《ぶっし》を送《おく》る選択《せんたく》肢《し》もあります。どんな物資《ぶっし》を選《えら》んで、どのように被災地《ひさいち》に送《おく》るのがよいでしょうか。

災害直後《さいがいちょくご》は被災地《ひさいち》の受《う》け入《い》れ体制《たいせい》が整《ととの》っていないため、**基本的《きほんてき》に支援団体《しえんだんたい》や自治体《じちたい》を通《とお》して物資《ぶっし》を支援《しえん》**します。団体《だんたい》や自治体《じちたい》のウェブサイトで最新《さいしん》の情報《じょうほう》の確認《かくにん》を。団《だん》体《たい》や被災者《ひさいしゃ》が必要《ひつよう》なものを私《わたし》たちが購入《こうにゅう》し、現地《げんち》に届《とど》けるマッチングサービスもあります。被災地《ひさいち》の道路状況《どうろじょうきょう》が復旧《ふっきゅう》して緊急《きんきゅう》車両《しゃりょう》の通行《つうこう》を妨《さまた》げず、受《う》け入《い》れ体制《たいせい》も整《ととの》って迷惑《めいわく》をかけないなら個人《こじん》で届《とど》ける場合《ばあい》も。

物資《ぶっし》の支援《しえん》では、**自分《じぶん》が要《い》らないものは送《おく》らない**ことが大切《たいせつ》。賞味期限切《しょうみきげんぎ》れの食品《しょくひん》や着古《きふる》した衣類《いるい》など、もらっても使《つか》えません。千羽鶴《せんばづる》や冷凍《れいとう》・冷蔵保存《れいぞうほぞん》が必要《ひつよう》な食品《しょくひん》などは処理《しょり》・保存《ほぞん》に困《こま》るので送《おく》らないで。詰《つ》め合《あ》わせは現地《げんち》で仕分《しわ》けるのが負担《ふたん》なので、種類《しゅるい》に合《あ》わせて箱《はこ》を分《わ》けるなど工夫《くふう》を。

物資《ぶっし》の支援《しえん》では、過去《かこ》の災害《さいがい》で役《やく》に立《た》ったものなどを参考《さんこう》に、**被災者《ひさいしゃ》の立場《たちば》を考《かんが》えて本当《ほんとう》に必要《ひつよう》なものを送《おく》りましょう。**

防災《ぼうさい》の豆知識《まめちしき》

社会《しゃかい》に良《よ》いことをしているようで、実際《じっさい》には良《よ》い影響《えいきょう》を与《あた》えていない自己満《じこまん》足《ぞく》な行動《こうどう》をスラックティビズムといいます。被災地《ひさいち》に千羽鶴《せんばづる》を送《おく》る行為《こうい》がまさにこれ。自分《じぶん》が取《と》り組《く》むボランティア活動《かつどう》は大丈夫《だいじょうぶ》か、見直《みなお》してみて。

送《おく》り方《かた》を確認《かくにん》しよう

スマートサプライ

救援物資《きゅうえんぶっし》マッチング

支援団体《しえんだんたい》や自治体《じちたい》

災害直後《さいがいちょくご》は基本的《きほんてき》に団体《だんたい》や自治体《じちたい》を通《とお》して物資《ぶっし》を支援《しえん》。

マッチングサービス

団体《だんたい》や被災者《ひさいしゃ》が必要《ひつよう》なものを購入《こうにゅう》して被災地《ひさいち》に届《とど》けるサービス。

個人《こじん》

迷惑《めいわく》をかけずに行《い》けるなら個人《こじん》でも被災地《ひさいち》に届《とど》けられることも。

送《おく》るものを吟味《ぎんみ》しよう

自分《じぶん》の要《い》らないものは送《おく》らない

- ✕ 賞味期限《しょうみきげん》の切《き》れたの食品《しょくひん》
- ✕ 着古《きふる》した衣類《いるい》や肌着《はだぎ》
- ✕ カードの足《た》りないトランプ

処理《しょり》・保存《ほぞん》に困《こま》るものを送《おく》らない

- ✕ 千羽鶴《せんばづる》
- ✕ 使《つか》い古《ふる》した毛布《もうふ》・布団《ふとん》
- ✕ 冷凍《れいとう》・冷蔵保存《れいぞうほぞん》が必要《ひつよう》な食品《しょくひん》

詰《つ》め合《あ》わせにしない

過去《かこ》の災害《さいがい》で役《やく》に立《た》ったものの例《れい》

- □ 紙《かみ》・筆記用具《ひっきようぐ》・ノートなどの事務用品《じむようひん》
- □ コーヒーやお茶《ちゃ》などの嗜好品《しこうひん》
- □ 調味料《ちょうみりょう》
- □ 積《つ》み木《き》やぬいぐるみほか、音《おと》の出《で》ないおもちゃ
- □ 衛生用品《えいせいようひん》
- □ 生理用品《せいりようひん》
- □ 化粧品《けしょうひん》
- □ 漫画《まんが》や小説《しょうせつ》
- □ 下着《したぎ》や靴下《くつした》（新品《しんぴん》）

※『防災アクションガイド』をもとに作成

70 離《はな》れていても被災地《ひさいち》のためにできること

被災地《ひさいち》の復興《ふっこう》には、長《なが》いと10年以上《ねんいじょう》の時間《じかん》がかかるといわれています。遠《とお》く離《はな》れた場所《ばしょ》にいても、被災地《ひさいち》のために私《わたし》たちにできることがあります。

まずは**ふるさと納税《のうぜい》**です。自治体《じちたい》に寄付《きふ》できる制度《せいど》のひとつで、ふるさと納税《のうぜい》のウェブサイトなどで自治体《じちたい》が用意《ようい》する返礼品《へんれいひん》を簡単《かんたん》に選《えら》んで購入《こうにゅう》して支援《しえん》できます。被災地《ひさいち》のお店《みせ》のオンラインショップで、**地元《じもと》の物産品《ぶっさんひん》を購入《こうにゅう》**するのもお店《みせ》の直接的《ちょくせつてき》な支援《しえん》になります。災害《さいがい》から時間《じかん》が経《た》ってニュースやSNS《エスエヌエス》で情報《じょうほう》が減《へ》ると復興《ふっこう》したかと勘違《かんちが》いされがちなので、**被災地《ひさいち》の状況《じょうきょう》をSNS《エスエヌエス》で発信《はっしん》**することも立派《りっぱ》な支援《しえん》です。

被災地《ひさいち》に実際《じっさい》に行《い》く支援《しえん》もあります。安全《あんぜん》が確認《かくにん》できたら復興中《ふっこうちゅう》の地域《ちいき》に観光《かんこう》へ。復興割引《ふっこうわりびき》で安《やす》く行《い》けることもあり、現地《げんち》でお金《かね》を使《つか》って応援《おうえん》できます。被災地《ひさいち》で復興《ふっこう》ボランティアをするのも大《おお》きな支援《しえん》です。

災害直後《さいがいちょくご》だけではなく、災害《さいがい》から1年《ねん》後《ご》、2年後《ねんご》などの節目《ふしめ》を意識《いしき》して、**継続的《けいぞくてき》に被災地《ひさいち》を支援《しえん》**しましょう。

防災《ぼうさい》の豆知識《まめちしき》

テレビで災害《さいがい》の報道《ほうどう》を見《み》ると、あまり現実味《げんじつみ》がなく、テレビの向《む》こう側《がわ》だけで起《お》こっていることのように感《かん》じるかもしれません。でも、そこには私《わたし》たちと同《おな》じように生活《せいかつ》している人《ひと》がいます。自分《じぶん》にできる支援《しえん》を見《み》つけましょう。

離《はな》れていてもできる被災地《ひさいち》の支援《しえん》

ふるさと納税《のうぜい》

地元《じもと》の物産品《ぶっさんひん》を購入《こうにゅう》

SNS《エスエヌエス》で情報発信《じょうほうはっしん》

いろいろな形《かたち》の
支援《しえん》があるよ。
自由研究《じゆうけんきゅう》や探究《たんきゅう》
学習《がくしゅう》で被災地《ひさいち》の
状況《じょうきょう》を調《しら》べて
発表《はっぴょう》するのも
立派《りっぱ》な支援《しえん》！

被災地《ひさいち》に行《い》って支援《しえん》

観光《かんこう》に行《い》く

災害《さいがい》の遺構《いこう》巡《めぐ》りなどの新《あたら》しい観光《かんこう》スポットも。

復興《ふっこう》ボランティア

地元《じもと》の人《ひと》の話《はなし》を積極的《せっきょくてき》に聞《き》いて、できることがあれば手伝《てつだ》いを。

※『防災アクションガイド』をもとに作成

支援《しえん》は小《ちい》さくてもいいし、
自分《じぶん》にできる範囲《はんい》で大丈夫《だいじょうぶ》。
ひとりひとりの支援《しえん》が積《つ》み重《かさ》なれば、
とっても大《おお》きな支援《しえん》になるよ

おわりに

自然災害《しぜんさいがい》は、いつ、どこで起《お》こるかわかりません。地球温暖化《ちきゅうおんだんか》で大雨《おおあめ》や台風《たいふう》、猛暑《もうしょ》などが激《はげ》しくなっており、今後《こんご》も気象災害《きしょうさいがい》が増《ふ》えるといわれています。首都直下地震《しゅとちょっかじしん》や南海《なんかい》トラフ地震《じしん》のような大地震《だいじしん》も、これを読《よ》んでいるみなさんがいつか経験《けいけん》することになるかもしれません。災害大国《さいがいたいこく》の日本《にほん》に住《す》む私《わたし》たちは、過去《かこ》の災害《さいがい》に学《まな》び、日《ひ》ごろから災害《さいがい》へ備《そな》えておく必要《ひつよう》があります。

私《わたし》は、みなさんが**気軽《きがる》に備《そな》えたり避難《ひなん》したりする防災《ぼうさい》アクション**のきっかけになるといいな、という想《おも》いをこの本《ほん》に込《こ》めました。実際《じっさい》に避難《ひなん》したことのある人《ひと》は多《おお》くはないかもしれません。経験《けいけん》したことがないこと、知《し》らないことに手《て》を出《だ》しにくいのは、当然《とうぜん》のことです。この本《ほん》を読《よ》んで、自然災害《しぜんさいがい》のしくみや備《そな》え、避難《ひなん》、復旧《ふっきゅう》や支援《しえん》について知《し》ることで、災害《さいがい》への対策《たいさく》がより身近《みぢか》になるのではないかと期待《きたい》しています。

何《なに》より、楽《たの》しくないことは続《つづ》かないので、いつも見《み》ている雲《くも》や空《そら》をはじめ自然現象《しぜんげんしょう》の楽《たの》しいところも怖《こわ》いところも知《し》り、上手《じょうず》な距離感《きょりかん》で長《なが》く付《つ》き合《あ》えるのがベストです。備《そな》えにも好《す》きなものを取《と》り入《い》れて、小旅行気分《しょうりょこうきぶん》でちょっと早《はや》めに宿泊施設《しゅくはくしせつ》などに避難《ひなん》してもいいと思《おも》うのです。**楽《たの》しみながら防災《ぼうさい》アクションを続《つづ》ける**ことが、いつかみなさん自身《じしん》や大事《だいじ》な人《ひと》の命《いのち》を守《まも》り、笑顔《えがお》で過《す》ごせる未来《みらい》につながることを願《ねが》っています。

荒木健太郎

参考文献《さんこうぶんけん》・ウェブサイト

荒木健太郎『すごすぎる天気の図鑑』(KADOKAWA)
荒木健太郎『もっとすごすぎる天気の図鑑』(KADOKAWA)
荒木健太郎『最高にすごすぎる天気の図鑑』(KADOKAWA)
荒木健太郎『雲の超図鑑』(KADOKAWA)
荒木健太郎『読み終えた瞬間、空が美しく見える気象のはなし』(ダイヤモンド社)
鎌田浩毅・蜷川雅晴『みんなの高校地学』(講談社)
竹内薫『フェイクニュース時代の科学リテラシー超入門』(ディスカヴァー・トゥエンティワン)
Kato, T., 2024: Interannual and Diurnal Variations in the Frequency of Heavy Rainfall Events in the Kyushu Area, Western Japan during the Rainy Season. SOLA, 20, 191-197.
気象庁 ▶ https://www.jma.go.jp/jma/
消防庁『災害情報』▶ https://www.fdma.go.jp/disaster/
NASA『EOSDIS Worldview』▶ https://worldview.earthdata.nasa.gov/
福岡県『大雨・台風時の行動例』▶ https://www.bousai.pref.fukuoka.jp/mytimeline/flood-damage/
国土交通省江戸川河川事務所『首都圏外郭放水路』▶ https://gaikaku.jp/
環境省『熱中症予防情報サイト』▶ https://www.wbgt.env.go.jp/
(公財)河川財団『水辺の安全ハンドブック』▶ https://www.kasen.or.jp/mizube/tabid129.html
海上保安庁第九管区海上保安本部海洋情報部『離岸流』▶ https://www1.kaiho.mlit.go.jp/KAN9/ripcurrent/ripcurrent.htm
防災科学技術研究所『雪おろシグナル』▶ https://seppyo.bosai.go.jp/snow-weight-japan/
越後雪かき道場『雪かき道<越後流>指南書』▶ https://dojo.snow-rescue.net/html/Publication_01.html
内閣府『首都のM7クラスの地震及び相模トラフ沿いのM8クラスの地震等の震源断層モデルと震度分布・津波高等に関する報告書』▶ https://www.bousai.go.jp/kaigirep/chuobou/senmon/shutochokkajishinmodel/
内閣府『南海トラフ巨大地震対策について(最終報告)』▶ https://www.bousai.go.jp/jishin/nankai/taisaku_wg/
内閣府『富士山ハザードマップ検討委員会報告書』▶ https://www.bousai.go.jp/kazan/fuji_map/
国土地理院『地理院地図』▶ https://maps.gsi.go.jp/vector/
東京都『東京くらし防災』・『東京防災』▶ https://www.bousai.metro.tokyo.lg.jp/1028036/1028051/
東京都『東京備蓄ナビ』▶ https://www.bichiku.metro.tokyo.lg.jp/
日本トイレ研究所『災害時のトイレ対策』▶ https://www.toilet.or.jp/disaster/
東京消防庁『自宅の家具転対策』▶ https://www.tfd.metro.tokyo.lg.jp/lfe/bou_topic/kaguten/measures_house.html
国土交通省・国土地理院『ハザードマップポータルサイト』▶ https://disaportal.gsi.go.jp/
国土交通省『地下空間における浸水対策ガイドライン』▶ https://www.mlit.go.jp/river/basic_info/jigyo_keikaku/saigai/tisiki/chika/
国土交通省報道発表『水深が床面を超えたら、もう危険!』▶ https://www.mlit.go.jp/report/press/jidosha08_hh_003565.html
内閣府政府広報オンライン『風が強まる前の家の対策』▶ https://www.gov-online.go.jp/useful/article/201304/2.html
厚生労働省『エコノミークラス症候群の予防のために』▶ https://www.mhlw.go.jp/stf/newpage_07384.html
警視庁『防犯アプリ「デジポリス」』▶ https://www.keishicho.metro.tokyo.lg.jp/kurashi/tokushu/furikome/digipolice.html
日本財団『支援金と義援金の違い』▶ https://www.nippon-foundation.or.jp/donation/disaster_fund/infographics
佐久医師会『教えて!ドクター〜こどもの病気とおうちケア〜』▶ https://oshiete-dr.net/
NPO法人レスキューストックヤード『災害ボラの予備知識』▶ https://rsy-nagoya.com/volunteer/volknowledge.html
あんどうりすのゆるっとアウトドア防災 ▶ https://andorisu.jimdofree.com/
NHK『NHK防災 日本の災害リスク・備え・対策の総合サイト』▶ https://www.nhk.or.jp/bousai/
防災アクションガイド ▶ https://x.gd/8l6YJ

写真提供《しゃしんていきょう》

寺本康彦(P19)、荒川和子(P23)、池宮城サキ(P25濃密巻雲)、酒井清大(P27雷)、川村にゃ子(P27レンズ雲)、NOAA(P26棚雲・漏斗雲)、NASA(P35・P65)、水資源機構寺内ダム管理所(P48)、大塚製薬(P55アイススラリー)、環境省(P59熱中症警戒アラート)、防災科学技術研究所(P67)、内閣府(P75)、日本産業規格(P83 津波注意:JIS Z 8210-6.3.9/津波避難場所:JIS Z 8210-6.1.6/津波避難ビル:JIS Z 8210-6.1.7・P95避難所:JIS Z 8210-6.1.5/避難場所の高潮・津波:JIS Z 8210-6.1.6・JIS Z 8210-6.1.7/土石流・洪水など:JIS Z 8210-6.1.4)、国土交通省(P85・P115)、国土地理院(P91地理院地図を編集して作成)、国土交通省江戸川河川事務所(P92)、神戸市水道局(P109)、東京都水道局(P109)、LINEヤフー株式会社(P129)、ゲヒルン株式会社(P129)、日本建築防災協会(P157)、気象庁(P19ナウキャスト・P29・P39・P59天気分布予報/早期天候情報・P71・P89・P123・P127・P129キキクル・P131・P132)、PIXTA(P55アイススラリー以外・P63・P65ホワイトアウト・P99・P101・P105ヘッドライト・P107コーヒー・P149モップ)、荒木健太郎(そのほかすべて)

クイズの答《こた》え

合計《こうけい》371匹《ひき》(パーセルくん57人《にん》、積乱雲《せきらんうん》26個《こ》、ミニパーセルくん2人《り》、パーセルさん7人《にん》、マチョオ6人《にん》、エルダー6人《にん》、ベビー6人《にん》、マイクロ波放射犬《はほうしゃけん》5匹《ひき》、小柄《こがら》な力士《りきし》239人《にん》、温低《おんてい》ちゃん2匹《ひき》、トラフくん1匹《びき》、台風《たいふう》8個《こ》、火山《かざん》6個《こ》)

さくいん

あ

か

さ

復旧《ふっきゅう》 … **12**,68,138,164,166,170
復興《ふっこう》 … **12**,160,168
不要不急《ふようふきゅう》 … 70,**122**,{134}
ふるさと納税《のうぜい》 … 168
プレート … 74
噴火《ふんか》(火山噴火《かざんふんか》) … 11,12,**86**,88,90,134,[102]
噴火警報《ふんかけいほう》 … 86
ベビー … 3
偏西風《へんせいふう》 … 34, (126),[90],{78},〈36〉
宝永大噴火《ほうえいだいふんか》 … 15,**90**
防災《ぼうさい》 … 12,(56),[101],{127},〈168〉
防災気象情報《ぼうさいきしょうじょうほう》 … **124**,128
防災《ぼうさい》グッズ(防災用品《ぼうさいようひん》) … **98**,110
防災《ぼうさい》バッグ … 68,96,98,**100**,110,121,133,135,138,[169],{162}
防犯《ぼうはん》ブザー … 101,**152**
暴風《ぼうふう》 … 11,12,34,36,**40**,64,122,124,133,(128),[164],{136},〈102〉
暴風雪《ぼうふうせつ》 … 11,12,64,**68**,104,124,〈102〉
ボランティア … **156**,158,168
ホワイトアウト … 64

ま

マイクロ波放射犬《はほうしゃけん》 … 3,{147},〈138〉
マイ・タイムライン … 134,{163}
マグニチュード … 15,**74**
マグマ … 86,**88**
マチョオ … **3**,135
満潮《まんちょう》 … 37,**42**,[165]
ミニパーセルくん … 3,{3}
猛暑《もうしょ》 … 10,12,**50**,58,170,(138),[114],{116}
猛暑日《もうしょび》 … 50,(138),〈167〉
猛吹雪《もうふぶき》 … **12**,64

や

雄大積雲《ゆうだいせきうん》 … 24, (32),[19],{22},〈88〉
雪《ゆき》 … 16,22,**64**,66,70,72,(156),[78],{66},〈156〉
雪《ゆき》おろし … **66**,68,(156)
雪雲《ゆきぐも》 … 64,(17),〈64〉
予報円《よほうえん》 … 130,(158),[165],〈165〉

ら

雷雨《らいう》 … 16,(38),[162],{68},〈18〉
ライフジャケット … **60**,63,{130}
雷鳴《らいめい》 … **18**,24,[94],{78},〈105〉
LINE《ライン》 … **116**,139
落雷《らくらい》 … **18**,27,(118),[96],{108},〈84〉
乱層雲《らんそううん》 … 16,(15),{28},〈64〉
離岸流《りがんりゅう》 … 62
罹災証明書《りさいしょうめいしょ》 … **154**,156
練習避難《れんしゅうひなん》 … 96
レンズ雲《ぐも》 … 27,(42),[25],{25},〈74〉
漏斗雲《ろうとぐも》 … 24,(122),〈106〉
ローリングストック … 102

な

内水氾濫《ないすいはんらん》 … **46**,114
雪崩《なだれ》 … 15,**64**,126,(156),{74}
南海《なんかい》トラフ地震《じしん》 … **74**,170
南海《なんかい》トラフ地震臨時情報《じしんりんじじょうほう》 … 75
南岸低気圧《なんがんていきあつ》 … **64**,122,[124],{107},〈162〉
二次災害《にじさいがい》 … 12,**78**
日常備蓄《にちじょうびちく》 … 102
熱帯低気圧《ねったいていきあつ》 … 34,(128),〈98〉
熱帯夜《ねったいや》 … 50,(138)
熱中症《ねっちゅうしょう》 … 50,**52**,54,56,146,[166],{116}
熱中症警戒《ねっちゅうしょうけいかい》アラート … 58,[115]
熱中症特別警戒《ねっちゅうしょうとくべつけいかい》アラート … 58
濃密巻雲《のうみつけんうん》 … 24,〈107〉

は

パーセルくん … **3**,135,(3),[3],{3},〈3〉
パーセルさん … **3**,135,{3}
肺血栓塞栓症《はいけっせんそくせんしょう》 … 150
爆弾低気圧《ばくだんていきあつ》 … 64,〈102〉
ハザードマップ … 84,**114**,121,130,135,144,(168),[168],{162}
波長《はちょう》 … 43, (24),[34],{14},〈142〉
波浪《はろう》 … **42**,126
阪神《はんしん》・淡路大震災《あわじだいしんさい》 … 15,**138**,148
ハンディファン … 54
氾濫《はんらん》 … 12,**46**,48,(155),[100]
P波《ピーは》 … 76
東日本大震災《ひがしにほんだいしんさい》 … 15,**136**,138,148
非常用《ひじょうよう》トイレ … 102,**106**,135
備蓄《びちく》 … 96,98,**102**,110,121,130,135,(168),[168],{162}
避難《ひなん》 … 10,30,44,80,82,**94**,96,124,128,130,136,138,140,144,146,170,(169),[168],{162}
避難指示《ひなんしじ》 … 31,**46**,124,134,144
避難所《ひなんじょ》 … 30,96,98,100,106,132,135,138,**146**,148,150,152,162,[168],{162}
避難情報《ひなんじょうほう》 … **124**,128,134
避難所避難《ひなんじょひなん》 … **94**,130
避難場所《ひなんばじょ》(指定緊急避難場所《していきんきゅうひなんばしょ》) … 84,94,114,**116**,121,135,144,(168)
雹《ひょう》 … 10,16,**22**,(114),[22],{132},〈28〉
00000JAPAN《ファイブゼロジャパン》 … 116
風害《ふうがい》 … 12
風水害《ふうすいがい》 … **12**,34,120,122,134
風速《ふうそく》 … 40,(125),{136}
風浪《ふうろう》 … 42,[164]
フェーズフリー … 110
吹《ふ》きだまり … 64
吹《ふ》き寄《よ》せ効果《こうか》 … 42,[164]
複合災害《ふくごうさいがい》 … **10**,12,44
藤田《ふじた》スケール … 13,[92]
線状降水帯《せんじょうこうすいたい》 … 16,**28**,128,144,(112),[112],{119},〈98〉
前線《ぜんせん》 … 37,**38**,(40),[146],{28},〈24〉
早期注意情報《そうきちゅういじょうほう》(警報級《けいほうきゅう》の可能性《かのうせい》) … 124
早期天候情報《そうきてんこうじょうほう》 … 58,[101],{113}
側撃雷《そくげきらい》 … 18,(121),[162]
遡上高《そじょうこう》 … 80

た

大気《たいき》の状態《じょうたい》が不安定《ふあんてい》 … 16,(36),[162],{22},〈86〉
耐震性《たいしんせい》 … 118
台風《たいふう》 … 3,10,30,**34**,36,38,40,62,120,122,124,130,134,(128),[116],{136},〈102〉
台風情報《たいふうじょうほう》 **130**,135,(158),[164],{137},〈165〉
台風進路予報《たいふうしんろよほう》 … 36,**130**,(158),[165],{137}
太平洋高気圧《たいへいようこうきあつ》 … 34,(128),[114]
ダウンバースト … 20,(123),[62],{30},〈92〉
高潮《たかしお》 … 11,12,36,**42**,46,65,95,114,122,124,133,(128),[164]
高波《たかなみ》 … 11,12,36,**42**,62,124,(128),[164]
多数派同調《たすうはどうちょう》バイアス … 10
立《た》ち往生《おうじょう》 … **68**,70,122,[122],{134},〈165〉
竜巻《たつまき》 … 10,16,**20**,24,36,(122),[92],{158},〈96〉
竜巻注意情報《たつまきちゅういじょうほう》 … 20
竜巻発生確度《たつまきはっせいかくど》 … 20
棚雲《たなぐも》 … 24,〈104〉
断水《だんすい》 … 90,**108**,121,135,〈165〉
地球温暖化《ちきゅうおんだんか》 … **30**, 34,50,120,170,(136),[82],{114},〈166〉
乳房雲《ちぶさぐも》 … 24,(165),[139],{152},〈78〉
潮位《ちょうい》 … 42
長周期地震動《ちょうしゅうきじしんどう》 … 77
津波《つなみ》 … 10,12,74,**80**,82,84,95,114,134,139,140
津波警報《つなみけいほう》 … 80,**84**
津波《つなみ》てんでんこ … 136
津波避難場所《つなみひなんばしょ》 … 82
津波避難《つなみひなん》ビル … **82**,84
津波《つなみ》フラッグ … 82
梅雨《つゆ》 … 10,28,**30**,[112],{64},〈64〉
吊《つ》るし雲《ぐも》 … 27,(42),[25],{152},〈132〉
低体温症《ていたいおんしょう》 … 14,65,**146**
停電《ていでん》 … 90,98,**104**,121,135,138,〈165〉
天気《てんき》の急変《きゅうへん》 … 16,**24**,(164),[156],{152},〈104〉
天気分布予報《てんきぶんぷよほう》 … 58,**70**,{158}
特別警報《とくべつけいほう》 … 35,46,86,122,**124**,135,(168),[101],{118}
土砂災害《どしゃさいがい》 … 12,30,32,**44**,46,96,114,128,135,139,142,144,(155),[169],{28}
土砂災害警戒情報《どしゃさいがいけいかいじょうほう》 … 45,**124**,135
土石流《どせきりゅう》 … **44**,86,95
突風《とっぷう》 … 12,16,**20**,26,(111),[93],{30},〈92〉
トラフ(気圧《きあつ》の谷《たに》) … **3**,37,(127)

※太字《ふとじ》は詳《くわ》しく説明《せつめい》したページ、( )内《ない》は『すごすぎる天気《てんき》の図鑑《ずかん》(図鑑《ずかん》1)』、[ ]内《ない》は『もっとすごすぎる天気《てんき》の図鑑《ずかん》(図鑑《ずかん》2)』、{ }内《ない》は『最高《さいこう》にすごすぎる天気《てんき》の図鑑《ずかん》(図鑑《ずかん》3)』、< >内《ない》は『雲《くも》の超図鑑《ちょうずかん》(雲図鑑《くもずかん》)』で詳《くわ》しい説明《せつめい》のあるページです。

SPECIAL THANKS

この本《ほん》の制作《せいさく》にあたり、「先読《さきよ》みキャンペーン」に1655名《めい》が参加《さんか》され、とても多《おお》くの“雲友《くもとも》”のみなさまに大変《たいへん》お世話《せわ》になりました（敬称略《けいしょうりゃく》）。本当《ほんとう》にありがとうございました。今後《こんご》ともよろしくお願《ねが》いいたします。

川田央恵、石井有紀、阿部早紀子、うてのての、こやまもえ、辰見育太、山本秀一、山本深雪、佐藤望、藤本絵里、佐々木恭子、太田絢子、津田紗矢佳、斉田有紗、あんどうりす、藤島新也、小松雅人、佐野ありさ、佐々木晶二、明城徹也、木村充慶、伊藤裕平、神之田裕貴、砂田肇、上村昌、浜田智子、大嶋美月、德岡淳司、六笠詩音、石田陽公、寺本康彦、荒川和子、池宮城サキ、酒井清大、川村にゃ子、三橋さゆり、平島寛行、山下克也、上石勲、江守正多、岡本基良、根本緑、斉田季実治、近藤肇、眞家泉、大場（提髪）玲子、田中健路、佐久間理志、岩崎泰久・ふみ・はるひろ・くみ、前田邦明、森田充、渡邉朱里、大間-くまさん-哲、鈴木大雄、尾﨑真喜子、武田晃、国友和也、明惟久里、ゆいねこ、市川隆一、大倉敬規、盛内美香、若原勝二、ひがしくらゆきちゃん、長田香、竹内健二、miu、岡村修・藍、井上創介、佐々木由美子・昂佑、ためにしき、有吉ゆかり、清水遼、柳木八重、かいちゃん、木下翔、行川恭子、丹沢自然学校、湯木祥己、菊地高史、菊池えみこ、太田佳似、井上美帆、みずしろ、佐野栄治、髙階經啓、水谷夏彦、Will・鈴木浩之、鈴木寛之、奥田純代、北川達彦、水野安伸、木村愛、宮脇秀一、増田亮介、吉川容子、折本治美、近藤恭正、野島孝之、三浦大平、木山秀哉、片山俊樹、井戸井さやか、齊藤丈洋、フルが走りたいCK、山岡純代、市村毅、松田拓馬、藤本亜由美・あかり、喜島章代、中原一徹、赤松直、古田五月、鈴木智恵、山﨑敬久、小柳憲子、ほしはかせ、丸山未久、山本昇治、松本直記、吉成三貴・遥真、矢野敦士、尾﨑幸克、星見まどか、髙橋克実、中西智子、山下陽介、かすみん、纐纈丈晴、上米良秀行、山村友昭、荒川知子、赤松龍・思実・愛実・寿子、長谷川真優、みーさんらん、白石珠乃祐・亜矢香、中谷彩乃・未佳子、新井仁香、大石和、染谷ゆい、宇佐美奏汰、増田結太、土居一歌、石鍋結菜・千文、阿部雄稀、谷口真世、清水結葵、芳信優梨、原千惺、相馬湊、蜜りほ、りんにゃん、菊地紗弥、原田悠花、YUI、森長幸大、入江紗羽、くもこむ、●あっきー●、くもくまーじ、柿沼光太、なっぴ、もりもり、やまざきそうた、れゐん、なんばともたか&あきたか、西村秋香、ケンタロマン、若林衣那、増田翔太、遠藤翠、原田悠希、野﨑蒼大、Mr. K-Say、上飯坂美羽、師岡成実、深澤優太、秋元しほ、野田紗蘭、篠原千輝、くろごまだいふく、にゃん♪、佐藤丞・圭、じゃがぴー、ひろき、うらたはるき、九ちゃんサイエンスクラブ、財田大也、輝美、穂高、こう・だい・ほの、新井友博・碧生、永井優乃・久富悠生、やなぎ・やなさき、井澤明音・尚子、日智、原田奈穂子、土橋絵理・伸一朗、ゆうづつ、高橋優子＊悠明＊、林信行・祥子、大久保美佐子、むっちゃんかっちゃん、いくゆうりょうりこあかり、いつもしも◇子どもとママのリアル防災、岩瀬、久保田春来・樹、谷口綾音、狸丸、おおたあつし・きよみ、大久保優子・修・花奏・律・琴音、塚田義典、Kimiko&Kaede.S、松下隼司、そらのさかな.、松重奈央・碧透・咲穂、吉村しのぶ、杵島正洋、斎藤悦子、芳賀美和、西山直子・翼冴・葵羽、瀧駿介、小川智洋・千陽・稜仁・蒼生、篠原真理、宇賀神里帆、えだまめ、向坂智子、咲子・由紀子、soraとuna、海誠ママ、中村のぞみ・駿之介・若菜、ひまり、うらたゆうき、ひかるパパ・ひかるちゃん、かわもときみこ、なお・なみ・ふとんねこ・ピーすけマン、美咲&拓美、ミウラチカ、岡野かっぱ、川瀬優里那、荒牧萌々香、roko、石田彩・碧生、水藤ハピ、M_P、ふぅちゃん♪、パパンダ、小池みや子・誠一郎・美日・素日、谷珠音、溝下美弥子・実九、河田正仁・文・明日葉、山本星乃華・風宇香・航輝・涼加、星野奏太、福田蕗子・恵子、有川美樹、にゃん♪ママ、松本優摩、ムセル・G・マロネ(新)、やすかんあい、佐久間祐樹・智央・好央、さおり・しょうへい、Ito,Hiroshi&Aiko(jw)、すばる・CuSO4、刀根佳子、とーる、長美南、防災ママかきつばた・高木香津恵、植木莉玖翔・咲衣、小川美帆、江崎晶子、氷・惠、堀口鉄平、つつみゆうと、五十嵐@鳥海山飛島ジオ、ARASHIN、まみんこ・こうき・あつと、沖豊和・美智、伏見朋音、名田孝之・里香、はっぴーかえる・ケヨ34、Zarina Brando、Acloud、長坂利昭・明莉・莉子、荒井友紀＊成一＊良一、じおねこ、ふつふつ、でーち、藤澤みのる、しょうじ、みちこ、佐藤真、雲ばくだんさん、MI、亀谷和久・美帆・知広、花曇りゆりこ、佐久間理江、二階堂朋子、双樹、さやこ、小林佳奈美、オノトゥンニキ(:3[____]、冨板香織、とるねこん、甘崎早、矢島美和、はるか、塚本明、ともち、高岸亜耶乃、ノノキ、イノセンメダカ、山口恭平、たのっち、あ・さ・み、渡邉宗臣、空mimi、松山和秀、おがわぎゃーこ、さかもとはつみ、稲葉睦子、moco pura、エージェントショコラ、齋藤真耶、白ネコメノウ、村上幸雄、ワンサイドマウンテン、清白、出羽アイ、Bright-Door、あっさー、三浦雄二、島村佳世子、池田由利子、朝倉市3ダム愛好家三ちゃん、Hiroaki310、西川直子、重枝伸之、ひがしひとみ、ハナみ、山口紀之、木津努、出井裕之、吉川創、沖田雅子、たしろ、肥後チャボ、emison17、あきべえ、レラ、小山田茂、小池尚徳、seesaw、渡邊隆典、新井智樹、鈴木義和、まなべ整骨院、岩谷美也子、板井秀泰、ドルディーズ富ヶ岡、本島英樹、小森麻子、西海口菜、海明輝、Miki.H、松内、伊藤佐知子、川上政弘、奥山進、おかなつみ、前島麻美、齋藤白合子、児玉友紀、阿部旬也、まなみさんがく、桑野あゆみ、きんとと雲、泉万里江、鈴木卓也、kernel_san、樋口恵美子、中西茎、前田牧絵、浅井孔徳、松葉佐欣史、岡本祥子、新井勝也、水谷浩子、かよるん。、古谷由果理、小栗雅代、otoiro nature、宮本美保、もちねこ、ゆめみあすか、えんどうゆきこ、astraia、おかうえようこ、ちよこ、眞弓、kaori-m、みはせいちち、Skyqumin、息子ふたり妻ひとりの気象予報士、ともみん、山際みず希、山村統一朗、ほっしーえいじ、田中大輔、大内山弘美、岩谷きぃ、小嶋しず子、あいそらさくら、らんらんにこにこ団、rocorola、矢部智子、MARS☆、コバヤシカズヒコ、すえ、穐間久乃、野間美都穂、阿部祐一、中川洋香、川口由香里、maidari、よもぎ家、ごまプスX、加瀬明子、許斐知華、藤井省伍、川瀬雅代、山田博之、元美、花木正始、川﨑圭子、岡留健二、こぶさん、吉澤真輝、maru52、竹谷理鯉、中内美穂、武隈俊次、ごましおこんぶん@石汁、原美奈子、小町ちあき、にじねこ、しょに、博多のたけぷー、渡ひろこ、海老沢左知子、かわだなおみ、23-24、nico、種村学、弘中秀治、yurihoda、丹羽広美、藤原智子、おトキ、井上陽子、小川絢子、らー、井手聡子、宮松昌代、中江文隆、空好き礼子、☆★奥田波奈子★☆、上杉和美、石原由紀子、ねっち、林千恵子、葛生泰子、廣瀬美幸、岡本美由紀、佐藤彰洋、古塚隆雄、宍戸由佳、真々田竜太郎、Hokulani (koruri0)、桂東、しばもも、野口小織、本田歩、安田由香、ax_nanba、すんすけ、吉村京子、りーくん、はくひめ、ナカツガワ、土居陽子、友歌、加藤聡子、元木久憲、M.S.、和田章子、山口佳代、山下咲織、平松早苗、百合野。、ゆー、kaoru、つきこー、たろれれ、ながらみ、河野奈緒美、ひつまぶ氏、justin_michiko、稲垣未香、近藤節子、すたんぷや お京、小野あやこ、田中真樹子、HARUKO、みちる、日暮千里、KT、中井美有紀、しろうめ庵、宇野久美子、sayou2416、安部貴之、藤本純、大井浩美、寺澤大祐（災害時小児周産期リエゾン）、気象防災アドバイザー岩寄利勝、橋本弥生、sora16、豆豆、浅村芳枝、広島のトリトン、えぬとう、ぷうにゃん、りき丸さに丸、ラタタタム、はにまる、PanZ、元木久憲、N-train、秋山昭代、te2ya3、堀田くに子、mizuuho、宮本美代子、徘徊之輔、kaga3mochi、ルイ、石橋美奈子、彩矢、山戸眞理子、早起きささみ、シャンシャン、まえかわあい、きょーちん、やちだも、堀幸子、花猫うり、小口恵美、あき、菅谷智洋、ぽん、伊藤静香、ひぽぽぱぱ、めるてぃ☆、さゆり、渡邊香子、新井菜央、わをん、大石葉、小川麻紀、白山裕子、にしおかさやか、芥田武士、高空雲男、ぱんだ、Sophia☆、髙木伸一、實本正樹、原野崇、前崎久美子、こしろー、すーちゃん、Date.H36、内藤安太郎、錦礼佳、aardvarkP、江口有、麻里子、板倉快世、西永亜由美、ふわまみ、のこのこ、下田啓司、N谷正之、いとうともこ、chino.、ウール、田中敬子、木岡真紀、拝崎昌雄、あきしゃん。、レインボーアリス、ゆうまり、川原悠、蓼沼厚博、中川幸一、rainboy.k、小林仁、masumi.inoue、akisora、佐波川のクマ、yamigozen、山中陽子、サリタ、三輪俊一、ケロ、外内賢、みなぎ88、高橋美希、宮崎裕治、ひらかわあきお、尾熊操、古川浩康、松本由美子、大矢英明、magenturquoise、☆嘉悦正美☆、Y、コハシ子、そら、かなやなおこ、ちもこ、珊瑚、門野倍美、今泉知也、ASATO、くじら曇飛行船、8ishikawa8、三澤和男、増田美恵子、二ノ丸おんじ、ほんまゆりこ、家田清一、Orcinus、みっきーみきたん、へちま、秋元淳子、鎌田義春、間たべる、きら工房、佳(よっしー)、戎居見世子、前田容子、星奈津子、チョコ丸、佐藤靖彦、貝原美樹、飯野公美子、野々山幸江、みんみん、新田真一、松井義之、佐藤登美男、福井和子、森エリカ、真冬の積乱雲、ふらんねる、あくろまーと、森川陽子、飛亭・手塚英孝、田島功、武田奈緒美、かっぱとかえる、川杉研二、伊藤嘉高、昇龍、らっきー、橋本（もち）、ぽん、きむらちはる、木立芳行、ブルーインパルス、カオル、吉田直美、shuririry、森勝、福田佳緒里、森脇瑞貴、岩野真弓、朝倉明、田宮裕子、梶尾奈月、harmony018、平田裕子、すばっちょ、jun、早川浩美、薄佳奈子、関根朋美、ざき、皆見節子、みかづき、おさんぽんだ、岡田けいこ、滝沢有里彩、渡邉傑、みーさん☆、大津洋、草野健、小川豪、Bluesmy、西田千景、森洋平・創思・健友、etsu_chan、れれぽん、たろさんは永遠の推し・ひろ、太田優美、常木達也、目取眞美幸、Yuma Kuroki、伊藤祐樹、そらまめ、山本充裕、髙橋幸子、ころぴー、有馬正一郎、待場寿子、川崎てるてる坊主、天野一恵、ラピュタの大西、あちゃこ、schale、髙桑房子、Chiharu-aochan、大石麻美、MasashiADACHI、ふーみん、潤子、広田修、yasuko、おはようsun、宮内尚代、れんこん、石毛圭子、平松正規、AKAMA、わたゆき、小田川琢郎、岩松公徳、安原みち、中川未来、天津ハンター予報士山梨、ワタヒキマリコ、ロッシ、りしゃる☆、カジナナコ、鷲尾将幸、鳥居瑞樹、真治大輔、川口知延、Bluesboy、@tktktw、あずき、江本宗隆、高梨かおり、藏下智輝、ヘンリーマーフィー、つきみ、IKU、ミニドラえもん、武田あきこ、田口大、ふくいちづこ、赤尾彰子、えりこ、あさみ、noco、枝光さやか、みは、松永歩、伊藤公一、仁君、虹ノ音々、きゅう、高橋君恵、さち、林和彦、seijin_m、阿部勇馬、宮内尚代、かずみtrish la、市川奈己路、オオカミ、深澤亮、永野彰一、石山浩恵、古屋美紀、荒木凪・雪・めぐみ、株式会社オフィスバンズ、PANDASTUDIO.TV、てんコロ.、ウェザーマップ、FUKKO DESIGN、TBWA\HAKUHODO、全国災害ボランティア支援団体ネットワーク、大塚製薬、LINEヤフー株式会社、ゲヒルン株式会社、PIXTA、つくば市立竹園西小学校、茨城県立並木中等教育学校、つくば市教育委員会、つくば市、茨城県教育委員会、神戸市水道局、東京都水道局、日本建築防災協会、アメリカ海洋大気庁（NOAA）、アメリカ航空宇宙局（NASA）、水資源機構寺内ダム管理所、防災科学技術研究所、日本気象学会、内閣府、環境省、国土地理院、国土交通省、国土交通省江戸川河川事務所、気象庁、気象庁気象研究所

荒木健太郎（あらき けんたろう）

雲研究者・気象庁気象研究所主任研究官・博士（学術）。

1984年生まれ、茨城県出身。慶應義塾大学経済学部を経て気象庁気象大学校卒業。専門は雲科学・気象学。防災・減災のために、気象災害をもたらす雲のしくみの研究に取り組んでいる。

映画『天気の子』、ドラマ『ブルーモーメント』気象監修。『情熱大陸』、『ドラえもん』など出演多数。主な著書に『すごすぎる天気の図鑑』シリーズ（KADOKAWA）、『空となかよくなる天気の写真えほん』シリーズ（金の星社）、『てんきのしくみ図鑑』（Gakken）、『読み終えた瞬間、空が美しく見える気象のはなし』（ダイヤモンド社）、『世界でいちばん素敵な雲の教室』（三才ブックス）、『雲を愛する技術』（光文社）などがある。

X（旧Twitter）・Instagram・YouTube：@arakencloud

すごすぎる天気《てんき》の図鑑《ずかん》

防災《ぼうさい》の超《ちょう》図《ず》鑑《かん》

2025年2月10日　初版発行

著者　荒木《あらき》　健太郎《けんたろう》
発行者　山下　直久
発行　株式会社KADOKAWA
〒102-8177　東京都千代田区富士見2-13-3
電話0570-002-301（ナビダイヤル）
印刷所　大日本印刷株式会社
製本所　大日本印刷株式会社

●お問い合わせ
https://www.kadokawa.co.jp/（「お問い合わせ」へお進みください）
※内容によっては、お答えできない場合があります。
※サポートは日本国内のみとさせていただきます。
※Japanese text only

定価はカバーに表示してあります。

ISBN 978-4-04-607345-7　C0044